D1658575

Putz und Stuckarbeiten
Kommentar zur VOB Teil C DIN 18350

Putz- und Stuckarbeiten

Kommentar zur VOB Teil C DIN 18350

Ausgabe 1985

von

Rainer Franz
Dipl.-Ing., Ltd. Ministerialrat
in der Obersten Baubehörde
im Bayerischen Staatsministerium
des Inneren

Dr. jur. Karlheinz Goll
Rechtsanwalt
Geschäftsführer im Landesinnungsverband für das Stukkateurhandwerk
Baden-Württemberg

Eugen Schwarz jun.
Stukkateurmeister
Vorstandsmitglied im Landesinnungsverband
Baden-Württemberg

7., neu bearbeitete und erweiterte Auflage 1987

Bauverlag GmbH · Wiesbaden und Berlin
Verlagsgesellschaft Rudolf Müller GmbH · Köln

CIP-Kurztitelaufnahme der Deutschen Bibliothek

Kommentar zur VOB, Teil C. – Wiesbaden ; Berlin :
Bauverlag ; Köln : Müller
Franz, Rainer: Putz- und Stuckarbeiten. – 7., über-
arb. u. erw. Aufl., Ausg. 1985. – 1987

Franz, Rainer:
Putz- und Stuckarbeiten : DIN 18350 / von Rainer
Franz ; Karlheinz Goll ; Eugen Schwarz jun. – 7.,
überarb. u. erw. Aufl., Ausg. 1985. – Wiesbaden ; Berlin :
Bauverlag ; Köln : Müller, 1987.
(Kommentar zur VOB, Teil C)
ISBN 3-7625-2277-4 (Bauverl.)
ISBN 3-481-17916-2 (Müller)

NE: Goll, Karlheinz:; Schwarz, Eugen:

An der Kommentierung der vorangegangenen Auflagen wirkten ferner mit die Herren:

Dipl.-Ing. Hans von Damerau, Baudirektor a. D.
Dr. jur. Karlheinz Goll, Rechtsanwalt
Eugen Hohbach †, Regierungsbauoberamtmann a. D.
Eugen Schwarz sen., Stukkateurmeister
Helmut Weyler †, Baumeister

ISBN 3–7625–2277–4
Verlagsgesellschaft Rudolf Müller GmbH, Köln
ISBN 3–481–17916–2

Druck: Franz W. Wesel GmbH & Co. KG., Baden-Baden
Buchbinder: C. Fikentscher, Darmstadt

Vorwort zur 7. Auflage

Die im Oktober 1985 verabschiedete Neufassung der ATV DIN 18350 – Putz- und Stuckarbeiten – machte eine grundlegende Überarbeitung des vorliegenden Kommentars notwendig. Diese Überarbeitung erfolgte in einem neugebildeten Verfasser-Team. Den an der bisherigen Kommentierung mitwirkenden, nunmehr aber ausgeschiedenen Verfassern sei an dieser Stelle herzlich gedankt.

Bei der Überarbeitung des Kommentars wurde Wert darauf gelegt, bisher gemachte Erfahrungen und Erkenntnisse in die Erläuterungen einzubeziehen und die Vorschriften in ihrer neuen Fassung wiederum verständlich und praxisnah zu erläutern. Die kommentierenden Erläuterungen sind gegründet auf die übereinstimmende Meinung der Verfasser, die als Mitglied des Deutschen Verdingungsausschusses oder als Fachberater an den Beratungen, die zur Neufassung der ATV DIN 18350 führten, mitgewirkt haben.

Zahlreiche an die Verfasser herangetragene Anfragen haben es ermöglicht, die Erläuterungen praxisgerecht zu ergänzen. Deshalb sei an dieser Stelle allen gedankt, die für die Überarbeitung des Kommentars Anregungen und Hinweise gegeben haben. Gleichwohl konnten bei der Vielfalt der möglichen Sachverhalte nicht alle in der Praxis aufkommenden Fragen behandelt und erläutert werden. Deshalb sind die Verfasser für weitere Anregungen und Hinweise auf Ergänzungsmöglichkeiten und Klarstellungen dieses Kommentars dankbar.

R. Franz Dr. K. Goll E. Schwarz

Inhaltsverzeichnis

Einführung

1. Gliederung der VOB

Die Verdingungsordnung für Bauleistungen ist in drei Teile gegliedert:
Teil A: Allgemeine Bestimmungen für die Vergabe von Bauleistungen – DIN 1960,
Teil B: Allgemeine Vertragsbestimmungen für die Ausführung von Bauleistungen – DIN 1961,
Teil C: Allgemeine Technische Vorschriften für Bauleistungen – ATV DIN 18300–18500

Teil A der VOB enthält die Verfahrensregeln für die Vergabe von Bauleistungen. Die Beachtung und Einhaltung dieser Verfahrensregeln bei der Vergabe von Bauleistungen ist für öffentliche Auftraggeber verbindlich vorgeschrieben. Diese Verfahrensvorschriften sollen gewährleisten, daß auf jeden Fall im öffentlichen Vergabebereich die Chancengleichheit der Bewerber unter Beachtung der Grundsätze eines gerechten Wettbewerbs gewahrt wird. Da die Vergaberegeln des Teils A keine materiellrechtlichen Bestimmungen darstellen, wird Teil A der VOB nicht Vertragsbestandteil und beinhaltet keine einklagbaren Rechte.

Teil B der VOB regelt die Allgemeinen Vertragsbedingungen für die Ausführung von Bauleistungen und hat damit materiellrechtliche Regelungen zum Inhalt, die – im Unterschied zu den allgemein gehaltenen Bestimmungen des gesetzlichen Werkvertragrechts § 631 BGB – auf die Besonderheiten des Bauwerkvertrags abgestimmt sind. Diese Allgemeinen Vertragsbedingungen für die Ausführung von Bauleistungen schließen eine angemessene und abgewogene Regelung der Rechte und Pflichten der Partner eines Bauwerkvertrags ein.

Grundsätzlich ist davon auszugehen, daß die Allgemeinen Vertragsbedingungen des Teils B für die Rechtsbeziehungen zwischen Auftraggeber und Auftragnehmer nur dann gelten, wenn Teil B als Vertragsbestandteil vereinbart wird.

Teil C der VOB umfaßt die Allgemeinen Technischen Vorschriften für Bauleistungen – ATV DIN 18300–18500. Die Allgemeinen Technischen Vorschriften für Bauleistungen beinhalten neben technischen Regeln für die Ausführung von Bauleistungen auch vertragsrechtlich relevante Bestimmungen, z. B. die Abgrenzungen von Nebenleistungen und die Abrechnungsregeln. Aus VOB Teil B § 1 Nr. 1 folgt, daß die Allgemeinen Technischen Vorschriften für Bauleistungen als Bestandteil des Vertrages gelten, wenn Teil B der VOB als Vertragsgrundlage vereinbart ist.

2. Anwendungsbereich der VOB

Für den gesamten Bereich der öffentlichen Bauvergabe ist die Anwendung der VOB öffentlichen Auftraggebern für die Vergabe von Bauleistungen und die inhaltliche Ausgestaltung des Bauvertrages verbindlich vorgeschrieben. Dies ergibt sich aus den entsprechenden Einführungserlassen des Bundes und der Länder und den einschlägigen Richtlinien in der Bundeshaushaltsordnung, den Haushaltsordnungen der Länder und Gemeinden sowie den dazu erlassenen Verwaltungsvorschriften (VV).

Die Einführung der vorliegenden Neufassung der ATV DIN 18350 erfolgte durch die nachstehend zitierte Bekanntmachung des Bundesministers für Raumordnung, Bauwesen und Städtebau vom 24. Oktober 1985, die im Bundesanzeiger Nr. 206 – Seite 13286 vom 5. November 1985 – veröffentlicht wurde:

Der Bundesminister für Raumordnung, Bauwesen und Städtebau

Bekanntmachung über einen Ergänzungsband 1985 der Verdingungsordnung für Bauleistungen (VOB) – Ausgabe 1979

Vom 24. Oktober 1985

Im Auftrag des Deutschen Verdingungsausschusses für Bauleistungen (DVA) gibt das Deutsche Institut für Normung e.V. (DIN) einen Ergänzungsband 1985 zu Teil C der VOB – Ausgabe 1979 heraus. Der Ergänzungsband enthält folgende fachtechnisch überarbeitete Allgemeine Technische Vorschriften (ATV):

DIN 18 334 Zimmer- und Holzbauarbeiten
DIN 18 350 Putz- und Stuckarbeiten
DIN 18 352 Fliesen- und Plattenarbeiten

Die öffentlichen Auftraggeber werden den Ergänzungsband 1985 zur VOB – Ausgabe 1979 – jeweils für ihren Bereich einführen und festlegen, ab welchem Zeitpunkt dieser anzuwenden ist.

Bonn, den 24. Oktober 1985
B I 2 – 0 1082 – 001

Der Bundesminister für Raumordnung, Bauwesen und Städtebau
Im Auftrag
Weiß

3. Die VOB in Beziehung zum AGB-Gesetz

Das Gesetz zur Regelung des Rechts der Allgemeinen Geschäftsbedingungen (AGB-Gesetz) vom 9. Dezember 1976 enthält Bestimmungen über die Verwendung von Allgemeinen Geschäftsbedingungen und deren inhaltliche Kontrolle und verfolgt den Zweck, daß die Grundsätze der Vertragsgerechtigkeit durch die Verwendung allgemeiner Geschäftsbedingungen nicht gestört werden dürfen.

Die VOB ist eine Allgemeine Geschäftsbedingung im Sinne des AGB-Gesetzes. Die VOB beinhaltet nämlich in Teil B vorformulierte Vertragsbedingungen, die bei einer Vielzahl von Verträgen zur Anwendung kommen. VOB Teil B mit den vorformulierten Allgemeinen Vertragsbedingungen für die Ausführung von Bauleistungen nimmt aber insofern unter den Allgemeinen Geschäftsbedingungen eine Sonderstellung ein, als in ihr die Interessen von Auftraggeber und Auftragnehmer und deren Rechte und Pflichten ausgewogen und nicht zum Nachteil eines Vertragspartners geregelt sind. Damit entspricht VOB Teil B den Anforderungen und Regelungen des AGB-Gesetzes mit der Folge, daß VOB Teil B als Allgemeine Geschäftsbedingungen dann in zulässiger Weise Vertragsbestandteil wird, wenn die Anwendung der VOB als Vertragsbestandteil wirksam vereinbart ist.

DIN 18 350 im Wortlaut

VOB Teil C:
Allgemeine Technische Vorschriften für Bauleistungen
Putz- und Stuckarbeiten – DIN 18 350
Ausgabe November 1985

Inhalt

0 Hinweise für die Leistungsbeschreibung*)
(siehe auch Teil A – DIN 1960 – § 9)

0.1 In der Leistungsbeschreibung sind nach Lage des Einzelfalles insbesondere anzugeben:

0.1.1 Lage der Baustelle und Umgebungsbedingungen, Zufahrtsmöglichkeiten und Beschaffenheit der Zufahrt sowie etwaige Einschränkungen bei ihrer Benutzung, Art und Lage der baulichen Anlagen, Anzahl und Höhe der Geschosse.

0.1.2 Lage und Ausmaß der dem Auftragnehmer für die Ausführung seiner Leistungen zur Benutzung oder Mitbenutzung überlassenen Flächen.

0.1.3 Schutzgebiete im Bereich der Baustelle.

0.1.4 Art und Umfang des Schutzes von Bäumen, Pflanzenbeständen, Vegetationsflächen, Vorhalteflächen, Bauteilen, Bauwerken, Grenzsteinen u. ä. im Bereich der Baustelle.

0.1.5 besondere Maßnahmen aus Gründen des Umweltschutzes, der Landes- und Denkmalpflege.

0.1.6 besondere Anordnungen, Vorschriften und Maßnahmen der Eigentümer (oder der anderen Weisungsberechtigten) von Leitungen, Kabeln, Dränen, Kanälen, Wegen, Gewässern, Gleisen, Zäunen und dergleichen im Bereich der Baustelle.

0.1.7 für den Verkehr freizuhaltende Flächen.

0.1.8 Besonderheiten der Regelung und Sicherung des Verkehrs, gegebenenfalls auch, soweit der Auftraggeber die Durchführung der erforderlichen Maßnahmen übernimmt.

0.1.9 Lage, Art und Anschlußwerte der dem Auftragnehmer auf der Baustelle zur Verfügung gestellten Anschlüsse für Energie, Wasser und Abwasser.

0.1.10 Mitbenutzung fremder Gerüste, Hebezeuge, Aufzüge, Aufenthalts- und Lagerräume, Einrichtungen und dergleichen durch den Auftragnehmer.

0.1.11 wie lange, für welche Arbeiten und gegebenenfalls für welche Beanspruchung der Auftragnehmer seine Gerüste, Hebezeuge, Aufzüge, Aufenthalts- und Lagerräume, Einrichtungen und dergleichen für andere Unternehmer vorzuhalten hat.

0.1.12 Auf- und Abbauen sowie Vorhalten der Gerüste, die nicht unter Abschnitt 4.1.11 fallen.

0.1.13 besondere Anforderungen an die Baustelleneinrichtung.

0.1.14 bekannte und vermutete Hindernisse im Bereich der Baustelle, möglichst unter Auslegung von Bestandsplänen, z. B. Leitungen, Kabel, Dräne, Kanäle, Bauwerksreste.

0.1.15 Art und Zeit der vom Auftraggeber veranlaßten Vorarbeiten.

---

*) Diese Hinweise werden nicht Vertragsbestandteil

0.1.16 ob und in welchem Umfang der Auftraggeber Abladen und Transport übernimmt.

0.1.17 Arbeiten anderer Unternehmer auf der Baustelle.

0.1.18 Leistungen für andere Unternehmer.

0.1.19 ob und unter welchen Bedingungen auf der Baustelle gewonnene Stoffe verwendet werden dürfen oder verwendet werden sollen.

0.1.20 Art, Menge, Gewicht der Stoffe und Bauteile, die vom Auftraggeber beigestellt werden, sowie Art, Ort (genaue Bezeichnung) und Zeit ihrer Übergabe.

0.1.21 Anforderungen an Art und Güte der Stoffe und Bauteile.

0.1.22 Art und Umfang verlangter Eignungs- und Gütenachweise.

0.1.23 vorgesehene Arbeitsabschnitte, Arbeitsunterbrechungen und -beschränkungen nach Art, Ort und Zeit.

0.1.24 Benutzung von Teilen der Leistung vor der Abnahme.

0.1.25 besondere Erschwernisse während der Ausführung, z. B. Arbeiten in Räumen, in denen der Betrieb weiterläuft, Arbeiten bei außergewöhnlichen äußeren Einflüssen und Temperaturen.

0.1.26 Art und Beschaffenheit des Untergrundes (Unterlage, Unterbau, Tragschicht, Tragwerk).

0.1.27 Ausbildung der Anschlüsse an Bauwerke.

0.1.28 Art und Anzahl von geforderten Oberflächen- und Farbmustern sowie von Proben, Musterflächen, Musterkonstruktionen und Modellen.

0.1.29 ob der Auftragnehmer Verlege- oder Montagepläne zu liefern hat.

0.1.30 geforderte gestalterische Wirkung von Flächen, z. B. Teilung, Fugenausbildung, Struktur, Farbe, Oberflächenbehandlung sowie besondere Verlegeart.

0.1.31 besonderer Schutz von Bauteilen und Einrichtungsgegenständen.

0.1.32 Anforderungen an den Brand-, Schall-, Wärme- und Feuchteschutz sowie lüftungstechnische Anforderungen.

0.1.33 Art der Bekleidung, Dicke, Maße der Einzelteile sowie ihre Befestigung, sichtbar oder nicht sichtbar.

0.1.34 Anforderungen an die besondere Stoßbelastung, z. B. Ballwurfsicherheit.

0.1.35 Art der Durchführung der Befestigung der Bauteile.

0.1.36 ob und wie Fugen abzudichten und abzudecken sind.

0.1.37 besondere physikalische Eigenschaften der Stoffe.

0.1.38 Art, Umfang und Ausbildung der Hinterlüftung sowie Abdeckung ihrer Öffnungen.

0.1.39 ob chemischer Holzschutz gefordert wird.

0.1.40 Art des Korrosionsschutzes.

0.1.41 Anforderungen an den Korrosionsschutz.

0.1.42 besondere mechanische, chemische und thermische Beanspruchungen, denen Stoffe und Bauteile nach dem Einbau ausgesetzt sind.

0.1.43 Art und Eigenschaft des Putzes.

0.1.44 Vorbehandlung des Putzgrundes durch einen Spritzbewurf oder das Auftragen einer Haftbrücke, Aufrauhen, Vorbehandlung stark saugender Putzgründe, Überspannen der Übergänge unterschiedlicher Stoffe und Bauteile.

0.1.45 Anbringen von Einputzschienen, Putztrennschienen, Eckschutzschienen, Leisten u. ä.

0.1.46 vorgezogenes und nachträgliches Herstellen von Teilflächen, z. B. Flächen hinter Heizkörpern, Rohrleitungen und dergleichen.

0.1.47 besonderer Schutz der Leistungen, z. B. Verpackung, Kantenschutz und Abdeckungen.

0.1.48 Leistungen nach Abschnitt 4.2 in besonderen Ansätzen, wenn diese Leistungen keine Nebenleistungen sein sollen.

0.1.49 Leistungen nach Abschnitt 4.3 in besonderen Ansätzen.

0.2 In der Leistungsbeschreibung sind Angaben zu folgenden Abschnitten nötig, wenn der Auftraggeber eine abweichende Regelung wünscht:

Abschnitt 1.2	(Leistungen mit Lieferung der Stoffe und Bauteile)
Abschnitt 2.1	(Vorhalten von Stoffen und Bauteilen)
Abschnitt 2.2.1	(Liefern ungebrauchter Stoffe und Bauteile)
Abschnitt 2.2.4	(Schutz von Befestigungsmitteln für Putzträger und Putzbewehrungen bei Verwendung in feuchten Räumen und Arbeiten mit Gips)
Abschnitt 3.1.5	(Abweichungen von vorgeschriebenen Maßen und erhöhte Anforderungen an die Ebenheit)
Abschnitt 3.2.3	(Putzausführung)
Abschnitt 3.4.1	(Beschaffenheit des Mörtels für geformte Stuckteile)
Abschnitt 3.4.3	(Befestigung von Formstücken aus Stuckmarmor)
Abschnitt 3.4.5	(Beschaffenheit des Stuckmörtels bei Antragarbeiten)
Abschnitt 3.5.1	(Anforderungen an den Brand-, Schall-, Wärme- und Strahlenschutz)
Abschnitt 3.5.2.1	(Verlegung von Randwinkeln bei Deckenbekleidungen, Unterdecken und Wandbekleidungen)
Abschnitt 3.5.2.2	(Verlegung von Dämmstoffen bei Deckenbekleidungen, Unterdecken und Wänden)
Abschnitt 3.5.3	(Ausführung von Vorsatzschalen)
Abschnitt 3.5.5	(Ausführung von Unterböden im Türbereich oder beim Anschluß von Massivböden)
Abschnitt 3.5.6	(Ausführung von Außenwandbekleidungen)

1 Allgemeines

1.1 DIN 18 350 „Putz- und Stuckarbeiten" gilt für nasse und trockene Bauweisen.
DIN 18 350 gilt nicht für Abdichtungen aus Sperrmörtel (siehe DIN 18 337 „Abdichtungen gegen nichtdrückendes Wasser").

1.2 Alle Leistungen umfassen auch die Lieferung der dazugehörigen Stoffe und Bauteile einschließlich Abladen und Lagern auf der Baustelle, wenn in der Leistungsbeschreibung nichts anderes vorgeschrieben ist.

1.3 Stoffe und Bauteile, die vom Auftraggeber beigestellt werden, hat der Auftragnehmer rechtzeitig beim Auftraggeber anzufordern.

2 Stoffe, Bauteile

2.1 Vorhalten

Stoffe und Bauteile, die der Auftragnehmer nur vorzuhalten hat, die also nicht in das Bauwerk eingehen, können nach Wahl des Auftragnehmers gebraucht oder ungebraucht sein, wenn in der Leistungsbeschreibung darüber nichts vorgeschrieben ist.

2.2 Liefern

2.2.1 Allgemeine Anforderungen

Stoffe und Bauteile, die der Auftragnehmer zu liefern und einzubauen hat, die also in das Bauwerk eingehen, müssen ungebraucht sein, wenn in der Leistungsbeschreibung nichts anderes vorgeschrieben ist. Sie müssen für den jeweiligen Verwendungszweck geeignet sein.
Stoffe und Bauteile, für die DIN-Normen bestehen, müssen den DIN-Güte- und -Maßbestimmungen entsprechen. Stoffe und Bauteile, die nach den behördlichen Vorschriften einer Zulassung bedürfen, müssen amtlich zugelassen sein und den Zulassungsbedingungen entsprechen. Stoffe und Bauteile, für die weder DIN-Normen bestehen noch eine amtliche Zulassung vorgeschrieben ist, dürfen nur mit Zustimmung des Auftraggebers verwendet werden. Für die gebräuchlichsten genormten Stoffe und Bauteile sind die DIN-Normen nachstehend aufgeführt.

2.2.2 Putze

DIN 18 550 Teil 1	Putz; Begriffe und Anforderungen
DIN 18 558	Kunstharzputze; Begriffe, Anforderungen, Ausführung

2.2.3 Werkmörtel (Fertigmörtel)

DIN 18 557	Werkmörtel; Herstellung, Überwachung und Lieferung

2.2.4 Putzträger, Putzbewehrungen, Befestigungsmittel

DIN 488 Teil 4	(z. Z. Entwurf) Betonstahl; Betonstahlmatten und Bewehrungsdraht; Aufbau, Maße und Gewichte
DIN 1101	Holzwolle-Leichtbauplatten; Maße, Anforderungen, Prüfung
DIN 1104 Teil 1	Mehrschicht-Leichtbauplatten aus Schaumkunststoffen und Holzwolle; Maße, Anforderungen, Prüfung
DIN 18 182 Teil 1	(z. Z. Entwurf) Zubehör für die Verarbeitung von Gipskartonplatten; Profile aus Stahlblech
DIN 18 182 Teil 2	(z. Z. Entwurf) Zubehör für die Verarbeitung von Gipskartonplatten; Schnellbauschrauben

Drahtgeflechte, Rippenstreckmetall, Baustahlmatten u. ä. müssen frei von losem Rost sein. Textile Gewebe für den Außenbereich müssen alkalibeständig sein.
Nägel, Klammern und andere Befestigungsmittel müssen bei Verwendung in feuchten Räumen und für Arbeiten mit Gips rostgeschützt sein, wenn in der Leistungsbeschreibung nichts anderes vorgeschrieben ist.

2.2.5 Decken- und Wandbauplatten

DIN 274 Teil 4	Asbestzementplatten; Ebene Tafeln, Maße, Anforderungen, Prüfungen
DIN 16 926	(z. Z. Entwurf) Dekorative Hochdruck-Schichtstoffplatten (HPL); Einteilung, Anforderungen und Prüfung
DIN 18 163	Wandbauplatten aus Gips; Eigenschaften, Anforderungen, Prüfung
DIN 18 169	Deckenplatten aus Gips; Platten mit rückseitigem Randwulst
DIN 18 180	Gipskartonplatten; Arten, Anforderungen, Prüfung
DIN 18 184	Gipskarton-Verbundplatten mit Polystyrol- oder Polyurethan-Hartschaum als Dämmstoff

2.2.6 Dämmstoffe

DIN 18 164 Teil 1	Schaumkunststoffe als Dämmstoffe für das Bauwesen; Dämmstoffe für die Wärmedämmung
DIN 18 164 Teil 2	Schaumkunststoffe als Dämmstoffe für das Bauwesen; Dämmstoffe für die Trittschalldämmung
DIN 18 165 Teil 1	(z. Z. Entwurf) Faserdämmstoffe für das Bauwesen; Dämmstoffe für die Wärmedämmung

DIN 18 165 Teil 2	(z. Z. Entwurf) Faserdämmstoffe für das Bauwesen; Dämmstoffe für die Trittschalldämmung

2.2.7 Unterkonstruktion aus Holz- und Holzwerkstoffen, Metall und anderen Baustoffen sowie Abhänger, Profile, Verbindungs- und Verankerungselemente und Holzschutz

DIN 4073 Teil 1	Gehobelte Bretter und Bohlen aus Nadelholz; Maße
DIN 4074 Teil 1	Bauholz für Holzbauteile; Gütebedingungen für Bauschnittholz (Nadelholz)
DIN 17 100	Allgemeine Baustähle; Gütenorm
DIN 17 440	Nichtrostende Stähle; Technische Lieferbedingungen für Blech, Warmband, Walzdraht, gezogenen Draht, Schmiedestücke und Halbzeug
DIN 18 168 Teil 1	Leichte Deckenbekleidungen und Unterdecken; Anforderungen für die Ausführung
DIN 18 168 Teil 2	Leichte Deckenbekleidungen und Unterdecken; Nachweis der Tragfähigkeit von Unterkonstruktionen und Abhängern aus Metall
DIN 18 182 Teil 1	(z. Z. Entwurf) Zubehör für die Verarbeitung von Gipskartonplatten; Profile aus Stahlblech
DIN 68 750	Holzfaserplatten; Poröse und harte Holzfaserplatten, Gütebedingungen
DIN 68 754 Teil 1	Harte und mittelharte Holzfaserplatten für das Bauwesen; Holzwerkstoffklasse 20
DIN 68 800 Teil 3	Holzschutz im Hochbau; Vorbeugender chemischer Schutz von Vollholz

Schienen und Profile wie Eckschutzschienen, Abschlußschienen, Dehnungsfugenprofile, Randwinkel und Einfaßprofile aus Metall müssen entsprechend dem Verwendungszweck verzinkt oder korrosionsresistent sein.

3 Ausführung

3.1 Allgemeines

3.1.1 Wenn Verkehrs-, Versorgungs- und Entsorgungsanlagen im Bereich des Baugeländes liegen, sind die Vorschriften und Anordnungen der zuständigen Stellen zu beachten.

3.1.2 Die für die Aufrechterhaltung des Verkehrs bestimmten Flächen sind freizuhalten. Der Zugang zu Einrichtungen der Versorgungs- und Entsorgungsbetriebe der Feuerwehr, der Post und Bahn, zu Vermessungspunkten und dergleichen darf nicht mehr als durch die Ausführung unvermeidlich behindert werden.

3.1.3 Stoffe und Bauteile, für die Verarbeitungsvorschriften des Herstellerwerkes bestehen, sind nach diesen Vorschriften zu verarbeiten.

3.1.4 Der Auftragnehmer hat bei seiner Prüfung Bedenken (siehe Teil B – DIN 1961 – § 4 Nr. 3) insbesondere geltend zu machen bei:
- ungeeigneter Beschaffenheit des Untergrundes, z. B. grobe Verunreinigungen, Ausblühungen, zu glatte Flächen, verölte Flächen, ungleich saugende Flächen, gefrorene Flächen, verschiedenartige Stoffe des Untergrundes,
- zu hoher Baufeuchtigkeit,
- größeren Unebenheiten als nach DIN 18 202 Teil 5 zulässig,
- ungenügenden Verankerungsmöglichkeiten,
- fehlenden Höhenbezugspunkten je Geschoß.

3.1.5 Abweichungen von vorgeschriebenen Maßen sind in den durch

DIN 18 201	Toleranzen im Bauwesen; Begriffe, Grundsätze, Anwendung, Prüfung

DIN 18202 Teil 1	Maßtoleranzen im Hochbau; Zulässige Abmaße für die Bauausführung, Wand- und Deckenöffnungen, Nischen, Geschoß- und Podesthöhen
DIN 18202 Teil 4	Maßtoleranzen im Hochbau; Abmaße für Bauwerksabmessungen
DIN 18202 Teil 5	Maßtoleranzen im Hochbau; Ebenheitstoleranzen für Flächen von Decken und Wänden

bestimmten Grenzen zulässig, wenn in der Leistungsbeschreibung nichts anderes vorgeschrieben ist.
Bei Streiflicht sichtbar werdende Unebenheiten in den Oberflächen von Bauteilen sind zulässig, wenn die Maßtoleranzen von DIN 18202 Teil 5 eingehalten worden sind.

3.1.6 Bewegungsfugen des Bauwerkes müssen an gleicher Stelle und mit gleicher Bewegungsmöglichkeit übernommen werden.

3.1.7 Deckenbekleidungen, Unterdecken, Wandbekleidungen, Vorsatzschalen und Trennwände aus Elementen, die ein regelmäßiges Raster ergeben, sind fluchtgerecht in den vorgegebenen Bezugsachsen herzustellen. Bei der Verwendung von Montagewänden aus Gipskartonplatten ist DIN 18813 (z. Z. Entwurf) „Montagewände aus Gipskartonplatten; Ausführung von Ständerwänden" zu beachten.

3.1.8 Der chemische Schutz von Bauholz ist nach DIN 68800 Teil 3 „Holzschutz im Hochbau; Vorbeugender chemischer Schutz von Vollholz" und der chemische Schutz von Holzwerkstoffen nach DIN 68800 Teil 5 „Holzschutz im Hochbau; Vorbeugender chemischer Schutz von Holzwerkstoffen" auszuführen.

3.2 Putze

3.2.1 Putze aus Mörtel mit mineralischen Bindemitteln mit oder ohne Zusätze sind nach DIN 18550 Teil 2 „Putz; Putze aus Mörteln mit mineralischen Bindemitteln; Ausführung" herzustellen.

3.2.2 Kunstharzputze sind nach DIN 18558 „Kunstharzputze; Begriffe, Anforderungen, Ausführung" herzustellen.

3.2.3 Putze sind als geriebene Putze auszuführen, wenn in der Leistungsbeschreibung nichts anderes vorgeschrieben ist.

3.3 Bauteile aus Drahtputz

Bauteile aus Drahtputz sind nach DIN 4121 „Hängende Drahtputzdecken; Putzdecken mit Metallputzträgern, Rabitzdecken, Anforderungen für die Ausführung" herzustellen. Für die Ausführung der Oberflächen gilt Abschnitt 3.2.3.

3.4 Stuck

3.4.1 Gezogener und vorgefertigter Stuck

Gezogene Profile mit einer Stuckdicke von mehr als 5 cm sind auf einer Drahtputzunterkonstruktion auszuführen. Vorgefertigte Stuckteile sind mit Kleber und/oder mit Schrauben auf Dübeln oder mit verzinkten Drähten zu befestigen. Geformte Stuckteile für Außenflächen sind in Kalkzementmörtel auszuführen, wenn in der Leistungsbeschreibung nichts anderes vorgeschrieben ist, z. B. Gips.

3.4.2 Angetragener Stuckmarmor

Der trockene und sorgfältig gereinigte Untergrund ist anzunetzen und mit einem nicht zu dünnen, mit Leimwasser vermengten Spritzbewurf aus Gipsmörtel zu versehen. Der Untergrund (Marmorgrund) ist mit rauher Oberfläche 2 bis 3 cm dick aus dafür geeignetem Stuckgips unter Zusatz von Leimwasser (Abbindezeit 2 bis 3 Stunden) oder aus anderem, langsam bindenden Hartgips und reinem scharfem Sand herzustellen und nötigenfalls durch Abkämmen aufzurauhen. Der vollständig ausgetrocknete Marmorgrund ist mit Wasser anzunetzen. Der

Stuckmarmor ist nach den Vorschriften der Hersteller der Stoffe aus feinstem Alabastergips oder Marmorgips unter Beimischung geeigneter licht- und kalkechter Farbpigmente herzustellen, aufzutragen, mehrmals im Wechsel zu spachteln und zu schleifen, bis die verlangte Matte oder polierte geschlossene Oberfläche erzielt ist. Die Oberfläche ist nach dem völligen Austrocknen zu wachsen und muß in Struktur und Farbe dem nachzuahmenden Marmor entsprechen.

3.4.3 Geformter Stuckmarmor

Formstücke und Profile aus Stuckmarmor sind nach dem Freilegen aus der Negativform in ihren Verzierungen passend zu beschneiden, im Wechsel mehrmals zu spachteln und zu schleifen und in der vorgeschriebenen Form und Oberfläche, matt oder poliert, herzustellen. Notwendige Metalleinlagen müssen korrosionsgeschützt sein.
Formstücke und Profile sind mit Kleber und/oder mit korrosionsgeschützten Schrauben am Mauerwerk auf Dübeln oder mit Steinschrauben zu befestigen, wenn in der Leistungsbeschreibung nichts anderes vorgeschrieben ist. Die Oberfläche ist, soweit erforderlich, nachzuschleifen und nach völligem Austrocknen zu wachsen.

3.4.4 Stukkolustro

Auf vorbereitetem Untergrund ist ein 2 bis 3 cm dicker, rauher Unterputz aus lange gelagertem, fettem Sumpfkalk und grobkörnigem, reinem Sand aufzutragen. Bei gleichmäßig saugendem Untergrund darf dem Mörtel Gips bis zu einem Anteil von 20 % des Bindemittels beigemengt werden. Zement darf nicht verarbeitet werden. Bei ungleichmäßig saugendem Untergrund, z. B. Ziegelmauerwerk, ist reiner Kalkmörtel zu verwenden. Auf den vollständig trockenen Unterputz ist eine etwa 1 cm dicke Lage aus etwas feinerem Kalkmörtel aufzutragen und vollkommen glattzureiben. Als dritte Lage ist eine Feinputzschicht aus feingesiebtem Kalk, Marmormehl und Farbstoff des vorgesehenen Grundtones aufzutragen und vollkommen glattzureiben. Sie ist mit einem noch etwas feineren Marmormörtel zu überreiben, durch Glätten ist ein vollkommen geschlossener, glatter Malgrund herzustellen. Abschließend ist die Stukkolustro-Farbe aufzutragen und mit gewärmtem Stahl zu bügeln und zu wachsen.

3.4.5 Stuckantragarbeiten

Der für Antragarbeiten verwendete Stuckmörtel ist aus sorgfältig gemischtem durchgeriebenem Kalk und Marmorgrieß bzw. Marmormehl herzustellen. Er ist mit einem geringen Gipszusatz anzutragen und zu formen, wenn in der Leistungsbeschreibung nichts anderes vorgeschrieben ist, z. B. Verwendung von langsam bindendem Gips bzw. Zement unter Beimischung von 2 Teilen Marmorgrieß bzw. Marmormehl. Größere Formen sind mit Gipsmörtel im Mischungsverhältnis 1:1:3 oder durch Drahtputzkonstruktionen zu unterbauen.

3.5 Trockenbau

3.5.1 Allgemeines

Bauteile, die in Trockenbauweise hergestellt werden, sind ohne Berücksichtigung von Anforderungen an den Brand-, Schall-, Wärme- und Strahlenschutz auszuführen, wenn nachstehend oder in der Leistungsbeschreibung nichts vorgeschrieben ist.

3.5.2 Innenwandbekleidungen, Deckenbekleidungen, Unterdecken

3.5.2.1 Sichtbare Randwinkel, Deckleisten und Schattenfugen-Deckleisten sind an den Ecken und auf den Begrenzungsflächen stumpf zu stoßen, Randwinkel dem Wand- oder Deckenverlauf anzupassen, wenn in der Leistungsbeschreibung nichts anderes vorgeschrieben ist.

3.5.2.2 Einzubauende Dämmstoffe sind über der gesamten Fläche dicht gestoßen zu verlegen und an begrenzende Bauteile anzuschließen, wenn in der Leistungsbeschreibung nichts anderes vorgeschrieben ist.

3.5.2.3 Deckenbekleidungen und Unterdecken sind nach DIN 18 168 Teil 1 „Leichte Deckenbekleidungen und Unterdecken; Anforderungen für die Ausführung“ herzustellen.

3.5.2.4 Bei Verwendung von Holzwolle- und Mehrschicht-Leichtbauplatten sind DIN 1102 „Holzwolle-Leichtbauplatten nach DIN 1101; Verarbeitung“ und DIN 1104 Teil 2 „Mehrschicht-Leichtbauplatten aus Schaumkunststoffen und Holzwolle; Verarbeitung“ zu beachten.

3.5.2.5 Gipskartonplatten sind nach DIN 18 181 „Gipskartonplatten im Hochbau; Richtlinien für die Verarbeitung“ zu verarbeiten.

3.5.3 Schalldämmende Vorsatzschalen

Schalldämmende Vorsatzschalen sind entsprechend dem vorgeschriebenen Schalldämmaß nach DIN 4109 Teil 3 (z. Z. Entwurf) „Schallschutz im Hochbau; Luft- und Trittschalldämmung in Gebäuden; Ausführungsbeispiele mit nachgewiesener Schalldämmung für Gebäude in Massivbauart“ auszuführen, wenn in der Leistungsbeschreibung nichts anderes vorgeschrieben ist.

3.5.4 Nichttragende Trennwände

Nichttragende Trennwände sind nach DIN 4103 Teil 1 „Nichttragende innere Trennwände; Anforderungen, Nachweise“ auszuführen. Für die Ausführung nichttragender Trennwände aus Gips-Wandbauplatten gilt DIN 4103 Teil 2 (z. Z. Entwurf) „Nichttragende Trennwände; Leichte Trennwände aus Gips-Wandbauplatten“. Bei der Verarbeitung von Gipskartonplatten ist außerdem DIN 18 183 „Montagewände aus Gipskartonplatten; Ausführung von Ständerwänden“ zu beachten.

3.5.5 Unterböden aus Gipskartonplatten oder Gipskarton-Verbundplatten

Unterböden aus Gipskartonplatten oder Gipskarton-Verbundplatten sind nach den Richtlinien der Hersteller auszuführen.
Unterböden aus Gipskartonplatten oder Gipskarton-Verbundplatten sind mit Fugenversatz zu verlegen. Stöße sind zu verkleben und am Wandanschluß ist ein Mineralfaser-Randdämmstreifen einzulegen. Bei Verlegung auf Trockenschüttung sind im Türbereich oder beim Anschluß an Massivböden die Gipskartonplatten oder Gipskarton-Verbundplatten in Schütthöhe mit einem Brett oder einer Winkelschiene zu unterfangen, wenn in der Leistungsbeschreibung nichts anderes vorgeschrieben ist, z. B. Schallschutzanforderungen.

3.5.6 Außenwandbekleidungen

Außenwandbekleidungen sind nach den „Richtlinien für Fassadenbekleidung mit und ohne Unterkonstruktion“ auszuführen. Für Außenwandbekleidungen aus kleinformatigen Platten und Asbestzementplatten gilt außerdem DIN 18 517 Teil 1 „Außenwandbekleidungen mit kleinformatigen Fassadenplatten; Asbestzementplatten“, wenn in der Leistungsbeschreibung nichts anderes vorgeschrieben ist.

4 Nebenleistungen

Nebenleistungen sind Leistungen, die auch ohne Erwähnung in der Leistungsbeschreibung zur vertraglichen Leistung gehören (siehe Teil B – DIN 1961 – § 2 Nr. 1).

4.1 Folgende Leistungen sind Nebenleistungen:

4.1.1 Messungen für das Ausführen und Abrechnen der Arbeiten einschließlich des Vorhaltens der Meßgeräte, Lehren, Absteckzeichen usw., des Erhaltens der Lehren und Absteckzeichen während der Bauausführung und des Stellens der Arbeitskräfte, jedoch nicht Leistungen nach Teil B – DIN 1961 – § 3 Nr. 2.

4.1.2 Schutz- und Sicherheitsmaßnahmen nach den Unfallverhütungsvorschriften und den behördlichen Bestimmungen.

4.1.3 Schutz der ausgeführten Leistungen und der für die Ausführung übergebenen Gegenstände vor Beschädigung und Diebstahl bis zur Abnahme.

4.1.4 Heranbringen von Wasser und Energie von den vom Auftraggeber auf der Baustelle zur Verfügung gestellten Anschlußstellen zu den Verwendungsstellen.

4.1.5 Vorhalten der Kleingeräte und Werkzeuge.

4.1.6 Liefern der Betriebsstoffe.

4.1.7 Befördern aller Stoffe und Bauteile, auch wenn sie vom Auftraggeber beigestellt sind, von den Lagerstellen auf der Baustelle zu den Verwendungsstellen und etwaiges Rückbefördern.

4.1.8 Sichern der Arbeiten gegen Tagwasser, mit dem normalerweise gerechnet werden muß, und seine etwa erforderliche Beseitigung.

4.1.9 Beleuchten, Beheizen und Reinigen der Aufenthalts- und Sanitärräume für die Beschäftigten des Auftragnehmers.

4.1.10 Beseitigen aller Verunreinigungen und Abfälle (Bauschutt und dergleichen), die von den Arbeiten des Auftragnehmers herrühren.

4.1.11 Auf- und Abbauen sowie Vorhalten der Gerüste, deren Arbeitsbühnen bis zu 2 m über Gelände oder Fußboden liegen.

4.1.12 Liefern von Drahtstiften und Holzschrauben.

4.1.13 Säubern des Putzuntergrundes von Staub und losen Teilen.

4.1.14 Vornässen von stark saugendem Putzgrund und Feuchthalten der Putzflächen bis zum Abbinden.

4.1.15 Zubereiten des Mörtels und Vorhalten aller hierzu erforderlichen Einrichtungen, auch wenn der Auftraggeber die Stoffe beistellt.

4.1.16 Vorlage vorgefertigter Oberflächen- und Farbmuster.

4.1.17 Ein-, Zu- und Beiputzarbeiten, ausgenommen Arbeiten nach Abschnitt 4.3.15.

4.1.18 Maßnahmen zum Schutz von Bauteilen, wie Türen, Fenster, vor Verunreinigungen und Beschädigung durch die Putzarbeiten einschließlich der erforderlichen Stoffe, ausgenommen die Schutzmaßnahmen nach Abschnitt 4.3.16.

4.2 Folgende Leistungen sind Nebenleistungen, wenn sie nicht durch besondere Ansätze in der Leistungsbeschreibung erfaßt sind:

4.2.1 Einrichten und Räumen der Baustelle.

4.2.2 Vorhalten der Baustelleneinrichtung einschließlich der Geräte und dergleichen.

4.3 Folgende Leistungen sind keine Nebenleistungen:

4.3.1 „Besondere Leistungen“ nach Teil 1 – DIN 1960 – § 9 Nr. 6.

4.3.2 Aufstellen, Vorhalten und Beseitigen von Bauzäunen, Blenden und Schutzgerüsten zur Sicherung des öffentlichen Verkehrs, sowie von Einrichtungen außerhalb der Baustelle zur Umleitung und Regelung des öffentlichen Verkehrs.

4.3.3 Aufstellen, Vorhalten, Betreiben und Beseitigen von Verkehrssignalanlagen.

4.3.4 Sichern von Leitungen, Kanälen, Dränen, Kabeln, Grenzsteinen, Bäumen und dergleichen.

4.3.5 Beseitigen von Hindernissen, Leitungen, Kanälen, Dränen, Kabeln und dergleichen.

4.3.6 besondere Maßnahmen aus Gründen des Umweltschutzes, der Landes- und Denkmalpflege.

4.3.7 Maßnahmen zum Schutz angrenzender Bauwerke und Grundstücke.

4.3.8 Vorhalten von Aufenthalts- und Lagerräumen, wenn der Auftraggeber Räume, die leicht verschließbar gemacht werden können, nicht zur Verfügung stellt.

4.3.9 Herausschaffen, Aufladen und Abfahren des Bauschuttes anderer Unternehmer.

4.3.10 Auf- und Abbauen sowie Vorhalten der Gerüste, deren Arbeitsbühnen mehr als 2 m über Gelände oder Fußboden liegen.

4.3.11 Umbau von Gerüsten für Zwecke anderer Unternehmer.

4.3.12 Herstellen von im Bauwerk verbleibenden Verankerungsmöglichkeiten, z. B. für Gerüste.

4.3.13 zusätzliche Maßnahmen für die Weiterarbeit bei Frost und Schnee, soweit sie dem Auftragnehmer nicht ohnehin obliegen.

4.3.14 Beseitigen der nach Abschnitt 3.1.4 geltend gemachten Mängel.

4.3.15 Ein-, Zu- und Beiputzarbeiten, soweit sie nicht im Zuge mit den übrigen Putzarbeiten, bei Innenputzarbeiten im selben Geschoß, ausgeführt werden können, sowie nachträgliches Schließen und Verputzen von Schlitzen und ausgesparten Öffnungen.

4.3.16 besondere Maßnahmen zum Schutz von Bauteilen und Einrichtungsgegenständen, wie Abkleben von Fenstern und Türen, von eloxierten Teilen, Abdeckung von Belägen, staubdichte Abdeckung von empfindlichen Einrichtungen und technischen Geräten, Schutzabdeckungen, Schutzanstriche, Staubwände u. ä. einschließlich Lieferung der hierzu erforderlichen Stoffe.

4.3.17 Reinigen des Untergrundes von grober Verschmutzung durch Bauschutt, Gips, Mörtelreste, Farbreste u. ä., soweit sie von anderen Unternehmern herrührt.

4.3.18 Herstellen von Proben, Musterflächen, Musterkonstruktionen und Modellen.

4.3.19 Liefern statischer und bauphysikalischer Nachweise.

4.3.20 Erstellen von Verlege- und Montageplänen.

4.3.21 Herstellen und/oder Anpassen von Aussparungen u. ä., soweit sie nicht im Zuge mit den übrigen Arbeiten ausgeführt werden können.

4.3.22 nachträgliches Herstellen und Schließen von Löchern im Mauerwerk und Beton für Auflager und Verankerungen.

4.3.23 Ausbau und/oder Wiedereinbau von Bekleidungselementen für Leistungen anderer Unternehmer.

4.3.24 nachträgliches Anarbeiten und/oder nachträglicher Einbau von Teilen.

5 Abrechnung

5.1 Allgemeines

5.1.1 Die Leistung ist aus Zeichnungen zu ermitteln, soweit die ausgeführte Leistung diesen Zeichnungen entspricht. Sind solche Zeichnungen nicht vorhanden, ist die Leistung aufzumessen.

Der Ermittlung der Leistung – gleichgültig, ob sie nach Zeichnungen oder nach Aufmaß erfolgt – sind zugrunde zu legen:
- für Putz, Stuck, Dämmungen, und Bekleidungen
  - auf Flächen ohne begrenzende Bauteile die Maße der zu putzenden, zu dämmenden, zu bekleidenden bzw. mit Stuck zu versehenden Flächen
  - auf Flächen mit begrenzenden Bauteilen die Maße der zu behandelnden Flächen bis zu den sie begrenzenden ungeputzten, ungedämmten bzw. nicht bekleideten Bauteilen
  - bei Fassaden die Maße der Bekleidung.
- für nichttragende Trennwände deren Maße bis zu den sie begrenzenden ungeputzten, ungedämmten bzw. nicht bekleideten Bauteilen.

5.1.2 Bei der Ermittlung des Längenmaßes wird die größte, gegebenenfalls abgewickelte Bauteillänge gemessen. Fugen werden übermessen.

5.1.3 Die Wandhöhen überwölbter Räume werden bis zum Gewölbeanschnitt, die Wandhöhe der Schildwände bis zu ⅔ des Gewölbestichs gerechnet.

5.1.4 Fußleisten und Konstruktionen bis 10 cm Höhe werden übermessen.

5.1.5 Bei der Flächenermittlung von gewölbten Decken mit einer Stichhöhe unter ⅙ der Spannweite wird die Fläche des überdeckten Raumes berechnet. Gewölbe mit größerer Stichhöhe werden nach der Fläche der abgewickelten Untersicht gerechnet.

5.1.6 In Decken, Wänden, Dächern, Schalungen, Wand- und Deckenbekleidungen, Vorsatzschalen, Dämmungen, Sperren sowie leichten Außenwandbekleidungen werden Öffnungen, Aussparungen und Nischen bis zu 2,5 m^2 Einzelgröße übermessen.

5.1.7 In Böden und den dazugehörigen Dämmungen, Schüttungen, Sperren u. ä., werden Öffnungen und Aussparungen, z. B. für Pfeilervorlagen, Kamine, Rohrdurchführungen u. ä. bis 0,5 m^2 Einzelgröße übermessen.

5.1.8 Bei Abrechnung nach Längenmaß (m) werden Unterbrechungen bis zu 1,0 m^2 Einzellänge übermessen.

5.1.9 Ganz oder teilweite geputzte, gedämmte oder bekleidete Leibungen von Öffnungen, Aussparungen und Nischen über 2,5 m^2 Einzelgröße werden gesondert gerechnet.

5.1.10 Rückflächen von Nischen werden unabhängig von ihrer Einzelgröße mit ihrem Maß gesondert gerechnet.

5.1.11 Zusammenhängende Öffnungen und Nischen werden getrennt gerechnet.

5.1.12 Herstellen von Aussparungen für Einzelleuchten, Lichtbänder, Lichtkuppeln, Lüftungsgitter, Luftauslässe, Revisionsöffnungen, Stützen, Pfeilervorlagen, Schalter, Steckdosen, Rohrdurchführungen, Kabel u. ä. werden getrennt nach Größe gesondert gerechnet.

5.1.13 Geputzte und gezogene Gesimse, Umrahmungen und Faschen werden gesondert gerechnet.

5.1.14 Einputzschienen, Putztrennschienen, Eckschutzschienen, Leisten u. ä., Anschlüsse an andere Bauteile, Anschluß-, Bewegungs- und Gebäudetrennfugen werden gesondert gerechnet, Putzanschlüsse und Putzabschlüsse nur, soweit sie besondere Maßnahmen erfordern.

5.1.15 Bei gedämmten, bekleideten, beschichteten und geputzten Flächen werden Rahmen, Riegel, Ständer und andere Fachwerkwerkteile sowie Sparren, Lattungen und Unterkonstruktionen übermessen.

5.2 Es werden abgerechnet:

5.2.1 Nach Flächenmaß (m^2):

Wand- und Deckenputz innen und außen getrennt nach Art des Putzes,
Drahtputzwände und -decken,
flächige Bewehrungen und Putzträger,
Stuckflächen,
Deckenbekleidungen und Unterdecken,
Dämmungen und Dämmplatten an Decken und Wänden,
Wandbekleidungen,
Vorsatzschalen,
Nichttragende Trennwände,
Unterböden,
Dämmungen, Auffüllungen und Schüttungen unter Böden,
Unterkonstruktionen,
Folien, Pappen und Dampfsperren,
jeweils getrennt nach Bauart und Maßen.

5.2.2 Nach Längenmaß (m):

Leibungen von Öffnungen, Aussparungen und Nischen,
Putz- und Bekleidungsarbeiten an Pfeilern, Lisenen, Stützen und Unterzügen,
Zuschnitte von Bekleidungen an Schrägen, z. B. an Decken, Wänden und Böden,
Putze an Gesimsen und Kehlen sowie Ausrunden,
Putzanschlüsse und Putzabschlüsse,
Stuckprofile,
Sohlbänke, Fenster- und Türumrahmungen, Friese, Faschen, Putzbänder, Schattenfugen und dergleichen,
Hilfskonstruktionen im Bereich von Decken und Wänden zur Aufnahme von Installationsteilen, Beleuchtung u. ä.,
Richtwinkel an Kanten, Kantenschutzprofile, Einputzschienen, Sockelschienen, Randwinkel, Lüftungsprofile, Anschnittstücke, Abschlußprofile, Vorhangschienen u. ä.,
Anschlüsse an andere Bauteile, Anschluß-, Bewegungs- und Gebäudetrennfugen, Fugenüberspannungen,
Streifenbewehrungen und Streifenputzträger bis 1,0 m Breite,
Abschottungen, Schürzen und Unterzüge in Deckenbekleidungen, Unterdecken und bei Wandbekleidungen,
Dichtungsbänder, Dichtungsprofile, Ausspritzungen,
jeweils getrennt nach Bauarten und Maßen.

5.2.3 Nach Anzahl (Stück):

Herstellen von Öffnungen für Türen, Fenster u. ä. bei Trockenbauweise,
Herstellen von Aussparungen und Hilfskonstruktionen für Einzelleuchten, Lichtbänder, Lichtkuppeln, Lüftungsgitter, Luftauslässen, Revisionsöffnungen, Stützen, Pfeilervorlagen, Schalter, Steckdosen, Rohrdurchführungen, Kabel, Installationsteilen u. ä.,
Stuckarbeiten (Rosetten u. ä.),
Ecken und Verkröpfungen von Stuckprofilen, Gesimsen und Kehlen,
Putz- und Bekleidungsarbeiten an Schornsteinköpfen, Konsolen usw.,
Einbau von Einzelleuchten, Lichtbändern, Lüftungsgittern, Luftauslässen, Gerüstverankerungen u. ä.,

Schließen von Öffnungen und Durchbrüchen,
Anarbeiten an Installationen bei Trockenbauweise,
jeweils getrennt nach Bauart und Maßen.

5.3 Es werden abgezogen:

5.3.1 Bei Abrechnung nach Flächenmaß (m^2):

Öffnungen, Aussparungen und Nischen über 2,5 m^2 Einzelgröße, in Böden über 0,5 m^2 Einzelgröße.

5.3.2 Bei Abrechnung nach Längenmaß (m):

Unterbrechungen über 1,0 m Einzellänge.

Erläuterungen

0 Hinweise für die Leistungsbeschreibung
(siehe auch Teil A – DIN 1960 – § 9)

Die Leistungsbeschreibung muß als besonders wichtiger Teil jedes Bauwerkvertrages bezeichnet werden. Diese Feststellung wird unterstrichen durch die in VOB Teil B § 1 Nr. 2 getroffene Regelung, wonach bei Widersprüchen im Vertrag nacheinander gelten:

a) die Beschreibung der Leistung,
b) die Besonderen Vertragsbedingungen,
c) etwaige Zusätzliche Vertragsbedingungen,
d) etwaige Zusätzliche Technische Vorschriften,
e) die Allgemeinen Technischen Vorschriften für Bauleistungen,
f) die Allgemeinen Vertragsbedingungen für die Ausführung von Bauleistungen.

Die besondere Bedeutung der Leistungsbeschreibung verpflichtet beide Parteien des Bauvertrages – den Ausschreibenden und den Bieter –, der Leistungsbeschreibung die nach der Verkehrssitte übliche Sorgfalt und Gewissenhaftigkeit zu widmen. Nach dem im gesamten Bauvertragsrecht geltenden Grundsatz von Treu und Glauben ist der Ausschreibende gehalten, seine Angaben nach bestem Wissen umfassend und erschöpfend festzulegen. Er darf keine ihm bekannten oder vermuteten Umstände, die den Preis beeinflussen können, fahrlässig oder gar vorsätzlich verschweigen und muß alle Angaben und die für den Einzelfall seines Bauvorhabens geforderten Bauleistungen nach Art und Umfang so deutlich beschreiben, daß sie unmißverständlich erfaßt und von allen Bietern im Wettbewerb gleichermaßen verstanden werden können.

Während also der Auftraggeber in der Leistungsbeschreibung die für sein Bauvorhaben geforderten Bauleistungen nach Art und Umfang erschöpfend und unmißverständlich zu beschreiben hat, verpflichtet sich der Bieter, die Bauleistung nach den Angaben der Leistungsbeschreibung und zu den von ihm in der Leistungsbeschreibung eingesetzten Preisen auszuführen. Damit wird die Leistungsbeschreibung ein wesentlicher Vertragsbestandteil. Das zwingt den Bieter, die Preise gewissenhaft zu ermitteln und alle weiteren in der Leistungsbeschreibung etwa noch geforderten Erklärungen eindeutig abzugeben.

Die Hinweise für die Leistungsbeschreibung nach Abschnitt 0 werden, ebenso wie die Regelungen im Teil A der VOB, nicht Vertragsbestandteil, so daß daraus weder vom Auftraggeber noch vom Auftragnehmer klagbare Rechte hergeleitet werden können. Dies bedeutet aber nicht, daß die Hinweise für die Leistungsbeschreibung rechtlich ohne Bedeutung sind. Mit dem Beginn von Vertragsverhandlungen, der in der Ausschreibung von Bauleistungen und der Abgabe von Angeboten zu sehen ist, entsteht nämlich zwischen dem Ausschreibenden und dem Bieter ein vertragsähnliches Vertrauensverhältnis, das für alle Beteiligten besondere Sorgfaltspflichten begründet. Diese Sorgfaltspflichten beinhalten für den Ausschreibenden, daß er die in Abschnitt 0 gegebenen Hinweise für die Leistungsbeschreibung den Bietern mitteilt und zu auskunftsbedürftigen Fragen eindeutig und erschöpfend Auskunft erteilt. Für den Bieter wiederum ergibt sich aus dieser Sorgfaltspflicht, daß er den Ausschreibenden auf Unklarheiten, Widersprüche oder Mißverständnisse in den Ausschreibungsunterlagen hinweist und um Klärung ersucht. Eine Verletzung dieser Sorgfaltspflichten kann zu Schadensersatzansprüchen führen, wobei in diesem Falle aber grundsätzlich nur der Vertrauensschaden, nicht auch der Erfüllungsschaden zu ersetzen ist.

Mit dem Klammervermerk unter der Überschrift „Hinweise für die Leistungsbeschreibung" wird zunächst auf VOB Teil A § 9 verwiesen, der folgenden Wortlaut hat:

§ 9 Leistungsbeschreibung
Allgemeines

1. *Die Leistung ist eindeutig und so erschöpfend zu beschreiben, daß alle Bewerber die Beschreibung im gleichen Sinne verstehen müssen, und ihre Preise sicher und ohne umfangreiche Vorarbeiten berechnen können.*
2. *Dem Auftragnehmer soll kein ungewöhnliches Wagnis aufgebürdet werden für Umstände und Ereignisse, auf die er keinen Einfluß hat, und deren Einwirkung auf die Preise und Fristen er nicht im voraus schätzen kann.*

Leistungsbeschreibung mit Leistungsverzeichnis

3. *Die Leistung soll in der Regel durch eine allgemeine Darstellung der Bauaufgabe (Baubeschreibung) und ein in Teilleistungen gegliedertes Leistungsverzeichnis beschrieben werden.*
4. *(1) Um eine einwandfreie Preisermittlung zu ermöglichen, sind alle sie beeinflussenden Umstände festzustellen und in den Verdingungsunterlagen anzugeben.*
   (2) Erforderlichenfalls ist die Leistung auch zeichnerisch oder durch Probestücke darzustellen oder anders zu erklären, z. B. durch Hinweise auf ähnliche Leistungen, durch Mengen- oder statische Berechnungen. Zeichnungen und Proben, die für die Ausführung maßgebend sein sollen, sind eindeutig zu bezeichnen.
   (3) Erforderlichenfalls sind auch der Zweck und die vorgesehene Beanspruchung der fertigen Leistung anzugeben.
   (4) Boden- und Wasserverhältnisse sind so zu beschreiben, daß der Bewerber den Baugrund und seine Tragfähigkeit, die Grundwasserverhältnisse und die Einflüsse benachbarter Gewässer auf die bauliche Anlage und die Bauausführung hinreichend beurteilen kann; erforderlichenfalls sind auch die zu beachtenden wasserrechtlichen Vorschriften anzugeben.
   (5) Gegebenenfalls sind auch andere Verhältnisse der Baustelle hinreichend genau anzugeben, wie:
   im Baugelände vorhandene Anlagen, insbesondere Abwasser- und Versorgungsleitungen,
   Zugangswege,
   notwendige Verbindungswege zwischen Arbeitsplätzen und der vorgeschriebenen Lagerstelle,
   Anschlußgleise,
   Plätze für Unterkünfte,
   Lagerplätze,
   benutzbare Wasserstellen,
   Anschlüsse für Energie,
   etwaige Entgelte für die Benutzung von Einrichtungen oder Plätzen.

5. *Leistungen, die nach den Vertragsbedingungen, den Technischen Vorschriften oder der gewerblichen Verkehrssitte zu der geforderten Leistung gehören (B § 2 Nr. 1), brauchen nicht besonders aufgeführt zu werden.*

6. *Werden vom Auftragnehmer besondere Leistungen verlangt, wie*
Beaufsichtigung der Leistungen anderer Unternehmer,
Sicherungsmaßnahmen zur Unfallverhütung für Leistungen anderer Unternehmer,
besondere Schutzmaßnahmen gegen Witterungsschäden, Hochwasser und Grundwasser,
Versicherung der Leistung bis zur Abnahme zugunsten des Auftraggebers oder Versicherung eines außergewöhnlichen Haftpflichtwagnisses,
besondere Prüfung von Stoffen und Bauteilen, die der Auftraggeber liefert, oder verlangt der Auftraggeber die Abnahme von Stoffen oder Bauteilen vor Anlieferung zur Baustelle, so ist dies in den Verdingungsunterlagen anzugeben; gegebenenfalls sind hierfür besondere Ansätze (Ordnungszahlen) vorzusehen.

7. *(1) Bei der Beschreibung der Leistung sind die verkehrsüblichen Bezeichnungen anzuwenden und die einschlägigen Normen zu beachten; insbesondere sind die Hinweise für die Leistungsbeschreibung in den Allgemeinen Technischen Vorschriften zu berücksichtigen.*
(2) Bestimmte Erzeugnisse oder Verfahren sowie bestimmte Ursprungsorte und Bezugsquellen dürfen nur dann ausdrücklich vorgeschrieben werden, wenn dies durch die Art der geforderten Leistung gerechtfertigt ist.
(3) Bezeichnungen für bestimmte Erzeugnisse oder Verfahren (z. B. Markennamen) dürfen nur dann ausdrücklich vorgeschrieben werden, wenn dies durch die Art der geforderten Leistung gerechtfertigt ist.
(3) Bezeichnungen für bestimmte Erzeugnisse oder Verfahren (z. B. Markennamen) dürfen ausnahmsweise, jedoch nur mit dem Zusatz „oder gleichwertiger Art" verwendet werden, wenn eine Beschreibung durch hinreichend genaue, allgemeinverständliche Bezeichnungen nicht möglich ist.

8. *(1) Im Leistungsverzeichnis ist die Leistung derart aufzugliedern, daß unter einer Ordnungszahl (Position) nur solche Leistungen aufgenommen werden, die nach ihrer technischen Beschaffenheit und für die Preisbildung als in sich gleichartig anzusehen sind. Ungleichartige Leistungen sollen unter einer Ordnungszahl (Sammelposition) nur zusammengefaßt werden, wenn eine Teilleistung gegenüber einer anderen für die Bildung eines Durchschnittspreises ohne nennenswerten Einfluß ist.*
(2) Für die Einrichtung größerer Baustellen mit Maschinen, Geräten, Gerüsten, Baracken und dergleichen und für die Räumung solcher Baustellen sowie für etwaige zusätzliche Anforderungen an Zufahrten (z. B. hinsichtlich der Tragfähigkeit) sind besondere Ansätze (Ordnungszahlen) vorzusehen.
(3) Sollen Lohn- und Gehaltsnebenkosten (z. B. Wegegelder, Fahrtkosten, Auslösungen) gesondert vergütet werden, so ist die Art der Vergütung (z. B. durch Pauschalsumme oder auf Nachweis) in den Verdingungsunterlagen zu bestimmen.

9. *Für Änderungsvorschläge und Nebenangebote gilt § 17 Nr. 4 Absatz 3.*

Leistungsbeschreibung mit Leistungsprogramm

10. *Wenn es nach Abwägen aller Umstände zweckmäßig ist, abweichend von Nr. 3 zusammen mit der Bauausführung auch den Entwurf für die Leistung dem Wettbewerb zu unterstellen, um die technisch, wirtschaftlich und gestalterisch beste sowie funktionsgerechte Lösung der Bauaufgabe zu ermitteln, kann die Leistung durch ein Leistungsprogramm dargestellt werden.*

11. *(1) Das Leistungsprogramm umfaßt eine Beschreibung der Bauaufgabe, aus der die Bewerber alle für die Entwurfsbearbeitung und ihr Angebot maßgebenden Bedingungen und Umstände erkennen können und in der sowohl der Zweck der fertigen Leistung als auch die an sie gestellten technischen, wirtschaftlichen, gestalterischen und funktionsbedingten Anforderungen angegeben sind, sowie gegebenenfalls ein Musterleistungsverzeichnis, in dem die Mengenangaben ganz oder teilweise offengelassen sind.*
(2) Nr. 4 bis 9 gelten sinngemäß.

12. *Von dem Bieter ist ein Angebot zu verlangen, das außer der Ausführung der Leistung den Entwurf nebst eingehender Erläuterung und eine Darstellung der Bauausführung sowie eine eingehende und zweckmäßig gegliederte Beschreibung der Leistung – gegebenenfalls mit Mengen- und Preisangaben für Teile der Leistung – umfaßt. Bei Beschreibung der Leistung mit Mengen- und Preisangaben ist vom Bieter zu verlangen, daß er*
    a) die Vollständigkeit seiner Angaben, insbesondere die von ihm selbst ermittelten Mengen, entweder ohne Einschränkung oder im Rahmen einer in den Verdingungsunterlagen anzugebenden Mengentoleranz vertritt und daß er
    b) etwaige Annahmen, zu denen er in besonderen Fällen gezwungen ist, weil zum Zeitpunkt der Angebotsabgabe einzelne Teilleistungen nach Art und Menge noch nicht bestimmt werden können (z. B. Aushub-, Abbruch- oder Wasserhaltungsarbeiten), – erforderlichenfalls anhand von Plänen und Mengenermittlungen – begründet.

In VOB Teil A § 9 sind damit die für die Leistungsbeschreibung aller Bauleistungen gleichermaßen geltenden Allgemeinen Bestimmungen niedergelegt.

Für den besonderen Fall der in den einzelnen Allgemeinen Technischen Vorschriften behandelten Arbeiten sind in Abschnitt 0 der Allgemeinen Technischen Vorschriften noch ergänzende Hinweise für die Leistungsbeschreibung vorangestellt. Die im Abschnitt 0 nachfolgend angesprochenen Punkte sind dabei durchaus nicht erschöpfend. Wie alle Regelungen der VOB nur das Übliche, stets Wiederkehrende, also den Normalfall, erfassen, wird auch in Abschnitt 0.1 nur auf Sachverhalte hingewiesen, denen erfahrungsgemäß häufiger zum Schaden der Eindeutigkeit und Verständlichkeit einer Leistungsbeschreibung nicht die erforderliche Aufmerksamkeit gewidmet wird.

In Abschnitt 0.2 endlich wird der Ausschreibende an die Abschnitte der Allgemeinen Technischen Vorschriften herangeführt, deren Text mit der Standardbemerkung:

„. . . wenn in der Leistungsbeschreibung nichts anderes vorgeschrieben ist"

ausdrücklich die Möglichkeit einer abweichenden Regelung zuläßt. Hier ist der Ausschreibende gehalten, in der Leistungsbeschreibung eigene Angaben zu machen, wenn er eine von der Regelung der ATV abweichende Vereinbarung wünscht.

In diesem Zusammenhang sei auch auf VOB Teil A § 10 Nr. 3 hingewiesen. Dort heißt es:

‚Die Allgemeinen Technischen Vorschriften bleiben grundsätzlich unverändert. Sie können durch zusätzliche Technische Vorschriften ergänzt werden. Für die Erfordernisse des Einzelfalles sind Ergänzungen und Änderungen in der Leistungsbeschreibung festzulegen.'

Die ATV DIN 18 350 zählt zu der Gruppe von DIN-Normen, die im Teil C der Verdingungsordnung für Bauleistungen (VOB) als Allgemeine Technische Vorschriften (ATV) zusammengefaßt sind. Wenn in einem Vertrag, der die Ausführung von Putz- und Stuckarbeiten zum Leistungsinhalt hat, festgelegt ist, daß diesem Vertrag die VOB zugrunde gelegt wird, dann sind damit gemäß VOB Teil B § 1 Nr. 1 Satz 2 auch die Allgemeinen Technischen Vorschriften für Bauleistungen Vertragsbestandteil.

0.1 In der Leistungsbeschreibung sind nach Lage des Einzelfalles insbesondere anzugeben:

Vorbemerkung:
In den nachstehenden Abschnitten 0.1.1 bis 0.1.25 sind sogenannte Standardsätze aufgeführt, die nicht speziell auf die Ausschreibung von Putz- und Stuckarbeiten in nasser und trockener Bauweise bezogen sind, sondern bei der Ausschreibung von Bauleistungen im Bereich des gesamten Ausbaus gelten.

0.1.1 Lage der Baustelle und Umgebungsbedingungen, Zufahrtsmöglichkeiten und Beschaffenheit der Zufahrt sowie etwaige Einschränkungen bei ihrer Benutzung, Art und Lage der baulichen Anlagen, Anzahl und Höhe der Geschosse.

Für eine sachgerechte Preiskalkulation ist es unerläßlich, daß dem Bieter Kenntnis gegeben wird von der Lage der Baustelle und den dort vorhandenen Umgebungsbedingungen. Auch ist es für denjenigen, der die Ausführung von Putz- und Stuckarbeiten anbietet, von Bedeutung, welche Zufahrtsmöglichkeiten zur Baustelle im Zeitpunkt der Ausführung seiner Leistung bestehen werden und wie die Beschaffenheit der Zufahrt sein wird. Deshalb ist dem Ausschreibenden aufgetragen, bereits in der Leistungsbeschreibung eindeutige Hinweise hierüber zu geben.

0.1.2 Lage und Ausmaß der dem Auftragnehmer für die Ausführung seiner Leistungen zur Benutzung oder Mitbenutzung überlassenen Flächen.

Für die Ausführung von Putz- und Stuckarbeiten, mit denen häufig auch Gerüstarbeiten verbunden sind, ist es erforderlich, daß geeignete Lagermöglichkeiten auf der Baustelle vorhanden sind. Ist dies nicht der Fall, so kann dies für den Auftragnehmer Erschwernisse und Behinderungen bei der Ausführung der Leistung zur Folge haben, die in der Preiskalkulation ihren Niederschlag finden müssen und deshalb bereits in der Leistungsbeschreibung anzugeben sind.

0.1.3 Schutzgebiete im Bereich der Baustelle.

Liegt die Baustelle im Bereich von Schutzgebieten, so sind Angaben hierüber in der Leistungsbeschreibung unerläßlich. Dies gilt sowohl bei Wasser- und Landschaftsschutzgebieten als auch z. B. für ausgewiesene Lärmschutzgebiete.

0.1.4 Art und Umfang des Schutzes von Bäumen, Pflanzenbeständen, Vegetationsflächen, Vorhalteflächen, Bauteilen, Bauwerken, Grenzsteinen u. ä. im Bereich der Baustelle.

Sind Bäume, Pflanzenbestände oder andere Bauteile und Bauwerke durch Schutzmaßnahmen des Auftragnehmers vor Beschädigung zu bewahren, so muß dies in der Leistungsbeschreibung unmißverständlich angegeben werden.

0.1.5 besondere Maßnahmen aus Gründen des Umweltschutzes, der Landes- und Denkmalpflege.

Besondere Anforderungen, die sich aus Gründen des Umweltschutzes nach den geltenden Immissions- und Emissionsschutzgesetzen ergeben, sind in der Leistungsbeschreibung anzugeben. Dasselbe gilt für Anforderungen der Landes- und Denkmalpflege, deren Beachtung besondere Maßnahmen erfordert.

0.1.6 besondere Anordnungen, Vorschriften und Maßnahmen der Eigentümer (oder der anderen Weisungsberechtigten) von Leitungen, Kabeln, Dränen, Kanälen, Wegen, Gewässern, Gleisen, Zäunen und dgl. im Bereich der Baustelle.

In die Leistungsbeschreibung sind Angaben darüber aufzunehmen, ob durch besondere Anordnungen, Vorschriften oder Maßnahmen der Eigentümer oder anderer Weisungsberechtigter durch den Auftragnehmer Leistungen zu erbringen sind, die über den üblichen Umfang seiner vertraglichen Leistung hinausgehen und regelmäßig Mehraufwendungen verursachen.

0.1.7 für den Verkehr freizuhaltende Flächen.

Die für den öffentlichen Verkehr oder auch für den Verkehr z. B. auf einem Werksgelände freizuhaltenden Flächen sind in der Leistungsbeschreibung anzugeben.

0.1.8 Besonderheiten der Regelung und Sicherung des Verkehrs, gegebenenfalls auch, soweit der Auftraggeber die Durchführung der erforderlichen Maßnahmen übernimmt.

Für die Preiskalkulation des Auftragnehmers ist von Bedeutung, ob im Bereich der Baustelle für die Regelung und Sicherung des Verkehrs Besonderheiten bestehen. Dies kann z. B. dadurch gegeben sein, daß der Materialtransport nicht bis an die Einsatzstelle möglich ist. Wenn im Bereich der Zufahrtswege Begrenzungen der Verkehrslasten zu beachten sind, muß die Leistungsbeschreibung ebenfalls entsprechende Angaben enthalten.

0.1.9 Lage, Art und Anschlußwerte der dem Auftragnehmer auf der Baustelle zur Verfügung gestellten Anschlüsse für Energie, Wasser und Abwasser.

Nach VOB Teil B § 4 Nr. 4 hat der Auftraggeber,

wenn nichts anderes vereinbart ist, dem Auftragnehmer unentgeltlich zur Benutzung oder Mitbenutzung zu überlassen:
a) die notwendigen Lager- und Arbeitsplätze auf der Baustelle,
b) vorhandene Zufahrtswege und Anschlußgleise,
c) vorhandene Anschlüsse für Wasser und Energie. Die Kosten für den Verbrauch und den Messer oder Zähler trägt der Auftragnehmer, mehrere Auftragnehmer tragen sie anteilig.

Der Einsatz von Maschinen verschiedener Art bei der Herstellung von Putz- und Stuckarbeiten macht es notwendig, daß entsprechende Energieanschlüsse auf der Baustelle vorhanden sind. Deshalb sollen bereits in die Leistungsbeschreibung Hinweise hierüber aufgenommen werden, wenn dies nach Lage des Einzelfalles geboten erscheint.

0.1.10 Mitbenutzung fremder Gerüste, Hebezeuge, Aufzüge, Aufenthalts- und Lagerräume, Einrichtungen und dergleichen durch den Auftragnehmer.

Kann der Auftragnehmer der Putz- und Stuckarbeiten fremde Gerüste, Aufzüge usw. mitbenutzen, so sollte hierauf in der Leistungsbeschreibung hingewiesen werden. Es ist dann entbehrlich, daß z. B. die für die Herstellung der Putz- und Stuckarbeiten erforderlichen Gerüste in einer gesonderten Position angeboten oder in die Einheitspreise einkalkuliert werden.

0.1.11 Wie lange, für welche Arbeiten und gegebenenfalls für welche Beanspruchung der Auftragnehmer seine Gerüste, Hebezeuge, Aufzüge, Aufenthalts- und Lagerräume, Einrichtungen und dergleichen für andere Unternehmer vorzuhalten hat.

Der Auf- und Abbau von Gerüsten mit einer Arbeitsbühne von mehr als 2 m Höhe sowie deren Vorhaltung stellt eine zusätzliche, gesondert zu vergütende Leistung nach Abschnitt 4.1.11 dar. Verlangt der Auftraggeber, daß der Auftragnehmer der Putz- und Stuckarbeiten das von ihm erstellte Gerüst zur Benutzung für andere Unternehmer vorzuhalten hat, so sollte hierauf bereits in der Leistungsbeschreibung hingewiesen werden und für die Vorhaltekosten eine gesonderte Position vorgesehen werden. Dies gilt auch für etwa erforderliche besondere Maßnahmen, die zum Zweck der Benutzung durch andere Unternehmer notwendig werden, z. B. Umbau oder Erweiterung eines Gerüstes. Die dadurch entstehenden Kosten sind dem Unternehmer gesondert zu vergüten.

0.1.12 Auf- und Abbauen sowie Vorhalten der Gerüste, die nicht unter Abschnitt 4.1.11 fallen.

Mit dieser Regelung wird der Ausschreibende ausdrücklich dazu angehalten, das Auf- und Abbauen sowie Vorhalten von Gerüsten durch den Auftragnehmer der Putz- und Stuckarbeiten bereits in der Leistungsbeschreibung in besonderen Positionen anzufordern.

0.1.13 Besondere Anforderungen an die Baustelleneinrichtung.

0.1.14 bekannte und vermutete Hindernisse im Bereich der Baustelle, möglichst unter Auslegung von Bestandsplänen, z. B. Leitungen, Kabel, Dräne, Kanäle, Bauwerksreste.

0.1.15 Art und Zeit der vom Auftraggeber veranlaßten Vorarbeiten.

Dazu gehört u. a. die Herstellung der Rohplanie für die Ausführung von Gerüstarbeiten.

0.1.16 ob und in welchem Umfang der Auftraggeber Abladen und Transport übernimmt.

Abladen und Transport von Geräten, Stoffen und Bauteilen gehört regelmäßig zum Leistungsbereich des Auftragnehmers. Ist bereits bei der Ausschreibung bekannt, daß diese Leistung der Auftraggeber ganz oder teilweise übernimmt, ist ein dahingehender Hinweis in der Leistungsbeschreibung unerläßlich, damit dies bei der Kalkulation der Angebotspreise berücksichtigt wird.

0.1.17 Arbeiten anderer Unternehmer auf der Baustelle.

Nach VOB Teil B § 5 Nr. 1 hat der Auftragnehmer die Ausführung seiner Leistung nach den festgelegten Vertragsfristen zu beginnen, *„angemessen zu fördern und zu vollenden"*.

Dies setzt voraus, daß der Auftragnehmer seine Leistungen ohne Behinderungen erbringen kann. Werden zur gleichen Zeit Arbeiten anderer Unternehmer auf der Baustelle ausgeführt, so kann dies zu Behinderungen oder Erschwernissen für den Auftragnehmer führen. Deshalb soll bereits in der Leistungsbeschreibung ein Hinweis darauf gegeben werden, daß zur gleichen Zeit auch Arbeiten anderer Unternehmer auf der Baustelle ausgeführt werden.

0.1.18 Leistungen für andere Unternehmer.

Leistungen, die der Auftragnehmer für andere Unternehmer erbringen soll, bedürfen in jedem Falle eines besonderen Hinweises in der Leistungsbeschreibung, zumal derartige Leistungen in aller Regel gesondert vergütungspflichtig sind.

0.1.19 ob und unter welchen Bedingungen auf der Baustelle gewonnene Stoffe verwendet werden dürfen oder verwendet werden sollen.

0.1.20 Art, Mängel, Gewicht der Stoffe und Bauteile, die vom Auftraggeber beigestellt werden, sowie Art, Ort (genaue Bezeichnung) und Zeit ihrer Übergabe.

Nach Abschnitt 1.2 umfassen alle Leistungen auch die Lieferung der dazugehörigen Stoffe und Bauteile. Will der Auftraggeber von diesem Regelfall abweichen, muß er dies in der Leistungsbeschreibung unmißverständlich angeben. Von Bedeutung sind dabei auch Art, Ort und Zeit der Übergabe, damit etwa anfallende Transportkosten bei der Kalkulation der Angebotspreise berücksichtigt werden können.

0.1.21 Anforderungen an Art und Güte der Stoffe und Bauteile.

Welche Anforderungen an Art und Güte der vom Auftragnehmer zu liefernden Stoffe und Bauteile zu stellen sind, ist für den Regelfall in Abschnitt 2.2.1 festgelegt. Will der Auftraggeber abweichend hiervon an Stoffe und Bauteile besondere Anforderungen stellen, muß er dies in der Leistungsbeschreibung angeben.

0.1.22 Art und Umfang verlangter Eignungs- und Gütenachweise.

Die bei Putz- und Stuckarbeiten gebräuchlichsten genormten Stoffe und Bauteile sind im nachfolgenden Abschnitt 2 aufgeführt. Verlangt der Auftraggeber für bestimmte Stoffe und Bauteile Eignungs- und Gütenachweise, muß er Art und Umfang solcher Nachweise in der Leistungsbeschreibung eindeutig angeben.

0.1.23 vorgesehene Arbeitsabschnitte, Arbeitsunterbrechungen und -beschränkungen nach Art, Ort und Zeit.

In VOB Teil B § 5 Nr. 1 ist dem Auftragnehmer die Verpflichtung auferlegt, mit der Ausführung seiner Leistung nach den verbindlichen Fristen (Vertragsfristen) zu beginnen, die Ausführung angemessen zu fördern und zu vollenden.

Deshalb ist es nötig, Hinweise in die Leistungsbeschreibung aufzunehmen, wenn die Ausführung der Leistung in Arbeitsabschnitten erfolgen soll oder wenn Arbeitsunterbrechungen oder -beschränkungen vorgesehen oder zu erwarten sind.

0.1.24 Benutzung von Teilen der Leistung vor der Abnahme.

Nach VOB Teil B § 13 Nr. 1 übernimmt der Auftragnehmer die Gewähr, *daß seine Leistung zur Zeit der Abnahme die vertraglich zugesicherten Eigenschaften hat, den anerkannten Regeln der Technik entspricht und nicht mit Fehlern behaftet ist, die den*

Wert oder die Tauglichkeit zu dem gewöhnlichen oder dem nach dem Vertrag vorausgesetzten Gebrauch aufheben oder mindern.

Will der Auftraggeber bereits vor der Abnahme der Gesamtleistung Teile der vom Auftragnehmer erbrachten Leistung in Benutzung nehmen, so ist dies durch einen besonderen Hinweis in der Leistungsbeschreibung deutlich zu machen. Der Auftragnehmer muß in diesem Falle nämlich in die Lage versetzt werden, daß er für diese Teile seiner Leistung, die vorzeitig in Benutzung genommen werden, eine Teilabnahme gemäß VOB Teil B § 12 herbeiführt und damit sicherstellt, daß mit dieser Teilabnahme gemäß VOB Teil B § 12 Nr. 6 die Gefahr in jedem Falle auf den Auftraggeber übergeht; wenn eine solche Teilabnahme nicht erfolgen soll, muß der Auftragnehmer in die Lage versetzt werden, mögliche Mehrkosten bei der Preiskalkulation zu berücksichtigen.

0.1.25 besondere Erschwernisse während der Ausführung, z. B. Arbeiten in Räumen, in denen der Betrieb weiterläuft, Arbeiten bei außergewöhnlichen äußeren Einflüssen und Temperaturen.

Der Bieter muß in der Lage sein, besondere Erschwernisse während der Ausführung bei der Preiskalkulation zu berücksichtigen. Erschwernisse sind regelmäßig gegeben, wenn z. B. Putz- und Stuckarbeiten in Räumen ausgeführt werden müssen, in denen der Betrieb des Auftraggebers weiterläuft. Dasselbe gilt, wenn Arbeiten bei außergewöhnlichen Temperaturen auszuführen sind. Deshalb ist es erforderlich, daß Hinweise hierüber bereits in der Leistungsbeschreibung gegeben werden. Dies gilt auch für etwa erforderliche Schutzabdeckungen.

0.1.26 Art und Beschaffenheit des Untergrundes (Unterlage, Unterbau, Tragschicht, Tragwerk).

Dieser Hinweis spricht die Beschaffenheit des Untergrundes für die auszuführenden Putz- und Stuckarbeiten an: ob der Untergrund saugfähig oder wasserabstoßend, porig oder geschlossen, rauh oder glatt ist usw. Mit diesem Hinweis in der Leistungsbeschreibung muß dann der weitere Hinweis über eine etwa erforderliche Vorbehandlung des Untergrundes korrespondieren (vgl. auch Abschnitt 0.1.44).

0.1.27 Ausbildung der Anschlüsse an Bauwerke.

Der Ausbildung der Anschlüsse an Bauwerke kommt aus konstruktiven, bauphysikalischen und gestalterischen Gründen eine besondere Bedeutung zu. Deshalb sind bereits bei der Planung des Bauwerkes Art und Ausbildung der Anschlüsse festzulegen. Hierzu müssen in der Leistungsbeschreibung geeignete Hinweise gegeben werden.

0.1.28 Art und Anzahl von geforderten Oberflächen- und Farbmustern sowie von Proben, Musterflächen, Musterkonstruktionen und Modellen.

Während die *Vorlage* von vorgefertigten Oberflächen- und Farbmustern nach Abschnitt 4.1.16 eine Nebenleistung für den Auftragnehmer darstellt, handelt es sich bei der *Herstellung* von Proben, Musterflächen, Musterkonstruktionen und Modellen nach Abschnitt 4.3.18 um eine zusätzliche und deshalb auch gesondert zu vergütende Leistung. Eindeutige Angaben hierüber sind in die Leistungsbeschreibung aufzunehmen, damit die Leistungsbeschreibung den Anforderungen nach VOB Teil A § 9 Nr. 1 genügt, wonach die Leistung eindeutig und so erschöpfend zu beschreiben ist, *daß alle Bewerber die Beschreibung im gleichen Sinne verstehen müssen und ihre Preise sicher und ohne umfangreiche Vorarbeiten berechnen können.*

0.1.29 ob der Auftragnehmer Verlege- oder Montagepläne zu liefern hat.

Nach VOB Teil B § 3 Nr. 1 ist es Sache des Auftraggebers, dem Auftragnehmer die für die Ausführung seiner Leistung nötigen Unterlagen unentgeltlich und rechtzeitig zu überlassen. Will der Auftraggeber von diesem Regelfall abweichen, muß er dies in der Leistungsbeschreibung unmißverständlich und erschöpfend angeben.

0.1.30 geforderte gestalterische Wirkung von Flächen, z. B. Teilung, Fugenausbildung, Struktur, Farbe, Oberflächenbehandlung sowie besondere Verlegeart.

Putz- und Stuckarbeiten eignen sich sowohl in nasser als auch in trockener Bauweise besonders dafür, daß mit ihnen eine gestalterische Wirkung von Flächen erzielt werden kann. Damit die Leistung des Auftragnehmers der geforderten gestalterischen Wirkung entspricht, müssen dazu in der Leistungsbeschreibung eindeutige und erschöpfende Angaben gemacht werden.

0.1.31 besonderer Schutz von Bauteilen und Einrichtungsgegenständen.

Besondere vom Auftragnehmer zu erbringende Schutzmaßnahmen in bezug auf andere Bauteile und Einrichtungsgegenstände müssen bereits in der Leistungsbeschreibung in gesonderten Positionen erfaßt werden, weil diese häufig vorkommenden besonderen Schutzmaßnahmen für den Auftragnehmer keine Nebenleistung, sondern nach Abschnitt 4.3.16 eine zusätzliche, mit einem besonderen Kostenaufwand verbundene und daher gesondert zu vergütende Leistung darstellen.

0.1.32 Anforderungen an den Brand-, Schall-, Wärme- und Feuchteschutz sowie lüftungstechnische Anforderungen.

Die vorliegende Norm legt als Regelfall in Abschnitt 3.5.1 zugrunde, daß die Bauteile, die in trockener Bauweise hergestellt werden, ohne Berücksichtigung von Anforderungen an den Brand-, Schall-, Wärme- und Strahlenschutz auszuführen sind, wenn in der Leistungsbeschreibung nichts anderes festgelegt ist. Deshalb müssen Anforderungen, die der Auftraggeber an den Brand-, Schall-, Wärme- und Feuchteschutz stellen will, durch eindeutige und erschöpfende Angaben in der Leistungsbeschreibung deutlich gemacht werden. Dasselbe gilt für Anforderungen in lüftungstechnischer Hinsicht.

0.1.33 Art der Bekleidung, Dicke, Maße der Einzelteile sowie ihre Befestigung, sichtbar oder nicht sichtbar.

Bei Leistungen in trockener Bauweise müssen die Bekleidungsart ebenso wie Dicke und Maße der Einzelteile in der Leistungsbeschreibung vorgegeben und die Befestigungsart, ob sichtbar oder nicht sichtbar, festgelegt werden.

0.1.34 Anforderungen an die besondere Stoßbelastung, z. B. Ballwurfsicherheit

Wenn die vom Auftragnehmer einzubauenden Stoffe und Bauteile einer besonderen und erhöhten mechanischen oder anders gearteten Beanspruchung oder Belastung standhalten sollen (z. B. Ballwurfsicherheit), muß die Leistungsbeschreibung hierzu eindeutige und erschöpfende Angaben enthalten.

0.1.35 Art der Durchführung der Befestigung der Bauteile.

Der Auftragnehmer hat zwar die Gewähr dafür zu übernehmen, daß die von ihm einzubauenden Bauteile entsprechend den anerkannten Regeln der Technik befestigt werden. Verlangt der Auftraggeber jedoch eine bestimmte Art der Befestigung, muß dies in der Leistungsbeschreibung klar und deutlich angegeben sein.

0.1.36 ob und wie Fugen abzudichten und abzudecken sind.

Verlangt der Auftraggeber die Abdichtung oder Abdeckung von Fugen, müssen hierfür besondere Ansätze in der Leistungsbeschreibung vorgesehen werden. Dazu gehören auch Angaben über die Art und Weise der Abdichtung oder Abdeckung.

0.1.37 besondere physikalische Eigenschaften der Stoffe.

Werden besondere Eigenschaften aus Gründen des Brandschutzes, der Wärmedämmung, des Feuchteschutzes sowie der Akustik gefordert, muß dies in der Leistungsbeschreibung eindeutig festgelegt werden.

0.1.38 Art, Umfang und Ausbildung der Hinterlüftung sowie Abdeckung ihrer Öffnungen.

Aus konstruktiven, bauphysikalischen oder gestalterischen Gründen kommt der Hinterlüftung sowie der Abdeckung ihrer Öffnungen eine erhöhte Bedeutung zu. Deshalb ist Art, Umfang und Ausbildung der Hinterlüftung sowie Abdeckung ihrer Öffnungen in der Leistungsbeschreibung eindeutig anzugeben.

0.1.39 ob chemischer Holzschutz gefordert wird.

Die Bearbeitung von Bauteilen aus Holz mit einem chemischen Holzschutz ist nicht generell erforderlich. Wird jedoch chemischer Holzschutz gefordert, so ist die Art des Holzschutzes in der Leistungsbeschreibung anzugeben und eine entsprechende Position vorzusehen.

0.1.40 Art des Korrosionsschutzes.

In der Leistungsbeschreibung ist anzugeben, welche Art von Korrosionsschutz gefordert wird, z. B. Anstrich, Verzinken oder Beschichten.

0.1.41 Anforderungen an den Korrosionsschutz.

In der Leistungsbeschreibung sind Anforderungen, die an den Korrosionsschutz gestellt werden, anzugeben bezüglich der zu verwendenden Stoffe, der Funktion und Nutzung der Bauteile sowie im Hinblick auf die klimatischen Bedingungen.

0.1.42 Besondere mechanische, chemische und thermische Beanspruchungen, denen Stoffe und Bauteile nach dem Einbau ausgesetzt sind.

Angaben hierzu sind in der Leistungsbeschreibung dann erforderlich, wenn besonderen Einflüssen, denen die Putzflächen nach der Ausführung ausgesetzt sind, durch geeignete Maßnahmen begegnet werden soll, um nachteilige Einwirkungen auf die verarbeiteten Stoffe und Bauteile zu vermeiden.

0.1.43 Art und Eigenschaften des Putzes.

In DIN 18 550 Teil 1 wird zwischen mehreren Putzarten unterschieden (vgl. die Erläuterungen zu 3.2.1 S. 74).

Um dem Bieter eine einwandfreie Preiskalkulation zu ermöglichen, muß die Leistungsbeschreibung daher Angaben enthalten über:

a) Art des Putzes:
   ob es sich um Gips-, Kalk-, Zement- oder Kunststoffputz handelt, welches Putzmörtelmischungsverhältnis einzuhalten ist, welche Putzart im Sinne des Abschnitts 3.4 der DIN 18 550 verlangt wird usw.;

b) Eigenschaften des Putzes:
hierzu sind nicht nur Angaben darüber erforderlich, ob der Putz z. B. wasserabweisend sein oder bestimmten Brandschutzanforderungen genügen soll, vielmehr muß aus der Leistungsbeschreibung bereits erkennbar sein, welche Oberflächenbehandlung vorgesehen ist. Sollen nämlich auf den Putz besondere Beläge, die beim Auftrocknen starke Spannungen verursachen, aufgebracht werden, z. B. Akustikplatten, Anstriche mit plastischer Masse und dgl., so kann nur ein einlagiger Putz vorgesehen werden. Denn nur ein einlagiger Putz vermag solche erhöhten Spannungen aufzunehmen und ist geeignet, später mögliche Putzschäden auszuschließen.

Angaben über Art und Eigenschaften des Putzes müssen auch erkennen lassen, ob z. B. an die Putzoberfläche besondere Anforderungen gestellt werden. Werden nämlich an die Putzoberfläche erhöhte, über die übliche Regelausführung hinausgehende Anforderungen gestellt – sollen z. B. hochwertige Tapeten mit senkrechten Streifen oder geputzte Wände mit einem besonderen Anstrichmittel versehen werden oder beabsichtigt der Auftraggeber, in einem Raum eine sogenannte indirekte oder Streiflichtbeleuchtung zu montieren –, so ist dies in der Leistungsbeschreibung anzugeben. Zweckdienlich und erwünscht ist es in derartigen besonderen Fällen, daß der Auftraggeber in der Leistungsbeschreibung die Technik der Ausführung – also z. B. Ausführung mit Pariser Leisten – von sich aus bereits vorschreibt. Unterläßt er dies, so kann er eine nach den Regeln der Technik ordnungsgemäß erbrachte und den allgemeinen Anforderungen genügende Leistung nicht etwa mit der Begründung beanstanden, die Leistung entspreche nicht den von ihm erwarteten besonderen Anforderungen.

Bei den Hinweisen über Art und Eigenschaft des Putzes ist schließlich zu beachten, daß für eine einwandfreie Preiskalkulation nicht nur Angaben über physikalische Eigenschaften des Putzes wichtig sind, sondern auch Angaben über die stoffliche Zusammensetzung, den Aufbau, die Farbe und die Oberflächenbehandlung.

0.1.44 Vorbehandlung des Putzgrundes durch einen Spritzbewurf oder das Auftragen einer Haftbrücke, Aufrauhen, Vorbehandlung stark saugender Putzgründe, Überspannen der Übergänge unterschiedlicher Stoffe und Bauteile.

Der vielfach auf glatter Schalung hergestellte Beton erfordert in der Regel die Vorbehandlung mit einem Spritzbewurf oder das Auftragen einer Haftbrücke. Diese Leistung ist in der Leistungsbeschreibung eindeutig festzulegen. Ist der Spritzbewurf vom Auftragnehmer der Betonarbeiten unmittelbar nach dem Ausschalen der Betonflächen angebracht worden, so ist dies aus Gründen einer einwandfreien Preiskalkulation in der Leistungsbeschreibung für die Putz- und Stuckarbeiten anzugeben. Erfordern unterschiedliche Stoffe und Bauteile ein Überspannen der Übergänge, so ist auch für diese Leistung eine besondere Position vorzusehen.

0.1.45 Anbringen von Einputzschienen, Putztrennschienen, Eckschutzschienen, Leistungen u. ä.

Angaben darüber sind erforderlich, damit eine einwandfreie und zuverlässige Preiskalkulation möglich ist; dies um so mehr, als Einputzschienen, Putztrennschienen, Eckschutzschienen, Dehnfugenleisten u. ä. nach Abschnitt 5.2.3 gesondert nach Längenmaß abgerechnet werden.

0.1.46 vorgezogenes und nachträgliches Herstellen von Teilflächen, z. B. Flächen hinter Heizkörpern, Rohrleitungen und dgl.

In der Leistungsbeschreibung sind, soweit nötig und möglich, Angaben darüber vorzusehen, inwieweit Teilflächen nicht im Zuge mit den übrigen Putzarbeiten, sondern vorweg oder nachträglich hergestellt werden sollen. Diese Angaben sind erforderlich, weil das Vorausputzen und das nachträgliche Putzen einen zusätzlichen Aufwand erfordern, der im Preis seinen Niederschlag finden muß. Wenn in der Leistungsbeschreibung über vorgezogene oder nachträgliche Arbeiten nichts gesagt ist, sie aber im Verlauf der Putzausführung gefordert werden, sollte unter Beachtung von VOB Teil B § 2 Nr. 5 die Vergütung der dadurch erforderlichen Mehrkosten vor der Ausführung der Arbeiten vereinbart werden.

0.1.47 besonderer Schutz der Leistungen, z. B. Verpackung, Kantenschutz und Abdeckungen.

Verlangt der Auftraggeber einen besonderen Schutz der Leistungen, so ist dies in der Leistungsbeschreibung eindeutig anzugeben.

0.1.48 Leistungen nach Abschnitt 4.2 in besonderen Ansätzen, wenn diese Leistungen keine Nebenleistungen sein sollen.

Die in Abschnitt 4.2 genannten Leistungen werden dann als Nebenleistung gewertet, wenn in der Leistungsbeschreibung besondere Ansätze nicht vorgesehen sind. Deshalb sind die in Abschnitt 4.2 aufgeführten Leistungen in besonderen Ansätzen dann zu erfassen, wenn diese Leistungen nicht als Nebenleistungen behandelt werden sollen.

0.1.49 Leistungen nach Abschnitt 4.3 in besonderen Ansätzen.

Abschnitt 4.3 regelt besondere Leistungen, die als Hauptleistung und nicht als Nebenleistung zu behandeln sind und deshalb gesondert zu vergüten sind. Soweit sie im Zeitpunkt der Ausschreibung erkennbar sind, müssen sie in der Leistungsbeschreibung, soweit nötig, jeweils in einer gesonderten Position erfaßt werden. Wenn sich diese Arbeiten erst während der Ausführung des Auftrags als notwendig erweisen, so ist der Auftragnehmer gehalten, den Anspruch auf Vergütung vor Beginn der Ausführung dieser zusätzlichen Leistung gegenüber dem Auftraggeber anzukündigen. Hierzu ist in VOB Teil B § 2 Nr. 6 bestimmt:

Wird eine im Vertrag nicht vorgesehene Leistung gefordert, so hat der Auftragnehmer Anspruch auf besondere Vergütung. Er muß jedoch den Anspruch dem Auftraggeber ankündigen, bevor er mit der Ausführung der Leistung beginnt.

0.2 In der Leistungsbeschreibung sind Angaben zu folgenden Abschnitten nötig, wenn der Auftraggeber eine abweichende Regelung wünscht:

Abschnitt 1.2 *(Leistungen mit Lieferung der Stoffe und Bauteile)*
Abschnitt 2.1 *(Vorhalten von Stoffen und Bauteilen)*
Abschnitt 2.2.1 *(Liefern ungebrauchter Stoffe und Bauteile)*
Abschnitt 2.2.4 *(Schutz von Befestigungsmitteln für Putzträger und Putzbewehrungen bei Verwendung in feuchten Räumen und Arbeiten mit Gips)*
Abschnitt 3.1.5 *(Abweichungen von vorgeschriebenen Maßen und erhöhte Anforderungen an die Ebenheit)*
Abschnitt 3.2.3 *(Putzausführung)*
Abschnitt 3.4.1 *(Beschaffenheit des Mörtels für geformte Stuckteile)*
Abschnitt 3.4.3 *(Befestigung von Formstücken aus Stuckmarmor)*

Abschnitt 3.4.5	*(Beschaffenheit des Stuckmörtels bei Antragarbeiten)*
Abschnitt 3.5.1	*(Anforderungen an den Brand-, Schall-, Wärme- und Strahlenschutz)*
Abschnitt 3.5.2.1	*(Verlegung von Randwinkeln bei Deckenbekleidungen, Unterdecken und Wandbekleidungen)*
Abschnitt 3.5.2.2	*(Verlegung von Dämmstoffen bei Deckenbekleidungen, Unterdecken und Wänden)*
Abschnitt 3.5.3	*(Ausführung von Vorsatzschalen)*
Abschnitt 3.5.5	*(Ausführung von Unterböden im Türbereich oder beim Anschluß von Massivböden)*
Abschnitt 3.5.6	*(Ausführung von Außenwandbekleidungen)*

Die in ATV DIN 18 350 über Putz- und Stuckarbeiten in nasser und trockener Bauweise getroffenen Regelungen schließen nicht aus, daß in besonders gelagerten Einzelfällen eine abweichende Regelung gewünscht wird. Abweichungen von der Regelung der DIN 18 350 sind aber bereits in der Leistungsbeschreibung klar und unmißverständlich, sowohl ihrer Art als auch ihrem Umfang nach, festzulegen. Im einzelnen ist in diesem Abschnitt 0.2 auf diejenigen Abschnitte der ATV DIN 18 350 verwiesen, die im Falle einer abweichenden Regelung besondere Angaben in der Leistungsbeschreibung notwendig machen.

1 Allgemeines

Die im Teil C der VOB zusammengefaßten Allgemeinen Technischen Vorschriften für Bauleistungen (ATV) sind in ihrer Gesamtheit Bestandteil des jeweiligen Werkvertrages, wenn dem Vertrag die Allgemeinen Vertragsbedingungen DIN 1961 zugrunde liegen. In VOB Teil B § 1 Satz 2 ist bestimmt:

Als Bestandteil des Vertrages gelten auch die Allgemeinen Technischen Vorschriften für Bauleistungen.

Diese generelle Regelung, die 1952 mit Teil B der VOB eingeführt wurde, machte es möglich, die Allgemeinen Technischen Vorschriften für die einzelnen Bauleistungen in der Weise aufzugliedern, daß in einer ATV jeweils gewerksorientierte Bauleistungen erfaßt sind, die aufgrund stofflicher und technischer Zusammenhänge zueinander gehören. Um jedem Mißverständnis vorzubeugen, soll hier ausdrücklich erläutert sein, daß diese Regelung der VOB einer Aufteilung in Leistungsbereiche lediglich der übergeordneten, unerläßlichen Ordnung angesichts der Vielfältigkeit im Bauwesen dient. Sie will keinesfalls den gewerbeüblichen Leistungsumfang der verschiedenen Fachzweige oder des einzelnen Gewerbebetriebes einengen.

1.1 DIN 18 350 „Putz- und Stuckarbeiten" gilt für nasse und trockene Bauweisen.
DIN 18 350 gilt nicht für Abdichtungen aus Sperrmörtel (siehe DIN 18 337 „Abdichtungen gegen nicht drückendes Wasser").

In diesem Abschnitt ist der Geltungsbereich der DIN 18 350 abgegrenzt. Es wird zunächst konkretisiert, daß DIN 18 350 nicht nur für herkömmliche Putz- und Stuckarbeiten in nasser Bauweise gilt, sondern auch für alle dem Putz- und Stuckbereich zuzurechnenden Arbeiten in trockener Bauweise. Mit dieser Regelung ist der technischen Entwicklung angemessen Rechnung getragen.

Im zweiten Satz ist festgelegt, daß DIN 18 350 *nicht* gilt für Abdichtungen aus Sperrmörtel (siehe DIN 18 337 „Abdichtungen gegen nichtdrückendes Wasser"), wie sie bei Wasserdichtungsarbeiten an Bauwerken, z. B. Stützmauern, bei Putzarbeiten gegen anstehendes Erdreich, bei Wasserbehältern und dgl. vorkommen.

Bei Abdichtungen aus Sperrmörtel im Sinne der DIN 18 337 handelt es sich um wassersperrende Putze, die gegen Wasserandrang (Wasserdruck) dauerhaft dicht sein müssen. Zu den Abdichtungen aus Sperrmörtel im Sinne der DIN 18 337 zählen jedoch nicht Zementputze an Gebäudesockeln, in Waschküchen und Garagen, an Stützmauern und dgl., auch wenn sie in reinem Zementmörtel (Putzmörtel III DIN 18 550) mit wasserabweisenden Zusatzmitteln ausgeführt sind.

Der Geltungsbereich steht in engem Zusammenhang mit dem Abschnitt 3 dieser ATV, in dem die Ausführung von Putzen, Stuck und Trockenbau geregelt sind. An dieser Stelle ist darauf hinzuweisen, daß alle Arbeiten im Sinne des Abschnitts 3 auch der Abrechnungsregelung des Abschnitts 5 der vorliegenden ATV unterliegen.

1.2 Alle Leistungen umfassen auch die Lieferung der dazugehörigen Stoffe und Bauteile einschließlich Abladen und Lagern auf der Baustelle, wenn in der Leistungsbeschreibung nichts anderes vorgeschrieben ist.

Als Regelfall wird davon ausgegangen, daß zum vertraglichen Leistungsumfang auch die Lieferung der dazugehörigen Stoffe und Bauteile gehört. Hinsichtlich der Lie-

ferung der zur Leistung gehörigen Baustoffe und Bauteile sind drei Fälle möglich:
a) Der Auftragnehmer hat nach dem Vertrag die Stoffe und Bauteile, die zu seiner Leistung gehören, mitzuliefern.
b) Die Stoffe und Bauteile werden entsprechend der vertraglichen Vereinbarung vom Auftraggeber beigestellt.
c) Die nach a) oder b) getroffene Vereinbarung wird nach Vertragsabschluß insgesamt oder für einen Teil der Leistung geändert.

Zu a):
Die Regel ist, daß die erforderlichen Stoffe und Bauteile vom Auftragnehmer geliefert werden. Dies entspricht auch der Grundsatzbestimmung nach VOB Teil A § 4 Nr. 1: *Bauleistungen sollen so vergeben werden, daß eine einheitliche Ausführung und zweifelsfreie umfassende Gewährleistung erreicht wird; sie sollen daher in der Regel mit den zur Leistung gehörigen Lieferungen vergeben werden.*

In diesem Falle hat der Auftragnehmer auch das Abladen und die sachgemäße Lagerung sowie den Transport von der Lagerstelle zu den Verwendungsstellen als Nebenleistung zu besorgen und in die Preise einzukalkulieren.

Zu b):
Wird zwischen Auftraggeber und Auftragnehmer im Vertrag ausnahmsweise vereinbart, daß die Stoffe und Bauteile ganz oder teilweise vom Auftraggeber gestellt werden, so ist diese Vereinbarung, wenn darüber nichts Besonderes abgesprochen ist, dahin zu verstehen, daß der Auftraggeber das Material frei Baustelle abgeladen und sachgemäß gelagert zur Verfügung stellt (vgl. auch Abschnitt 4.1.7).

zu c):
Wünscht der Auftraggeber nach Abschluß des Vertrags, daß Stoffe oder Bauteile ganz oder teilweise von ihm beigestellt werden, so kann dies nur im Wege einer Vertragsänderung erfolgen, in die der Auftragnehmer nicht einzuwilligen braucht, so daß dem Auftraggeber gegebenenfalls nur der Weg der Vertragskündigung mit den sich daraus ergebenden Folgen (vgl. VOB Teil B § 8 Nr. 1) bleibt. Willigt der Auftragnehmer aber in eine solche vom Auftraggeber gewünschte Vertragsänderung ein, so ist eine neue Preisvereinbarung zu treffen. Auch der umgekehrte Fall, daß das ursprünglich vom Auftraggeber bauseits zu stellende Material nachträglich doch vom Auftragnehmer geliefert werden soll, bedarf einer vertraglichen Änderung, die im Wege der Vereinbarung zwischen den Partnern des Bauvertrags zu treffen ist.

Für jedes bauseits gestellte Material hat der Auftragnehmer im gleichen Umfang seine Prüfungspflicht wahrzunehmen wie bei Lieferung des Materials durch ihn selbst. Bedenken gegen die Eignung des vom Auftraggeber gestellten Materials hat der Auftragnehmer unverzüglich dem Auftraggeber gegenüber schriftlich vorzubringen (vgl. VOB Teil B § 4 Nr. 3). Besteht der Auftraggeber trotz schriftlich vorgebrachter Bedenken dennoch auf der Verwendung der von ihm gestellten Stoffe und Bauteile, so trägt er dafür auch die volle Verantwortung.

Die Prüfung der Stoffe und Bauteile durch den Auftragnehmer hat nach gewerbeüblichen Gesichtspunkten und Methoden zu erfolgen (vgl. VOB Teil B § 4 Nr. 3).

Eine besondere chemische oder physikalische Laboruntersuchung fällt z. B. nicht in den Verpflichtungsbereich des Auftragnehmers (vgl. auch Abschnitt 3.1.4).

1.3 Stoffe und Bauteile, die vom Auftraggeber beigestellt werden, hat der Auftragnehmer rechtzeitig beim Auftraggeber anzufordern.

Es gehört zu den Dispositionspflichten des Auftragnehmers, daß er Stoffe und Bauteile, die nach dem Vertrag vom Auftraggeber beigestellt werden, auch rechtzeitig beim Auftraggeber anfordert. Kommt der Auftraggeber mit der Bereitstellung rechtzeitig vom Auftragnehmer bei ihm angeforderter Stoffe und Bauteile in Rückstand, so kann für den Auftragnehmer eine Leistungsbehinderung im Sinne von VOB Teil B § 6 Nr. 2 (1) a) gegeben sein mit der Folge, daß sich vertraglich festgelegte Ausführungsfristen entsprechend verlängern. Die nicht rechtzeitige Bereitstellung von Stoffen und Bauteilen durch den Auftraggeber kann den Auftragnehmer auch zur Kündigung des Vertrags gemäß VOB Teil B § 9 unter den dort genannten Voraussetzungen berechtigen oder zur Geltendmachung von Schadensersatzanspruch für Ausfall- oder Wartezeiten. Eine Vertragskündigung, die im übrigen schriftlich erklärt werden müßte, ist jedoch erst zulässig, wenn der Auftragnehmer dem Auftraggeber ohne Erfolg eine angemessene Frist zur Vertragserfüllung gesetzt und weiter erklärt hat, daß er nach fruchtlosem Ablauf dieser Frist den Vertrag kündigen werde.

2 Stoffe und Bauteile

Vorbemerkung:
In den beiden nachstehenden Abschnitten 2.1 und 2.2 werden Stoffe und Bauteile nach dem Kriterium unterschieden, ob sie in das Bauwerk eingehen oder nur vorzuhalten sind. Dementsprechend werden unterschiedliche Anforderungen an die Beschaffenheit der Stoffe und Bauteile gestellt.

2.1 Vorhalten

Stoffe und Bauteile, die der Auftragnehmer nur vorzuhalten hat, die also nicht in das Bauwerk eingehen, können nach Wahl des Auftragnehmers gebraucht oder ungebraucht sein, wenn in der Leistungsbeschreibung darüber nichts vorgeschrieben ist.

Stoffe und Bauteile, die der Auftragnehmer nur vorzuhalten und nicht einzubauen hat, die also nicht in das Bauwerk eingehen, können gebraucht oder ungebraucht sein. Dabei liegt das Wahlrecht, ob die Stoffe und Bauteile gebraucht oder ungebraucht sind, beim Auftragnehmer, wenn in der Leistungsbeschreibung darüber nichts vorgeschrieben ist. So können z. B. Gerüste und Gerüstteile, die der Auftragnehmer vorzuhalten hat, durchaus gebraucht sein, wenn in der Leistungsbeschreibung nicht ausdrücklich vorgeschrieben ist, daß auch die vorzuhaltenden Stoffe und Bauteile ungebraucht sein müssen. Jedoch müssen auch gebrauchte Stoffe und Bauteile, die nur vorzuhalten sind, für den jeweiligen Verwendungszweck geeignet sein.

2.2 Liefern

2.2.1 Allgemeine Anforderungen

Stoffe und Bauteile, die der Auftragnehmer zu liefern und einzubauen hat, die also in das Bauwerk eingehen, müssen ungebraucht sein, wenn in der Leistungsbeschreibung nichts anderes vorgeschrieben ist. Sie müssen für den jeweiligen Verwendungszweck geeignet sein.
Stoffe und Bauteile, für die DIN-Normen bestehen, müssen den DIN-Güte- und Maßbestimmungen entsprechen. Stoffe und Bauteile, die nach den behördlichen Vorschriften einer Zulassung bedürfen, müssen amtlich zugelassen sein und den Zulassungsbedingungen entsprechen. Stoffe und Bauteile, für die weder DIN-Normen bestehen noch eine amtliche Zulassung vorgeschrieben ist, dürfen nur mit Zustimmung des Auftraggebers verwendet werden. Für die gebräuchlichsten genormten Stoffe und Bauteile sind die DIN-Normen nachstehend aufgeführt.

Grundsätzlich sind Stoffe und Bauteile, die der Auftragnehmer einzubauen hat, in ungebrauchtem Zustand zu liefern. Will der Auftragnehmer jedoch gebrauchte Stoffe oder Bauteile liefern, obwohl dies in der Leistungsbeschreibung nicht verlangt oder zugelassen ist, so hat er zuvor das Einverständnis des Auftraggebers hierzu einzuholen. Dies ist z. B. der Fall, wenn der Auftragnehmer Gipsplatten oder dergleichen, die er schon einmal verwendet hat, erneut versetzen will. Durch das Einverständnis des Auftraggebers wird die Gewährleistungspflicht des Auftragnehmers aber nicht berührt und auch nicht eingeschränkt. Werden mit dem Einverständnis des Auftraggebers gebrauchte Stoffe oder Bauteile verwendet, so müssen diese für den jeweiligen Verwendungszweck geeignet sein. Sollen gebrauchte Stoffe oder Bauteile bauseits, also vom Auftraggeber, gestellt werden, ohne daß dies in der Leistungsbeschreibung vorgesehen ist, so ist hierfür eine Änderung der vertraglichen Vereinbarung erforderlich mit der Folge, daß eine neue Vereinbarung über Preis und gegebenenfalls Gewährleistung des Auftragnehmers zu treffen ist. Auch bauseits gestellte gebrauchte

Stoffe und Bauteile hat der Auftragnehmer im Rahmen seiner handwerklichen Kenntnisse zu prüfen und etwaige Bedenken rechtzeitig schriftlich gegenüber dem Auftraggeber vorzubringen (vgl. VOB Teil B § 4 Nr. 3 und die Erläuterungen zu Abschnitt 3.1.4).

Hat der Auftragnehmer die für seine Leistung erforderlichen Stoffe und Bauteile zu liefern, so gilt weiter, daß diese Stoffe und Bauteile den DIN-Güte- und Maßbestimmungen entsprechen müssen, soweit für die gelieferten Stoffe und Bauteile DIN-Normen bestehen. Bedürfen Stoffe und Bauteile, um verwendet zu werden, nach den behördlichen Vorschriften einer Zulassung, so müssen die zum Einbau kommenden Stoffe und Bauteile behördlich zugelassen sein und den Zulassungsbedingungen entsprechen.

Fortschritt und technische Weiterentwicklung im Bauen sollen durch DIN-Normen und Allgemeine Technische Vorschriften nicht verhindert werden. Deshalb ist in der vorliegenden ATV auch der Fall angesprochen, daß Stoffe und Bauteile zur Verwendung kommen sollen, für die weder DIN-Normen bestehen noch eine amtliche Zulassung vorgeschrieben ist. Es muß jedoch in jedem Falle das Einverständnis des Auftraggebers eingeholt werden, bevor mit der Verarbeitung nicht genormter oder amtlich nicht zugelassener Stoffe und Bauteile begonnen wird. Bei Stoffen und Bauteilen, für die weder DIN-Normen bestehen noch eine amtliche Zulassung vorgeschrieben ist, können z. B. Gütezeichen einer Güteschutzgemeinschaft oder Prüfvermerke einer Materialprüfungsanstalt ein wertvoller Gütenachweis sein. Fehlt ein solches Gütezeichen oder ein Prüfvermerk, so hat sich der Auftragnehmer zumindest durch Rückfrage, z. B. beim Produkthersteller, Gewißheit über die einwandfreie Eignung der Stoffe und Bauteile zu verschaffen. Gegebenenfalls sollte der Auftragnehmer vom Produkthersteller nicht genormter oder amtlich nicht zugelassener Stoffe und Bauteile für die Dauer seiner Gewährleistungspflicht eine Haftungsfreistellung in schriftlicher Form verlangen.

2.2.2 Putze

DIN 18 550 Teil 1 Putz; Begriffe und Anforderungen DIN 18 558 Kunstharzputze; Begriffe, Anforderungen, Ausführung

A. Putze aus Mörteln mit mineralischen Bindemitteln

DIN 18 550 Teil 1 gilt für Putze auf Wänden und Decken. Diese Norm beschreibt die Putzeigenschaften und die bei der Herstellung, Verarbeitung und Beurteilung verwendeten Begriffe. Sie legt die Anforderungen fest je nach den Aufgaben, die der Putz zu erfüllen hat. Putze übernehmen bestimmte bauphysikalische Aufgaben und dienen zugleich der Oberflächengestaltung (zur Unterscheidung der verschiedenen Putzarten vgl. die Erläuterungen zu 3.2.1 S. 74).

Oberflächenbehandlungen von Bauteilen, z. B. gespachtelte Glätt- oder Ausgleichsschichten, Wischputz, Schlämmputz, Bestich, Imprägnierungen und Anstriche, sind keine Putze im Sinne der DIN 18 550.

Während in DIN 18 550 Teil 1 Begriffe und Anforderungen an Putze behandelt sind, beinhaltet DIN 18 550 Teil 2 Ausführungsregeln für Putze aus mineralischen Bindemitteln. Als Putzmörtel bezeichnet man ein Gemisch aus einem oder mehreren mineralischen Bindemitteln, Zuschlagstoffen mit Kornanteilen in der Regel zwischen 0,25 und 4 mm, Faserstoffen, Anmachwasser und gegebenenfalls Zusatzstoffen.

Mineralische Bindemittel

Als mineralische Bindemittel gelten nach
- DIN 1060 Baukalk;
- DIN 1164 Teil 1 Portland-, Eisenportland-, Hochofen- und Traßzement; Begriffe, Bestandteile, Anforderungen, Lieferung;
- DIN 1168 Teil 1 Baugipse; Begriffe, Sorten und Verwendung, Lieferung und Kennzeichnung;
- DIN 1168 Teil 2 Baugipse; Anforderungen, Prüfung, Überwachung;
- DIN 4208 Anhydritbinder;
- DIN 4211 Putz- und Mauerwerksbinder.

Mineralische Zuschlagstoffe

Zuschlagstoffe für mineralische Putzmörtel sind Sande, Leichtzuschlagstoffe mit dichtem Gefüge wie Natursand, Brechsand, Granulat und mit porigem Gefüge wie Blähton, Perlite, geblähte Schmelzflüsse oder Vermiculite. DIN 18 550 Teil 1 Abschnitt 3.3.21 und Teil 2 Abschnitt 2.2.1–2.2.3 behandeln mineralische Zuschlagstoffe.

Zuschlagstoffe mit porigem Gefüge verleihen dem Putz zusätzliche Eigenschaften zur Verbesserung des Brandschutzes, der Wärmedämmung und Schalldämpfung. Für die Verarbeitung derartiger Leichtzuschlagstoffe sind neben den Verarbeitungsrichtlinien der Lieferwerke die entsprechenden DIN-Normen und Brandschutzvorschriften zu beachten (siehe DIN 4102 Teil 1–4).

Faserstoffe als Zusätze

Als Zugabe zum Putzmörtel können Faserstoffe aus
- anorganischen Stoffen wie Mineral- oder Glasfaser,
- organischen Stoffen wie Haare, Hanf, Jute, Kokos- oder Sisalfaser

verwendet werden.

Faserstoffe sind eine geeignete Zusatzbewehrung beim Ausdrücken von Putzträgern und dienen als zusätzlicher Schutz gegen Rissebildung. Sie bewirken eine innige Verzahnung des Mörtels mit dem jeweiligen Putzuntergrund. Zu diesem Zweck dürfen die Faserhaare nicht länger als 3 cm sein, müssen sich leicht und gleichmäßig dem Mörtel beimischen lassen und dürfen keine Bestandteile enthalten, die den Abbindevorgang nachteilig beeinflussen. Fetthaltige Haare sind deshalb ungeeignet.

Bei gezogenen und gegossenen Stuckteilen sollen die Faserstoffe länger als 3 cm sein. Sie werden dabei dem Mörtel nicht beigemischt, sondern während des Arbeitsvorganges eingedrückt oder eingelegt.

Zusatzmittel – Zusatzstoffe – Farbstoffe

Zusatzmittel beeinflussen die Mörteleigenschaften durch chemische und/oder physikalische Vorgänge (hydrophobierende Zusatzmittel, Zusatzmittel, die die Haftung zwischen Putzgrund und Mörtel verbessern, Luftporenbildner, Abbindeverzögerer, Erstarrungsbeschleuniger).

Zusatzstoffe, die die Mörteleigenschaften beeinflussen, werden in fein aufgeteilten Zusätzen beigegeben, wobei der Stoffraumanteil zu berücksichtigen ist. Als Zusatzstoffe gelten u. a.
- putzstrukturbeeinflussende Körnungen,
- Zusatzstoffe zur Erhöhung der Wärmedämmung,
- Zusatzstoffe zur Verbesserung der Schalldämpfung,
- Zusatzstoffe zur Erhöhung des Brandschutzes und der Strahlenabsorption.

Farbstoffe dürfen nur mit licht-, kalk- und zementechten Pigmenten dem Mörtel zugesetzt werden. In der Regel sollen nicht mehr als 5 Gewichtsprozente des Bindemittels als Farbpigmente beigemischt werden.

Für alle Zusatzmittel, Zusatzstoffe und Farbstoffe gilt, daß sie für den Verwendungszweck geeignet und von einwandfreier Beschaffenheit sein müssen. Sie dürfen weder den Mörtel noch den Untergrund nachteilig beeinflussen. Bei der Verarbeitung sind die Verarbeitungsrichtlinien des Herstellerwerks zu beachten.

Frostschutzmittel dürfen nach dem derzeitigen Stand der Technik dem Mörtel nicht beigemischt werden.

Anmachwasser

Anmachwasser muß frei von schädlichen Bestandteilen und Beimischungen sein. Im allgemeinen kann Leitungswasser aus dem öffentlichen Versorgungsnetz ohne Bedenken verwendet werden. Chlorzusätze, die dem Wasser zur Verhütung von Seuchen beigefügt werden, beeinträchtigen den Abbindeprozeß nicht. Vorsicht ist aber bei der Verwendung von Moorwasser, Industriewasser und anderen Abwässern geboten.

B DIN 18 558 Kunstharzputze

Kunstharzputze werden auf Decken und Wänden als Oberputz aufgetragen. Für die Herstellung dieser Putze werden organische Bindemittel mit mineralischen Zuschlagstoffen verwendet. Organische Bindemittel sind Polymerisatharze als Dispersion oder Lösung. Mineralische Zuschlag- oder Füllstoffe bestehen überwiegend aus einem Kornanteil kleiner als 0,25 mm.

Kunstharzputze werden werksmäßig gemischt entweder
- pastös in Kunststoffbehältern oder
- trocken in Säcken

geliefert. Pastöse Beschichtungsmaterialien dürfen lediglich zur Regulierung ihrer Konsistenz geringfügig mit Wasser oder ebenfalls werksmäßig hergestellten Einstellflüssigkeiten verdünnt werden. In Säcken gelieferte Fertigmaterialien sind nach den Vorschriften der Lieferwerke anzuteigen.

Kunstharzputzen dürfen keine weiteren Bindemittel, Zuschlagstoffe, Zuschlagmittel oder Farbpigmente zugegeben werden. In DIN 18 558 wird unterschieden in
a) P Org 1 für Außen- und Innenputze
b) P Org 2 für Innenputze.

Die Struktur dieser Putze wird bestimmt durch die Beschaffenheit und Größe des Zuschlagstoffes (fein oder grob, splittartig oder rund).

Danach unterscheidet man Kunstharzputze als
- Reibe- oder Rillenputz mit waagerechter, senkrechter oder runder Rillenstruktur,
- Kratzputz mit gleichmäßiger Kornstruktur ohne Rillen,
- Spritzputz mit feiner gleichmäßiger Spritzstruktur,
- Spritzputz mit feinsandiger Streichstruktur,
- Rollputz mit feiner bis grober Walzstruktur,
- Modellierputz mit feiner bis grober Kellen- oder Traufelstruktur,
- Buntsteinputz mit ebener Oberfläche aus dicht aneinander gereihtem Marmorsplitt oder Quarzriesel, meist in verschiedenen Farbtönen.

Bei der Verarbeitung von Kunstharzputzen werden an den Untergrund und dessen Vorbehandlung besondere Anforderungen gestellt (weitere Erläuterungen vgl. Abschnitt 3).

2.2.3 Werkmörtel (Fertigmörtel)

DIN 18 557 Werkmörtel; Herstellung, Überwachung und Lieferung

Werk- oder Fertigmörtel sind werkmäßig hergestellte Trockenmörtel aus einer Mischung von Bindemitteln und Zuschlagstoffen. Diese Mörtel werden sowohl in Säcken als auch in loser Form in Containern oder Silos geliefert. Unter Zugabe von Anmachwasser entsteht der zu verarbeitende Mörtel. Die Verarbeitungsrichtlinien der Herstellerwerke sind zu beachten.

Fertigputze, Haftputzgips und Maschinenputzgips sind nicht in DIN 18 557, sondern in DIN 1168 Teil 1 erfaßt.

2.2.4 Putzträger, Putzbewehrungen, Befestigungsmittel

DIN 488 Teil 4 (z. Z. Entwurf) Betonstahl; Betonstahlmatten und Bewehrungsdraht; Aufbau, Maße und Gewichte
DIN 1101 Holzwolle-Leichtbauplatten; Maße, Anforderungen, Prüfung
DIN 1104 Teil 1 Mehrschicht-Leichtbauplatten aus Schaumkunststoffen und Holzwolle; Maße, Anforderungen, Prüfung
DIN 18 182 Teil 1 (z. Z. Entwurf) Zubehör für die Verarbeitung von Gipskartonplatten; Profile aus Stahlblech
DIN 18 182 Teil 2 (z. Z. Entwurf) Zubehör für die Verarbeitung von Gipskartonplatten; Schnellbauschrauben

Drahtgeflechte, Rippenstreckmetall, Baustahlmatten u. ä. müssen frei von losem Rost sein. Textile Gewebe für den Außenbereich müssen alkalibeständig sein. Nägel, Klammern und andere Befestigungsmittel müssen bei Verwendung in feuchten Räumen und für Arbeiten mit Gips rostgeschützt sein, wenn in der Leistungsbeschreibung nichts anderes vorgeschrieben ist.

A. Putzträger

Putzträger müssen ein dauerndes Haften des Putzes gewährleisten und beständig sein. Je nach Art unterscheidet man
- gewebeartige Putzträger,
- Putzträger aus Platten.

Die gebräuchlichsten gewebeartigen Putzträger sind:
- Baustahlmatte (Abb. 2.1),
- Drahtgeflecht (Abb. 2.2),

- Lochmetallstreifen (Abb. 2.3),
- Rippenstreckmetall (Abb. 2.4).

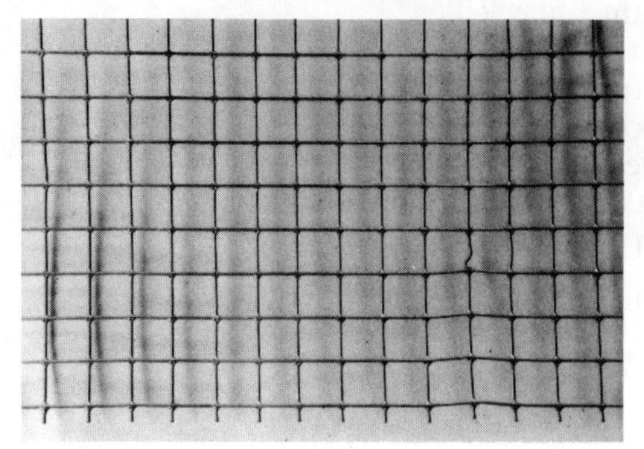

Abb. 2.1 Baustahlmatten

Abb. 2.2 Drahtgeflecht

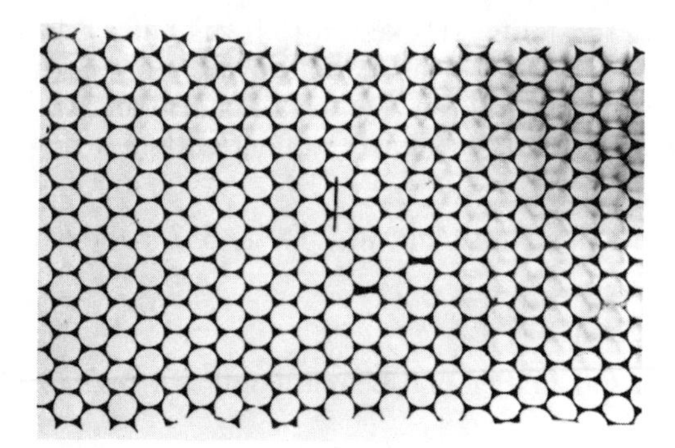

Abb. 2.3 Lochmetallstreifen

Abb. 2.4 Rippenstreckmetall

Die gebräuchlichsten Putzträger aus Platten sind:
- Holzwolle-Leichtbauplatten (DIN 1101 Holzwolle-Leichtbauplatten; Maße, Anforderungen, Prüfung);
- Mehrschicht-Leichtbauplatten (DIN 1104 Teil 1 Mehrschicht-Leichtbauplatten aus Schaumkunststoffen und Holzwolle; Maße, Anforderungen, Prüfung);
- Gipskartonplatten (DIN 18 180 Gipskartonplatten; Arten, Anforderungen, Prüfung), die als Putzträger im Innenausbau ihre Verwendung finden (sie gelten als Putzträgerplatte für Gipsputz);
- Mineralfaserplatten (DIN 18 165 Teil 1 Faserdämmstoffe für das Bauwesen, Dämmstoffe für die Wärmedämmung);
- Schaumkunststoffplatten (Polystyrolplatten, Styrofoamplatten – DIN 18 164 Teil 1 Schaumkunststoffe als Dämmstoffe für das Bauwesen, Dämmstoffe für die Wärmedämmung);
- Schaumglasplatten (Foam-Glas).

Leichtbau- und Mehrschicht-Leichtbauplatten können mit Mörtel auf dem Untergrund angesetzt, mechanisch am Untergrund befestigt oder bereits beim Betonieren in der Schalung eingelegt werden. Mehrschicht-Leichtbauplatten werden zugleich zur Verbesserung der Wärmedämmung eingebaut.

Mineralfaser-, Schaumkunststoff- und Schaumglasplatten müssen fest und so stabil sein, daß sie mit entsprechendem Baukleber und/oder mechanisch durch Verdübelung am Untergrund befestigt werden können. Diese Platten müssen in sich so steif sein, daß sie den Mörtel tragen; sie müssen jeweils nach den Richtlinien des Lieferwerks verarbeitet werden und benötigen immer eine zusätzliche Putzbewehrung.

B. Putzbewehrungen

Die Putzbewehrung wird in die Putzschicht eingebettet. Dabei ist darauf zu achten, daß eine weitgehend rissefreie Putzfläche gewährleistet werden kann. Die Putzbewehrung hat Spannungen innerhalb des Putzes aufzunehmen. Sie ist aber nicht geeignet, konstruktive Mängel oder Bewegungen im Putzgrund auszugleichen (siehe auch Abschnitt 3.2).

Putzbewehrungen finden Verwendung bei:
- Mischmauerwerk,
- verschiedenen Putzträgerplatten,
- verschiedenen Baustoffen mit unterschiedlich starken Ausdehnungskoeffizienten.

Zu unterscheiden sind:
- gitterartige Metallgewebe,
- Glasfasergewebe.

Metallgewebe müssen verzinkt sein. Glasfasergewebe müssen bei Kalk- und Zementputzen alkalibeständig sein.

Es ist darauf zu achten, daß die Bewehrung immer in die Zugzone (oberes Drittel der Putzschicht) eingelegt wird.

C. Befestigungsmittel

Die gebräuchlichsten Befestigungsmittel – dargestellt in Tabelle Abb. 2.5 – sind Nägel, Klammern, Schrauben und Dübel.

Für Nägel gelten:
- DIN 1144 Leichtbauplattenstifte,
- DIN 1151 Drahtstifte rund, Flachkopf, Senkkopf,
- DIN 1152 Drahtstifte rund, Rundkopf.

Für Schrauben gilt:
- DIN 18 182 Teil 2 (z. Z. Entwurf) Zubehör für die Verarbeitung von Gipskartonplatten, Schnellbauschrauben.

Dübel dürfen nur verwendet werden, wenn entsprechende Prüfzeugnisse vorliegen.

Zur Verwendung in feuchten Räumen und für Arbeiten mit Gips müssen die Befestigungsmittel rostgeschützt sein, wenn in der Leistungsbeschreibung nichts anderes vorgeschrieben ist.

2.2.5 Decken- und Wandbauplatten

DIN 274 Teil 4 Asbestzementplatten; ebene Tafeln, Maße, Anforderungen, Prüfungen
DIN 16 926 (z. Z. Entwurf) Dekorative Hochdruckschichtstoffplatten (HPL); Einteilung, Anforderungen und Prüfung
DIN 18 163 Wandbauplatten aus Gips; Eigenschaften, Anforderungen, Prüfung
DIN 18 169 Deckenplatten aus Gips; Platten mit rückseitigem Randwulst
DIN 18 180 Gipskartonplatten; Arten, Anforderungen, Prüfung.

Bezeichnung	Stärke	Länge	Verwendung
Drahtstift	1,6 4,6	30 130	Befestigen von Holz auf Holz
Leichtbauplattennägel	3,1 3,8	40 100	Befestigen von Leichtbau- platten auf Holz
Breitkopf- Stahlnagel	 4,5	70 130	Befestigen von Blechen, Rabitzgewe- ben, Isolierstoffen o. ä. auf harten Untergründen
Stahlnagel	2,7 6,0	20 150	Befestigen von Blechen, Geweben, Fassadenverkleidungen o. ä. auf har- ten Untergründen
Stahlnagel	2,5 4,25	25 100	Befestigen von Sockel, Wandleisten, Lattung bei harten Untergründen
Rabitzhaken	3,8 5,3	40 120	Befestigen von Rabitzgeweben, Drähten, Geflecht auf Holz oder wei- chen Untergründen
Hakennagel	2,8 3,4	25 50	Befestigen von Rabitzgewebe, Rohr- matten, Geflecht auf Holz
Gipskarton- plattenstifte	2,2 3,1	32 90	Befestigen von Gipskartonplatten oder ähnlichen Platten auf Holz
Klammern	1,0	6 30	Befestigen von Putzträger usw. auf Holz
Blindnieten	3,0 4,0	3,5 6,0	Befestigen von Blechprofilen unter- einander
Schnellbauschrauben mit Nagelspitze	3,9 6,5	19 180	Befestigen von Gipskartonplatten auf Holz oder Holzlatten untereinander
Schnellbauschrauben mit Teks-Bohrspitze	3,5 6,5	19 180	Befestigen von Gipskartonplatten auf Metallunterkonstruktionen bis 2,25 mm Materialstärke
Spanplattenschrauben	3,0 6,0	10 150	Befestigen von Sperrholz, Spanplat- ten, Fassadenplatten, Kunststoff- u. Akustikplatten
Dübel mit Prüfzeugnis	nach statischer Erfordernis		Befestigen von Bauteilen

Abb. 2.5 Befestigungsmittel

DIN 18 184 Gipskarton-Verbundplatten mit Polystyrol- oder Polyurethan-Hartschaum als Dämmstoff.

Putz- und Stuckarbeiten werden auch in trockener Bauweise ausgeführt. Gebräuchliche Stoffe und Bauteile dafür sind Decken- und Wandbauplatten.

Die gebräuchlichsten Decken- und Wandbauplatten sind:
- Faserzementplatten,
- dekorative Schichtpreßstoffplatten,
- Wandbauplatten aus Gips,
- Deckenplatten aus Gips.

Faserzementplatten werden hauptsächlich bei der Verkleidung von Fassaden, Dachausbauten und Kaminen sowie beim vorbeugenden Brandschutz verwendet. Die Platten sind in verschiedenen Abmessungen, Dicken und Farbbeschichtungen am Markt. Für die Verarbeitung und Unterkonstruktion gelten die Richtlinien der Herstellerwerke.

Dekorative Schichtpreßstoffplatten sind Holzfaserplatten mit unterschiedlichen Dekors und Abmessungen.

Wandbauplatten aus Gips bestehen aus Stuckgips; anorganische Zusätze dienen zur Verbesserung der Wärmedämmung und Schalldämpfung. Die Abmessungen der Platten sind 66,6 × 50 cm, die Dicken betragen 6,8 oder 10 cm. Eingegossene Nuten und Federn an den Stirnseiten vermitteln eine höhere Grundstabilität der Trennwand. Die endgültige Standfestigkeit ergibt jedoch erst die Verbindung mit den angrenzenden Bauteilen. Für nichttragende innere Trennwände aus Wandbauplatten aus Gips gilt DIN 4103 Nichttragende innere Trennwände; Richtlinien für die Ausführung. Wände aus Gipsbauplatten eignen sich in besonderem Maße für den Brandschutz. Sie gehören der Baustoffklasse A1 nach DIN 4102 an und sind nicht brennbar.

Eine Wanddicke von 6 cm entspricht der Feuerwiderstandsklasse F 30 und dem Bauschalldämmaß R'_w 32 dB.
Eine Wanddicke von 8 cm entspricht der Feuerwiderstandsklasse F 120 und dem Bauschalldämmaß R'_w 35 dB.
Eine Wanddicke von 10 cm entspricht der Feuerwiderstandsklasse F 180 und dem Bauschalldämmaß R'_w 37 dB.

Hierbei handelt es sich um Laborwerte, die am Bau nur dann zu erreichen sind, wenn dort dieselben Voraussetzungen bestehen.

Deckenplatten aus Gips werden aus hochwertigem faserarmiertem Gips hergestellt, sind raumbeständig und untrennbar. Sie werden verwendet als
- Dekorplatten,
- Schallschluckplatten,
- Lüftungsplatten,
- Feuerschutzplatten.

Sie erfordern eine Unterkonstruktion, die entweder direkt an die Decke angebracht oder abgehängt wird. Die Unterkonstruktion kann sowohl aus Holz als auch aus Metall bestehen. Die Plattendicken betragen 12,5 bis 40 mm, die Abmessungen der Platten sind in der Regel 62,5 × 62,5 cm; es werden jedoch auch andere Größen hergestellt.

Gipskartonplatten

Die Gipskartonplatte (vgl. Tabelle Abb. 2.6) wird bei trockener Bauweise zur Herstellung von abgehängten Decken, Trennwänden, Trockenputz (Beplankung von Mauerwerk), schall- und wärmedämmenden Vorsatzschalen und Verkleidungen (Rohrummantelungen, Feuerschutz) verwendet. Sie gehört der Brandklasse A 2 – nicht brennbar nach DIN 4102 – an.

Trockenputz mit 9,5 mm dicken Gipskartonplatten gilt nur dann als nicht brennbarer Baustoff, wenn die Platten mit anorganischem Bindemittel auf mineralischem Untergrund befestigt werden.

Gipskartonplatten bestehen aus einem ausgewalzten Gipskern, der einschließlich der Längskanten mit einem Karton ummantelt ist. Diese Verbundwirkung gibt der Platte ihre besonderen Eigenschaften. Der Karton wirkt als Zugbewehrung und verleiht der Platte zusammen mit dem Gipskern die notwendige Steifigkeit. Damit können trotz

Kurzbez. Din 18180	Plattenart	Dicke in mm	Breite in mm	Länge in mm	flächenbezogene Gesamtmasse in kg	Dickentoleranz in mm	Breitentoleranz in mm	Längentoleranz in mm
GKB	Gipskartonbauplatten	9,5	1250	2000 3250	8,2	± 0,5	± 3	± 10
		12,5	1250	2000 3250	11,0	± 0,5	± 3	± 10
		15	1250	2000 3000	13,8	± 0,5	± 3	± 10
		18	1250	2000 2500	16,2	± 0,5	± 3	± 10
		25	600	2250 3500	22,0	± 1,0	± 5	± 10
GKF	Gipskartonfeuerschutzplatten	12,5	1250	2000 3000	12,0	± 0,5	± 3	± 10
		15	1250	2000 3000	14,5	± 0,5	± 3	± 10
		25	600	2250 3500	23,0	± 1,0	± 5	± 10
GKB I	Gipskartonbauplatten imprägniert	12,5	1250	2000 2500	12,0	± 0,5	± 3	± 10
		15	1250	2000 3000	14,5	± 0,5	± 3	± 10
GKF I	Gipskartonfeuerschutzplatten imprägniert	12,5	1250	2000 3250	12,0	± 0,5	± 3	± 10
GKP	Gipskarton-Putzträgerplatte	9,5	400	1500 200	8,2	± 0,5	± 3	± 10
	Paneelelement	20	600	2000 +2600	14,5			
	Kassetten-, Loch- und Schlitzplatten	9,5 12,5	1200 1200	3000 3000	8,4 11,0			

Abb. 2.6 Gipskartonplatten

geringer Dicke beträchtliche Spannweiten überbrückt werden. Ferner ist eine hohe Biegefestigkeit gegeben, die nicht nur den Transport vereinfacht, sondern auch eine vielfältige Verwendung für schalldämmende Konstruktionen zuläßt. Die Platten werden am Band gefertigt und nach gewünschter Länge geschnitten.

Die Regelabmessungen sind in der Breite 1,25 m und in der Länge 2,5 m. Die Länge der Platten kann bei größeren Mengen nach gewünschtem Maß gefertigt werden. Die Dicken betragen 9,5 mm, 12,5 mm, 15,0 mm, 18,0 mm und 25,0 mm.

Gipskartonplatten werden verwendet als:
- Gipskarton-Bauplatte (GKB)
  - auf Wandflächen, geklebt mit Ansetzmörtel,
  - auf Unterkonstruktionen, angeschraubt,
  - als Träger von Verbundplatten;
- Gipskarton-Feuerschutzplatte (GKF) bei besonderen Anforderungen aus Gründen des Brandschutzes. Prüfzeugnisse der Herstellerfirmen und Konstruktionsdetails sind zu beachten;
- Imprägnierte Gipskartonplatte (GKI) in Feuchträumen, als Bauplatte oder Feuerschutzplatte. Diese Platte wird nur in 12,5 mm Dicke hergestellt und ist mit Zusätzen versehen, die die Wasseraufnahme verzögern;
- Gipskarton-Putzträgerplatte (GKP) als Putzträger. Diese Platte wird in 40 cm Breite und Längen von 1,5 oder 2 m und nur in 9,5 mm Dicke hergestellt.

Gipskartonplatten können mit verschiedenen festen Schichten verbunden werden (vgl. Tabelle, Abb. 2.7), u. a. mit:
- Folien aus Kunststoff oder Aluminium für Dampfbremsen oder Dampfsperren,
- Folien aus Kunststoff für dekorative Gestaltung,
- Polystyrol-, Polyurethan- oder Mineralfaserplatten für Wärmedämmung oder Schalldämpfung,
- Walzblei für Strahlenschutzbekleidung,
- Putzen aller Art für dekorative Gestaltung.

Kurzbez. DIN 18180	Plattenart	Alufolie	Alufolie + Natronkraftpapier	Dämmstoff	Alu + Natron + Dämmstoff	Walzblei	Faservlies	PVC-Folie	Stahlblech	Schichtstoffplatte
GKB	Gipskartonbauplatten	●	●	●	●	●		●	●	●
GKB I	Bauplatten imprägniert	●	●	●	●					
GKF	GK-Feuerschutzpl.	●	●	●		●			●	
GKP I	GK-Feuerschutz, impr.	●	●							
GKS	GK-Baupl. gelocht und geschlitzt						●			

Abb. 2.7 Werkseitige Kaschierungsmöglichkeiten

Gipskartonplatten unterliegen einer Kennzeichnungspflicht. Sie erhalten bei der Bandfertigung parallel zur kartonummantelten Längskante einen Laufstempel. Dieser Stempel gibt Auskunft über die Platten, das Fabrikat und die Richtung der größten Festigkeit (Faserrichtung des Kartons).

Für die farbliche Kennzeichnung gilt:
- blaue Farbe = GKB-Qualität für allgemeine Verwendung,
- rote Farbe = GKF-Qualität für Anwendung im Brandschutz.

Erläuterungen

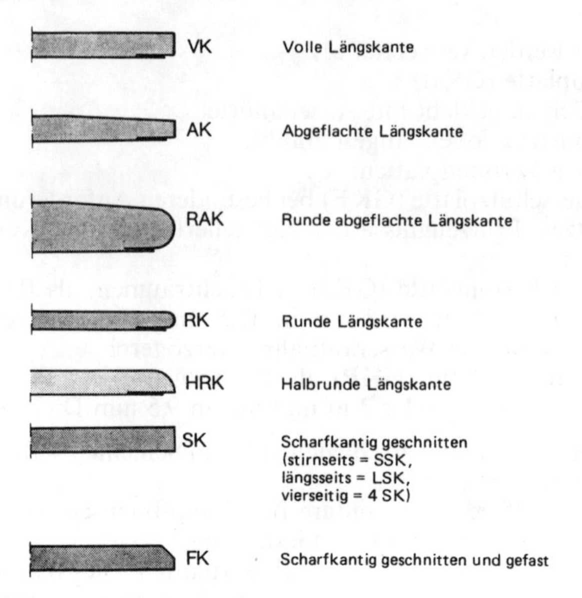

Abb. 2.8 Kantenausbildung von Gipskartonplatten

Gipskartonplatten werden je nach Verwendungszweck mit verschiedenartiger Kantenausbildung hergestellt (vgl. Abb. 2.8). Die Verarbeitungsrichtlinien der Hersteller sind zu beachten.

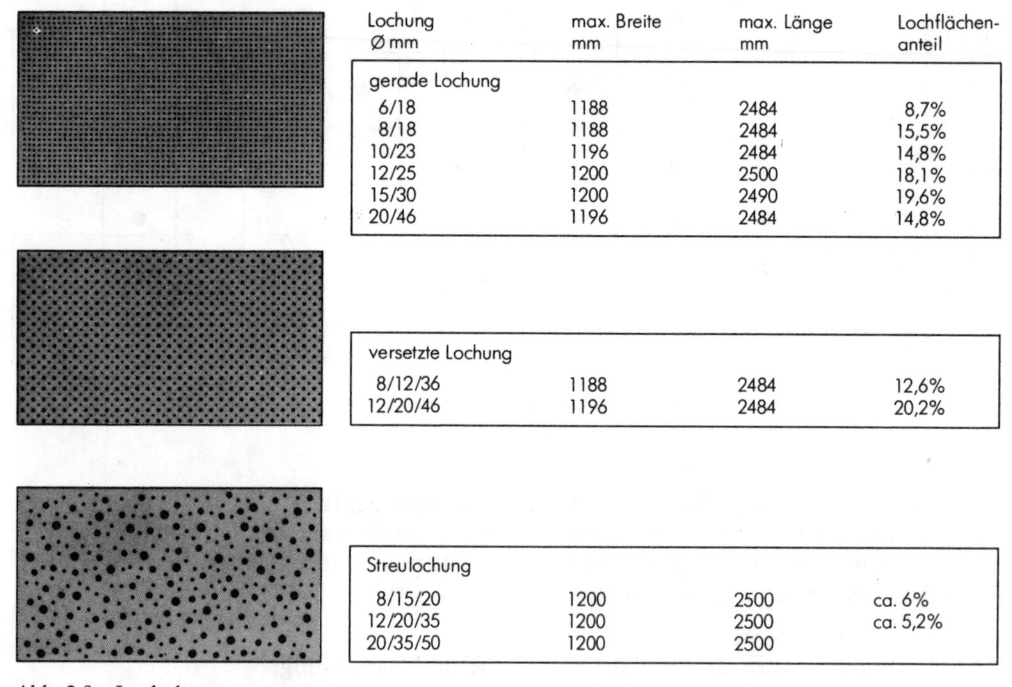

Lochung Ø mm	max. Breite mm	max. Länge mm	Lochflächen-anteil
gerade Lochung			
6/18	1188	2484	8,7%
8/18	1188	2484	15,5%
10/23	1196	2484	14,8%
12/25	1200	2500	18,1%
15/30	1200	2490	19,6%
20/46	1196	2484	14,8%
versetzte Lochung			
8/12/36	1188	2484	12,6%
12/20/46	1196	2484	20,2%
Streulochung			
8/15/20	1200	2500	ca. 6%
12/20/35	1200	2500	ca. 5,2%
20/35/50	1200	2500	

Abb. 2.9 Lochplatten

Gipskartonplatten werden auch als Paneel-Elemente für den Dachgeschoßausbau verwendet. Das Element besteht aus zwei fest miteinander verbundenen Spezialgipsplatten, die gegeneinander versetzt sind, so daß ein Falz entsteht. Die Elemente sind 20 mm dick, 600 mm breit und haben eine Länge von 2 000 oder 2 600 mm. Die flächenbezogene Masse beträgt 14,5 kg/m². Holzkonstruktionen, die mit einem Paneel-Element bekleidet sind, entsprechen der Feuerschutzwiderstandsklasse F 30.

Gipskartonplatten werden als Kassettenplatten mit Schlitzen und Lochungen mit verschiedenen Kantenausbildungen zur dekorativen Gestaltung und zur besseren Schalldämpfung nach gewünschten Maßen gefertigt:
- Lochplatten (vgl. Abb. 2.9),
- Schlitzplatten (vgl. Abb. 2.10),
- Kassettenplatten geschlitzt oder gelocht (vgl. Abb. 2.11).

Die flächenbezogene Gesamtmasse der gelochten oder geschlitzten Gipskartonplatten beträgt bei 9,5 mm Dicke = 8,4 kp/m² und bei 12,5 mm Dicke = 11,0 kp/m². 12,5 mm Gipskartonplatten sind nicht durchgeschlitzt.

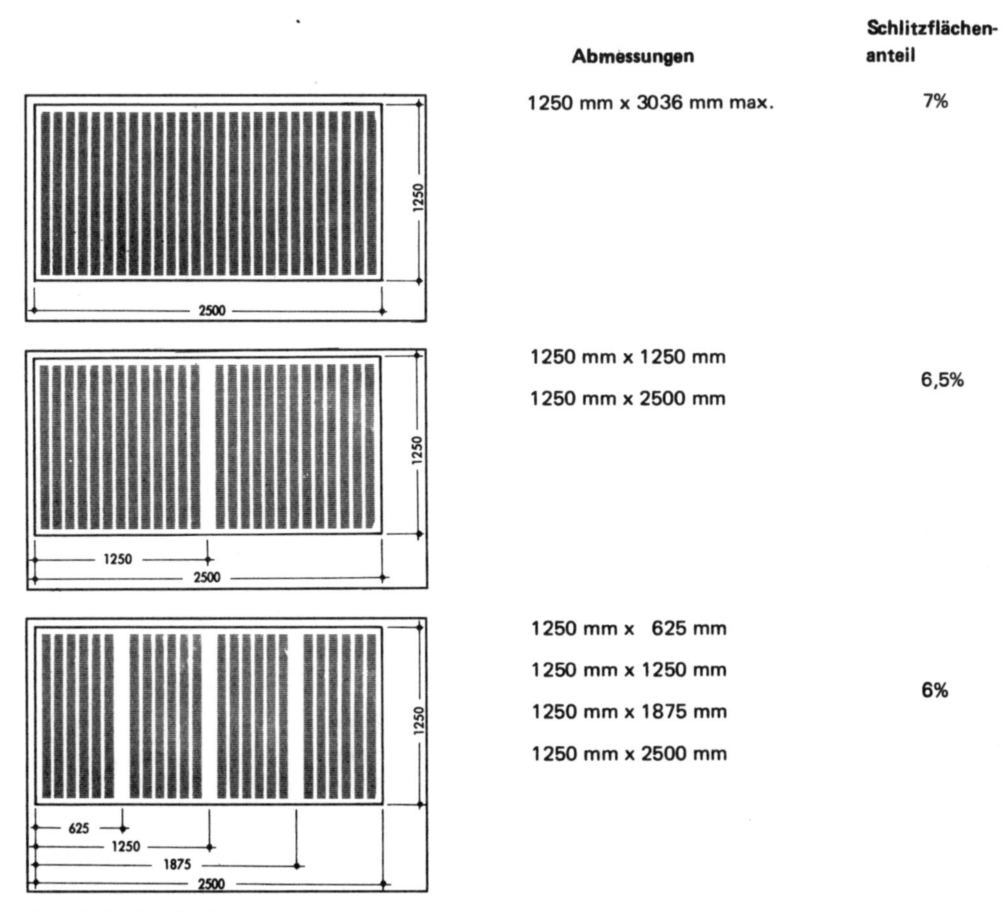

Abb. 2.10 Schlitzplatten

Abmessungen	Schlitzflächenanteil
1250 mm x 3036 mm max.	6,5%
1250 mm x 1250 mm 1250 mm x 2500 mm	6%
1250 mm x 625 mm 1250 mm x 1250 mm 1250 mm x 1875 mm 1250 mm x 2500 mm	5,5%
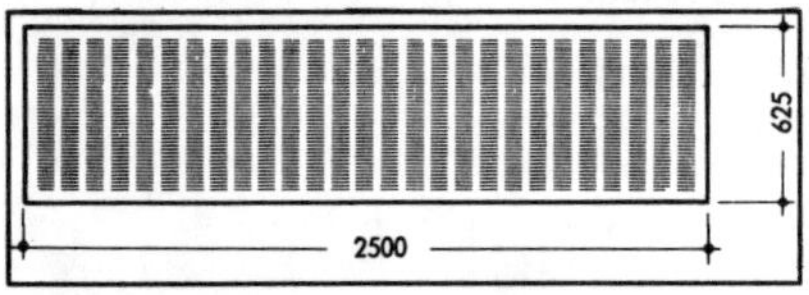 625 mm x 3036 mm max.	6,5%
625 mm x 1250 mm 625 mm x 2500 mm	6%
625 mm x 625 mm 625 mm x 1250 mm 625 mm x 1875 mm 625 mm x 2500 mm	5,5%

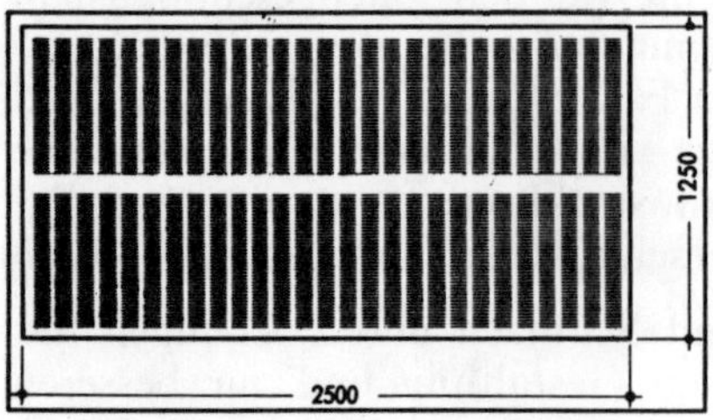

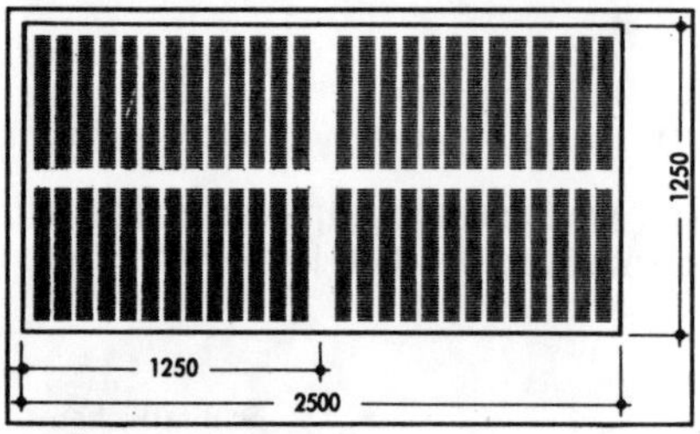

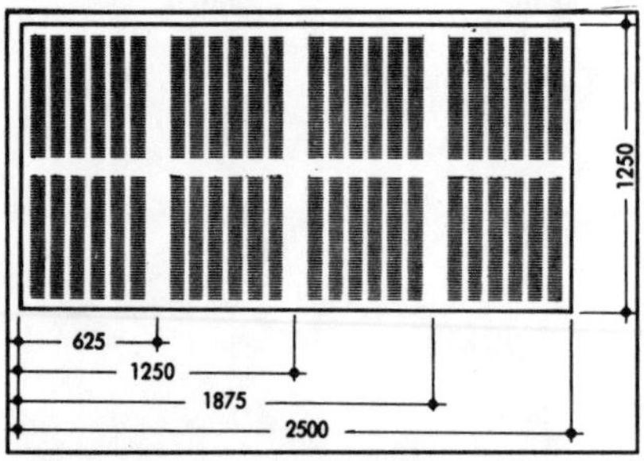

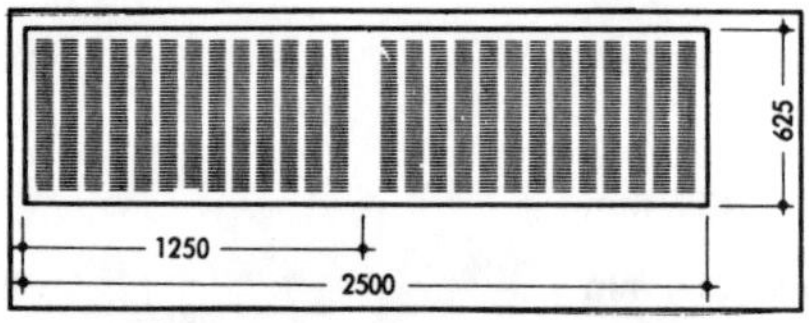

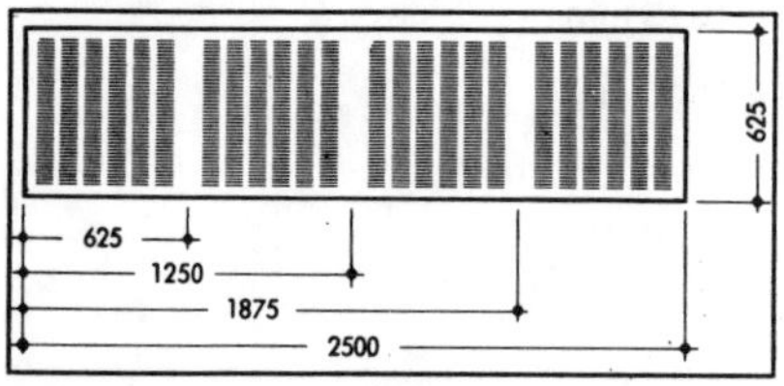

Abb. 2.10 (Fortsetzung) Schlitzplatten

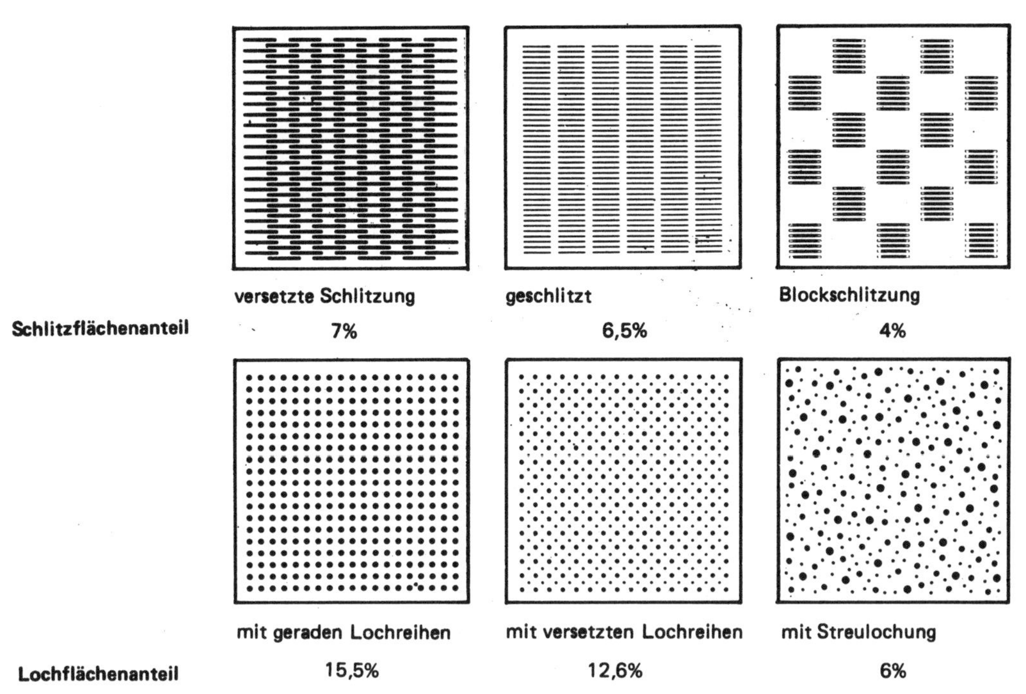

Abb. 2.11 Kassettenplatten geschlitzt oder gelocht (max. Breite × max. Länge 625 mm × 625 mm)

Technische Daten	Einheit	Unterboden-verbundelement	Unterbodenverbundelement	
			+20 mm PS Hartschaum	+30 mm PS Hartschaum
Konstruktionshöhe	mm	25	45	55
Abmessung	mm	600 × 2000	600 × 2000	600 × 2000
Gewicht	kg/m²	23	23,3	23,5
Durchbruchlast bei Stempel 4 × 4 cm	KN	5,2	5,2	
Wärmeschutz				
Wärmedurchlaß-widerstand	m²K/W	0,11	0,61	0,86
Wärmeleitzahl der mineralischen Trockenschüttung	W/m · K	0,23	0,23	
Schallschutz Trittschallverbesserungsmaß VM (dB)				
UB-Element allein	dB		20	
UB-Element +35 mm Trockenschüttung	dB	22	24	
UB-Element +35 mm Trockenschüttung +4 mm Wellpappe	dB	25		

Abb. 2.12 Unterbodenverbundelemente

Erläuterungen

Gipskartonplatten werden auch als Trockenunterböden, in Elementen verklebt, mit und ohne Dämmstoffauflage verwendet (vgl. Tabelle Abb. 2.12). Trockenunterbodenelemente können auch beim Einbau von Fußbodenheizungen verwendet werden.

Gipskarton-Verbundplatten

Die Gipskarton-Verbundplatte besteht aus einer Gipskarton-Bauplatte mit Dämmstoffauflage. Sie wird bei trockenen Bauweisen verwendet für die
- Innendämmung von Außenmauerwerk,
- wärmedämmende Bekleidung von Wänden zwischen Räumen mit sehr unterschiedlichen Temperaturen,
- Schalldämpfung.

Mit Polystyrol oder Polyurethan beschichtete Platten werden zur Verbesserung der Wärmedämmung verwendet. Mit Mineralfaser beschichtete Platten werden zur Verbesserung der Wärmedämmung und Schalldämpfung verwendet. Beide Plattenarten sind nach DIN 4102 schwer entflammbar (Baustoffklasse B 1).

Bei relativ dampfdichten Bauteilen (Beton, Natursteinmauerwerk und dgl.) sowie bei Innendämmung von Außenwänden müssen die Verbundplatten mit einer Dampfsperre ausgerüstet sein.

Für Verbundplatten mit Polystyrol-(PS-) oder Polyurethan-(PU-)Hartschaum als Dämmstoff gelten die Werte aus der Tabelle Abb. 2.13.

Breite in mm	Länge in mm	Dicke in mm			Flächenbezogene Gesamtmasse in kg/m^3	Wärmedurchlaßwiderstand m^2 K/W	Schallschutzverbesserung	Baustoffklasse nach DIN 4102
		GK-Platte	Dämmstoff	Gesamt				
		9,5	15	24,5	8,70	0,42		
		9,5	20	29,5	9,20	0,55		
		9,5	30	39,5	9,50	0,80		
	2000	12,5	15	27,5	10,90	0,43		
	2500	12,5	20	32,5	11,00	0,56		
1250	2600	12,5	30	42,5	11,20	0,81	kein Resonanzeffekt	B1
	2750	12,5	40	52,5	11,30	1,06		
		12,5	50	62,5	11,50	1,31		
		12,5	60	72,5	11,60	1,56		
		12,5	70	82,5	11,90	2,06		

Abb. 2.13 Gipskarton-Verbundplatten

2.2.6 Dämmstoffe

DIN 18164 Teil 1 Schaumkunststoffe als Dämmstoffe für das Bauwesen; Dämmstoffe für die Wärmedämmung
DIN 18164 Teil 2 Schaumkunststoffe als Dämmstoffe für das Bauwesen; Dämmstoffe für die Trittschalldämmung
DIN 18165 Teil 1 (z. Zt. Entwurf) Faserdämmstoffe für das Bauwesen; Dämmstoffe für die Wärmedämmung.
DIN 18165 Teil 2 (z. Zt. Entwurf) Faserdämmstoffe für das Bauwesen; Dämmstoffe für die Trittschalldämmung

1. Schaumkunststoffe als Dämmstoffe für das Bauwesen; Dämmstoffe für die Wärmedämmung

Harte Schaumstoffe werden in Form von Platten oder Bahnen hergestellt und für Wärmedämmzwecke im Bauwesen verwendet.

Zur Verwendung kommen insbesondere:
- Dämmstoffe aus Phenolharz-Hartschaum (PF). Dies ist ein überwiegend geschlossenzelliger, harter Schaumstoff, der aus Phenolharzen durch Zugabe eines Treibmittels und eines Härters mit oder ohne Zufuhr von Wärme erzeugt wird;
- Dämmstoffe aus Polystyrol-Hartschaum (PS). Dies ist ein überwiegend geschlossenzelliger, harter Schaumstoff aus Polystyrol oder Mischpolymerisaten mit überwiegendem Polystyrolanteil. Man unterscheidet je nach Herstellungsart zwischen Partikelschaum aus verschweißtem, geblähtem Polystyrolgranulat (Partikelschaum) und extrudergeschäumtem Polystyrolschaum (Extruderschaum);
- Dämmstoffe aus Polyurethan-Hartschaum (PUR). Dies ist ein überwiegend geschlossenzelliger, harter Schaumstoff, der mittels Katalysatoren und unter Mitwirkung von Halogenkohlenwasserstoffen als Treibmittel durch chemische Reaktion von Polyisocyanaten mit Aciden (Wasserstoff aufhaltenden Verbindungen) und/oder durch Trimerisierung von Polyisocyanaten erzeugt wird.

Nach der Verwendbarkeit der Schaumstoffe für die Wärmedämmung in Bauwerken wird folgende Unterscheidung gemacht (vgl. Tabelle 1 DIN 18 164 Teil 1 und Tabelle 2 DIN 18 165 Blatt 1):
- nicht druckbeansprucht (W),
- mit leichter Zusammendrückbarkeit (WZ),
- druckbeansprucht (WD),
- mit Druckbeanspruchung auf Abriß- und Scherfestigkeit (WV).

Schaumkunststoffe als Dämmstoffe werden in Platten oder Bahnen hergestellt. Platten und Bahnen müssen an allen Stellen gleichmäßig dick und von gleichmäßigem Gefüge sein. Sie müssen gerade und parallele Kanten haben. Die Platten müssen rechtwinklig, ihre Oberfläche muß eben sein. Die Maße und Dicke der Platten und Bahnen sowie die zulässigen Maßabweichungen sind aus Tabelle Abb. 2.14 ersichtlich.

Schaumkunststoffe sind in verschiedene Wärmeleitfähigkeitsgruppen eingestuft.

Schaumkunststoffe müssen mindestens der Baustoffklasse B2, Brandverhalten von Stoffen nach DIN 4102 Teil 1 entsprechen.

Schaumkunststoffe für Wärmedämmung sind auf ihrer Verpackung in folgender Reihenfolge gekennzeichnet:
DIN-Hauptnummer,
Stoffart- Lieferform,
Typkurzzeichen,
Wärmeleitfähigkeitsgruppe,
Nenndicke,
Brandverhalten nach DIN 4102 Teil 1.

Erläuterungen

Beispiel: Die Kennzeichnung DIN 18 164 PUR – P WD – 030 – 050 – B2 bedeutet:
DIN 18 164 = DIN-Hauptnummer,
PUR P = PUR – Hartschaum-Platte,
WD = Typkurzzeichen für Druckbelastung,
030 = Wärmeleitfähigkeitsgruppe,
50 = Nenndicke 50 mm,
B2 = Baustoffklasse B2 nach DIN 4102 Teil 1.

Lieferform	Nennlängen und Nennbreiten in mm	Nenn-dicken in mm	Zulässige Abweichung der gemessenen Einzelwerte von den angegebenen Nennmaßen			
			Länge	Breite	Dicke	
					≦ 50mm	> 50mm
Platten (P)	1000 × 500	20 30 40 50 60 80 100	± 0,8% oder ± 10 mm		± 2 mm	+ 3 mm – 2 mm
Bahnen (B)	5000 × 1000	20 30 40 50 60 80 100	+ unbegrenzt – 10 mm	± 0,8% oder ± 10 mm	± 2 mm	+ 3 mm – 2 mm

Abb. 2.14 Schaumkunststoffe in Platten und Bahnen

2. Schaumkunststoffe als Dämmstoffe für das Bauwesen; Dämmstoffe für die Trittschalldämmung

Schaumkunststoffe als Dämmstoffe für die Trittschalldämmung bestehen aus Polystyrol-Hartschaum TS (Partikelschaum). Die hierfür verwendeten Partikelschaumstoffe bestehen aus geblähten Polystyrolgranulaten, die zu Platten oder Bahnen verschweißt werden.

Diese Platten oder Bahnen mit dem Typkurzzeichen T werden bei Decken mit Anforderungen an den Luft- und Trittschallschutz nach DIN 4109 Teil 2 verwendet, z. B. bei Wohnungstrenndecken.

Die Platten sind lieferbar in Größen von 1 000 × 500 mm, die Bahnen in Größen von 5 000 × 1 000 mm. Die Nenndicke unter Belastung beträgt je nach Erfordernis zwischen 15 und 30 mm. Die zulässige Abweichung in Länge und Breite vom Mittelwert einer Verpackung darf in der Länge ± 1 %, in der Breite ± 0,5 % betragen. Die zulässige Abweichung in der Dicke unter Belastung darf im Mittel ± 15 % bis – 5 % betragen.

Für die Verwendbarkeit im Bauwerk wird keine Anforderung der flächenbezogenen Masse für Trittschalldämmzwecke gestellt.

Schaumkunststoffe haben je nach Dicke einen unterschiedlichen Wärmedurchlaßwiderstand.

Platten und Bahnen müssen ein ausreichendes Federungsvermögen haben. Schaumkunststoffe müssen mindestens der Baustoffklasse B1, Brandverhalten von Stoffen nach DIN 4102 Teil 1 entsprechen und ausreichend alterungsbeständig sein.

Ihre Kennzeichnung ist in bestimmter Reihenfolge festgelegt:
DIN-Hauptnummer,
Stoffart – Lieferform,
Nenndicke DL/dB,
Wärmedurchlaßwiderstand,
Brandverhalten nach DIN 4102 Teil 1.

Beispiel: Die Kennzeichnung DIN 18164 – PS PT 20 – 30/25 – 0,62 – B 1 bedeutet:
DIN 18164 = DIN-Hauptnummer,
PS PT 20 = Trittschalldämmstoff aus Polystyrol, als Platte, Anwendungstyp T, Steifigkeitsgruppe 20,
30/25 = Nenndicke,
0,62 = Wärmedurchlaßwiderstand 1 α = 0,62 m^2 K/W,
B1 = schwerentflammbar nach Baustoffklasse B1.

3. Faserdämmstoffe für das Bauwesen, Dämmstoffe für die Wärmedämmung

Faserdämmstoffe für die Wärmedämmung werden in Bahnen, Matten, Filzen und Platten geliefert und bei entsprechender Kennzeichnung auch für die Schalldämpfung im Bauwesen verwendet. Zur Verwendung kommen insbesondere
- mineralische Faserdämmstoffe; diese werden aus einer silikatischen Schmelze (z. B. Glas, Gesteins- oder Schlackenschmelze) gewonnen;
- pflanzliche Faserdämmstoffe; diese werden aus Kokos-, Torf- oder mineralisch aufbereiteten Holzfasern gewonnen.

Faserdämmstoffe für die Wärmedämmung werden ebenso wie Schaumkunststoffe (vgl. Abschnitt 2.2.6 Nr. 1, S. 57) nach Anwendungsbereich und Typkurzzeichen eingeteilt.

In Wänden und belüfteten Dächern können auch Wärmedämmstoffe mit Typ WD und WV verwendet werden.

Bei Beanspruchung auf Abreiß- und Scherfestigkeit ist die dynamische Steifigkeit S neben dem Typkurzzeichen zu kennzeichnen.

Auch für die Schalldämmung in Hohlräumen, z. B. in zweischaligen, leichten Trennwänden und bei Vorsatzschalen mit Unterkonstruktion, können die Faserdämmstoffe der Tabelle verwendet werden. Dazu muß jedoch vom Hersteller der längenspezifische Strömungswiderstand angegeben werden. Solche Dämmstoffe erhalten neben dem Typkurzzeichen noch den Kennbuchstaben w.

Faserdämmstoffe können nach DIN 4012 sein:
- nicht brennbar (Baustoffklasse A1 oder A2),
- schwerentflammbar (Baustoffklasse B1),
- normal entflammbar (Baustoffklasse B2),
- leicht entflammbar (Baustoffklasse B3).

Faserdämmstoffe werden in Bahnen, Matten, Filzen und Platten hergestellt.

Erläuterungen

Die Beschichtung und Umhüllung hat wesentlichen Einfluß auf die Eigenschaften des Dämmstoffes, z. B. das Brandverhalten. Faserdämmstoffe müssen an allen Stellen gleich dick und von gleichmäßigem Gefüge sein. Die Platten müssen rechtwinklig, ihre Oberfläche muß eben sein. Sie müssen gerade und parallele Kanten haben und ausreichend alterungsbeständig sein. Auf ihnen dürfen sich keine Schimmelpilze bilden. Dies gilt insbesondere bei Verwendung in Räumen mit hoher relativer Luftfeuchtigkeit.

Die Platten sind lieferbar in Größen von 500 × 1000 mm, die Bahnen in Größen von 1000 × 5000 mm. Die Nenndicke beträgt bei Platten 40 mm, bei Bahnen 60–120 mm. Die zulässige Abweichung beträgt bei Platten in Länge und Breite ± 2 %, bei Bahnen in der Breite ± 2 %, in der Länge – 2 %. Die zulässige Abweichung beträgt bei Platten im Mittel der Nenndicke bei Typ W + 5 mm, bei Typ WD – 1 mm. Die zulässige Abweichung beträgt bei Bahnen im Mittel der Nenndicke bei Typ WV + 5 mm bis – 1 mm, bei Typ WZ + 15 mm bis 0 mm.

Faserdämmstoffe sind in verschiedene Wärmeleitfähigkeitsgruppen eingestuft.

Faserdämmstoffe für die Wärmedämmung sind in bestimmter Reihenfolge auf ihrer Verpackung gekennzeichnet:

Stoffart – Anwendungszweck – Lieferform
Typkurzzeichen
DIN-Hauptnummer
etwaige Sondereigenschaften
etwaige Beschichtungen oder Umhüllungen

Nenndicke – Länge – Breite
Wärmeleitfähigkeitsgruppe
Hersteller
Werk und Herstellungsdatum
Prüfstelle

Beispiel:

Mineralf. Wärmedämmpl.
W
DIN 18165
Nicht brennb. A2
ohne Beschichtung

40 mm – 1000 mm – 500 mm
035
X
Y, Datum
Z

4. Faserdämmstoffe für das Bauwesen; Dämmstoffe für die Trittschalldämmung

Faserdämmstoffe für die Trittschalldämmung werden in Form von Matten, Filzen und Platten verwendet. Sie bewirken auch eine Verbesserung der Luftschall- und Wärmedämmung.

Faserdämmstoffe für die Trittschalldämmung sind mit dem Typkurzzeichen T bezeichnet. Zur Verwendung kommen insbesondere
- mineralische Faserdämmstoffe,
- pflanzliche Faserdämmstoffe.

Faserdämmstoffe für die Trittschalldämmung können nach DIN 4102 sein:
- nicht brennbar (Baustoffklasse A1 oder A2),
- schwer entflammbar (Baustoffklasse A1 oder A2),
- normal entflammbar (Baustoffklasse B2),
- leicht entflammbar (Baustoffklasse B3).

Faserdämmstoffe müssen an allen Stellen gleiche Dicke und gleichmäßiges Gefüge aufweisen. Die Platten müssen rechtwinklig und in ihrer Oberfläche eben sein. Sie müssen gerade und parallele Kanten haben und ausreichend alterungsbeständig sein. Auf ihnen dürfen sich keine Schimmelpilze bilden. Dies gilt insbesondere bei Verwendung in Räumen mit hoher relativer Luftfeuchtigkeit.

Die Platten sind lieferbar in Größen von 500 × 1000 mm, die Matten und Filze in Größen von 1000 × 10 000 mm. Die Dicken unter Belastung betragen je nach Erfordernis 7,5–25 mm. Die zulässige Abweichung bei Platten beträgt vom Mittelwert in der Länge ± 2 %, in der Breite ± 1 %; die zulässige Abweichung bei Matten und Filzen beträgt vom Mittelwert in der Länge − 2 %, in der Breite ± 1 %.

Matten, Filze und Platten für Trittschalldämmzwecke müssen ein ausreichendes Federungsvermögen haben. Dies bewirkt die dynamische Steifigkeit s der Dämmschicht einschließlich der in ihr eingeschlossenen Luft.

Nach DIN 18 165 Blatt 2 Tabelle 5 werden zwei Dämmschichtgruppen mit unterschiedlicher dynamischer Steifigkeit unterschieden (vgl. Tabelle Abb. 2.15).

Dämmschichtgruppe	Dynamische Steifigkeit (Mittelwert) s' in kp/cm^3 (MN/m^3)
I	bis 3 (bis 30)
II	ab 3 bis 9 (ab 30 bis 90)
Zulässige Überschreitung der Einzelwerte 5 %	

Abb. 2.15 Dämmschichtgruppen

Faserdämmstoffe für die Trittschalldämmung sind in bestimmter Reihenfolge auf ihrer Verpackung gekennzeichnet:

Stoffart – Anwendungstechnik – Lieferform
Typkurzzeichen T und etwaige zusätzliche Kennzeichen
Nenndicke dL/dB, Länge und Breite
Dämmschichtgruppe I

Wärmedurchlaßwiderstand
DIN-Hauptnummer
Name des Herstellers

Erläuterungen

Herstellwerk und Datum
Prüfstelle
Bezeichnung, ob schwer entflammbar, nicht brennbar oder normal entflammbar mit entsprechender Prüfzeichennummer.

Beispiel: Kokosfaser Trittschalldämmatte
T
25/20 mm/1000 × 500
I

$\frac{1}{\Delta} = 0{,}50\,m^2 \cdot h \cdot °C/kcal$

DIN 18165
X
Y und Datum
Z
SE
A
4712.

2.2.7 Unterkonstruktionen aus Holz und Holzwerkstoffen, Metall und anderen Baustoffen sowie Abhänger, Profile, Verbindungs- und Verankerungselemente und Holzschutz.

DIN 4073 Teil 1	Gehobelte Bretter und Bohlen aus Nadelholz; Maße
DIN 4074 Teil 1	Bauholz für Holzbauteile, Gütebedingungen für Bauschnittholz (Nadelholz)
DIN 17100	Allgemeine Baustähle, Gütenorm
DIN 17 440	Nichtrostende Stähle; Technische Lieferbedingungen für Blech, Warmband, Walzdraht, gezogenen Draht, Schmiedestücke und Halbzeug
DIN 18168 Teil 1	Leichte Deckenbekleidungen und Unterdecken; Anforderungen für die Ausführung
DIN 18168 Teil 2	Leichte Deckenbekleidungen und Unterdecken; Nachweis der Tragfähigkeit von Unterkonstruktionen und Abhängern aus Metall
DIN 18182 Teil 1	(z. Z. Entwurf) Zubehör für die Verarbeitung von Gipskartonplatten; Profile aus Stahlblech
DIN 68 750	Holzfaserplatten; Poröse und harte Holzfaserplatten, Gütebedingungen
DIN 68 754 Teil 1	Harte und mittelharte Holzfaserplatten für das Bauwesen; Holzwerkstoffklasse 20
DIN 68 800 Teil 3	Holzschutz im Hochbau; Vorbeugender chemischer Schutz von Vollholz

Schienen und Profile wie Eckschutzschienen, Abschlußschienen, Dehnungsfugenprofile, Randwinkel und Einfaßprofile aus Metall müssen entsprechend dem Verwendungszweck verzinkt oder korrosionsresistent sein.

Unterkonstruktionen können sowohl aus Holz (Lattung, Holzrahmenkonstruktion) als auch aus Metall (Metallprofilen) bestehen. Sie müssen genügend steif sein und dürfen nicht verwinden.

Holz für Unterkonstruktionen muß der Güteklasse II nach DIN 4074 Blatt 1 entsprechen, vollkantig und nach DIN 68 800 Teil 3 imprägniert sein. Holzunterkonstruktionen für Gipskartonplatten mit durchbrochener Fläche (Lochplatten – Schlitzplatten) müssen gehobelt sein. Unterkonstruktionen bei ebenem Untergrund bestehen aus einer Lattung, die unmittelbar im Untergrund zu befestigen ist. Unterkonstruktionen bei unebenem Untergrund erfordern eine zusätzliche Grundlattung (siehe DIN 18 334 Abschnitt 4.1.1.4). Unterkonstruktionen für abgehängte Decken bestehen aus Grundlattung und Lattung oder einer verzapften Holzrahmenkonstruktion.

Die Unterkonstruktion für leichte Deckenbekleidungen und Unterdecken muß so beschaffen sein, daß eine sichere Befestigung oder Auflage der Bekleidung möglich ist. Die Stützweite für Grund- und Konterlattung ist im Einzelfall zu ermitteln.

Unterkonstruktionen für leichte Unterdecken

Unterkonstruktionen aus Holz und Holzwerkstoffen bestehen aus Grund- und Konterlattung oder einer verzapften Holzrahmenkonstruktion. Sie sind entweder unmittelbar an der Decke befestigt oder abgehängt.

Unterkonstruktionen aus Metall bestehen aus vorgefertigten, verzinkten Metallprofilen. Sie sind entweder an der Decke befestigt oder, in der Regel, abgehängt.

Abhänger für Holz- oder Metallunterkonstruktionen sind Drähte mit einem Durchmesser von mindestens 2,8 mm oder Schlitzbandeisen mit einem wirksamen Querschnitt von 7,5 mm und einer Mindestdicke von 0,8 mm.

Abhänger, Befestigungsmittel und Unterkonstruktionen aus Stahl müssen gegen Korrosion geschützt sein.

Metalltrageprofile müssen eine Blechdicke von mindestens 0,5 mm aufweisen.

Abhänger sind mit zugelassenen Metalldübeln unter Beachtung statischer Erfordernisse im Bauwerk zu verankern.

Die gebräuchlichsten Abhänger für Holz- und Metallunterkonstruktionen sind in den Abb. 2.16 und 2.17 dargestellt.

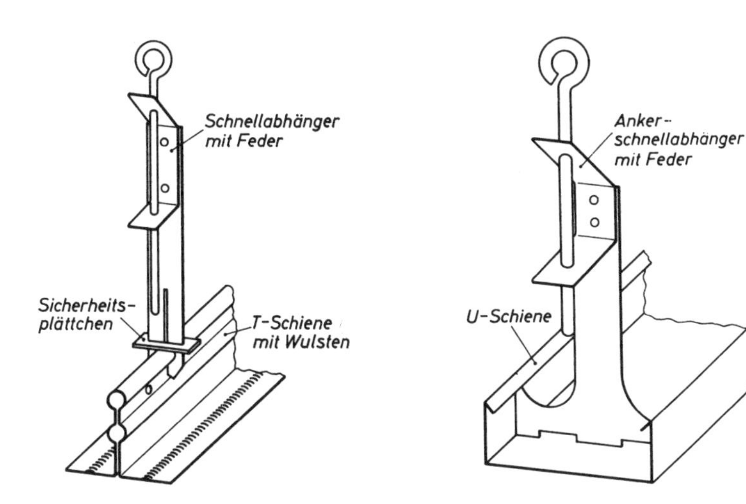

Abb. 2.16 Beispiele für Metallprofile und Abhänger

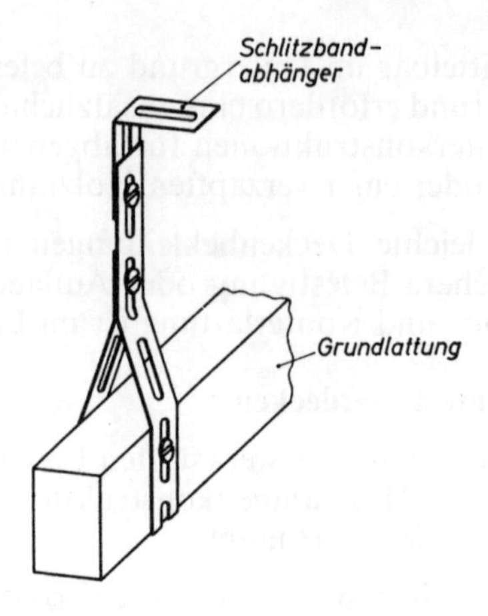

Abb. 2.17 Abhänger für Grundlattung und Holzrahmenkonstruktion (Beispiele)

Unterkonstruktionen für leichte Trennwände und für Wandbekleidungen

Unterkonstruktionen aus Holz und Holzwerkstoffen bestehen aus Holzständern und Riegeln. Sie sind entsprechend der Raumhöhe und ihrer Horizontalbelastung zu bemessen. Unterkonstruktionen aus Metall bestehen aus verzinkten, dünnwandigen Stahlblechen mit C-Ständerprofil (CW-Profil) und U-Anschlußprofilen (UW-Profil). Die Profile sind entsprechend der Raumhöhe und ihrer Horizontalbelastung zu bemessen.

Die Abmessungen üblicher Regelprofile sind in der Tabelle Abb. 2.18 aufgezeigt.

Holzschutz im Hochbau:

Für den vorbeugenden chemischen Schutz von Vollholz werden wasserlösliche, ölige und schaumschichtbildende Anstriche verwendet, wobei letztere auch als Feuer-

Kurzbezeichnung	Abmessungen in mm		
	Steghöhe h ± 0,2	Flansch-breite b	Nenn-Blechdicke S
C-Wandprofil CW 50/0,63 CW 75/0,63 CW 100/0,63	48,8 73,8 98,8	≧48	0,63 ±0,06
C-Wandprofil CW 50/0,75 CW 75/0,75 CW 100/0,75	48,8 73,8 98,8	≧48	0,75 ±0,07
U-Wandprofil UW 50/0,63 UW 75/0,63 UW 100/0,63	50 75 100	40 ±0,5	0,63 ±0,06
L-Wandprofil LW 60/0,75	60	60	0,75

Abb. 2.18 Abmessungen üblicher Regelprofile

schutzmittel dienen. Salzpasten, Ölpasten und Holzschutzmittelbandagen eignen sich besonders für Holz mit ständiger Erdberührung.

Alle Holzschutzmittel mit Prüfzeichen tragen auf der Verpackung und der Gebrauchsanweisung den Namen des Mittels und des Prüfzeicheninhabers, das Prüfzeichen und die Prüfprädikate, die in Kurzform die wichtigsten Eigenschaften der Holzschutzmittel angeben.

Es dürfen nur Holzschutzmittel mit einem gültigen Prüfzeichen verwendet werden. Dabei ist bei der Anwendung in Aufenthalts- und Lagerräumen für Lebensmittel und Futtermittel besonders die Gebrauchsanweisung des Herstellers zu beachten. Holzschutzmittel sind so aufzubewahren, daß sie für Unbefugte nicht zu erreichen sind.

Eine chemische Holzschutzbehandlung darf nur von dafür geschulten Personen mit dafür ausreichenden Kenntnissen und Erfahrungen und unter Einsatz geeigneter Geräte durchgeführt werden.

Korrosionsschutz von Schienen und Profilen aus Metall:

Schienen und Profile aus Metall müssen gegen Korrosion geschützt sein. Sie sind entweder verzinkt oder aus korrosionsresistentem Material herzustellen. Sie dienen zur Verstärkung der Kanten, zum Abstellen von Putzflächen, zum Abgrenzen von Einbauteilen, zum Anlegen von zu verputzenden Flächen und zur Einhaltung vorgeschriebener Putzdicken.

3 Ausführung

3.1 Allgemeines

3.1.1 Wenn Verkehrs-, Versorgungs- und Entsorgungsanlagen im Bereich des Baugeländes liegen, sind die Vorschriften und Anordnungen der zuständigen Stellen zu beachten.

Dieser in die Allgemeinen Technischen Vorschriften aufgenommene Standardsatz hat Gültigkeit für die Ausführung von Bauleistungen jeglicher Art. Nach VOB Teil B § 3 Nr. 1 ist es Sache des Auftraggebers, dem Auftragnehmer die für die Ausführung erforderlichen Unterlagen unentgeltlich und rechtzeitig zu übergeben. Zu den „für die Ausführung nötigen Unterlagen" gehören im weiteren Sinne auch entsprechende Angaben, wenn im Bereich des Baugeländes derartige Anlagen vorhanden sind. Nach VOB Teil A § 9 Nr. 4 Absatz 5 ist der Auftraggeber gehalten, in die Leistungsbeschreibung hinreichend genaue Angaben aufzunehmen über „im Baugelände vorhandene Anlagen, insbesondere Abwasser- und Versorgungsleitungen". Diese Regelung ist deshalb sachgerecht, weil der Auftraggeber das Baugelände für die Ausführung der Bauleistungen zur Verfügung stellt und deshalb grundsätzlich selbst die sich möglicherweise aus dem Baugrund ergebenden Risiken zu tragen hat. Fehlen dahingehende Angaben in den Verdingungsunterlagen, erkennt der Auftragnehmer aber aufgrund seiner Erfahrung und Sachkunde, daß möglicherweise Verkehrs-, Versorgungs- und Entsorgungsanlagen im Bereich des Baugeländes vorhanden sind, dann ist der Auftragnehmer gehalten, sich beim Auftraggeber Gewißheit zu verschaffen und die erforderlichen Erkundigungen einzuholen.

Die Vorschriften und Anordnungen der zuständigen Stellen (Behörden, Versorgungsunternehmungen u. a.) sind zu beachten, wenn im Bereich des Baugeländes Verkehrs-, Versorgungs- und Entsorgungsanlagen liegen. Gegebenenfalls können sich aus der Beachtung dieser Vorschriften und Anordnungen zusätzliche vom Auftragnehmer zu erbringende Leistungen ergeben, die dann der Auftraggeber gesondert zu vergüten hat. Der Anspruch auf Vergütung für derartige besondere Leistungen ist aber nach VOB Teil B § 2 Nr. 6 rechtzeitig vor Ausführung dem Auftraggeber anzukündigen.

3.1.2 Die für die Aufrechterhaltung des Verkehrs bestimmten Flächen sind freizuhalten. Der Zugang zu Einrichtungen der Versorgungs- und Entsorgungsbetriebe der Feuerwehr, der Post und Bahn, zu Vermessungspunkten und dergleichen darf nicht mehr als durch die Ausführung unvermeidlich behindert werden.

Die Inanspruchnahme von Flächen, die dem öffentlichen Verkehr gewidmet sind, bedarf regelmäßig einer vor Beginn der Arbeiten einzuholenden Genehmigung der zuständigen Behörde. Nach Abschnitt 0.1.7 ist je nach Lage des Einzelfalles in der Leistungsbeschreibung besonders anzugeben, ob und gegebenenfalls welche Flächen für den Verkehr freizuhalten sind. Müssen für die Aufrechterhaltung des Verkehrs bestimmte Flächen freigehalten werden, so können sich daraus für den Auftragnehmer bei der Ausführung der Arbeiten möglicherweise Erschwernisse ergeben, deren Berücksichtigung dem Auftragnehmer bereits bei der Kalkulation seiner Preise möglich sein muß. Dasselbe gilt, wenn auf den Zugang zu Einrichtungen der Versorgungs- und Entsorgungsbetriebe, der Feuerwehr, Post und Bahn oder zu Vermessungspunkten und dergleichen Rücksicht genommen werden muß, weil derartige Zugänge durch die Ausführung nicht mehr als „unvermeidlich" behindert werden dürfen. Allerdings kann nur nach Lage des Einzelfalles beurteilt werden, was unter unvermeidlicher Behinderung zu verstehen ist.

3.1.3 Stoffe und Bauteile, für die Verarbeitungsvorschriften des Herstellerwerkes bestehen, sind nach diesen Vorschriften zu verarbeiten.

In Abschnitt 2.2.1 der ATV ist dem Auftragnehmer die Verpflichtung auferlegt, bei Stoffen und Bauteilen, die er zu liefern und einzubauen hat, die Allgemeinen Anforderungen und, soweit vorhanden, die DIN-Güte- und Maßbestimmungen zu beachten. Da die technische Entwicklung auf dem Gebiet der Stoffe und Bauteile für Putz- und Stuckarbeiten in nasser und trockener Bauweise oftmals dem jeweiligen Stand der Normung voraus ist, muß der Auftragnehmer grundsätzlich die Verarbeitungsvorschriften des Herstellerwerks beachten, soweit solche Verarbeitungsvorschriften bestehen. Da auch die Verarbeitungsvorschriften der Herstellerwerke Änderungen und Anpassungen im Rahmen der technischen Entwicklung unterworfen sind, ist es besonders wichtig, daß der Auftragnehmer die im Zeitpunkt der Verarbeitung der Stoffe und Bauteile geltenden Verarbeitungsvorschriften der Herstellerwerke beachtet und einhält. Die Einhaltung dieser dem Auftragnehmer auferlegten Verpflichtung mindert gleichzeitig sein Risiko im Falle eines späteren Schadenseintritts dann, wenn der Schaden ursächlich auf eine unrichtige oder unzureichende Verarbeitungsvorschrift des Herstellerwerks zurückzuführen ist. Dies kann – je nach Lage des Einzelfalles – dem Auftragnehmer die rechtliche Möglichkeit verschaffen, Regreßansprüche gegen das Herstellerwerk geltend zu machen.

Bei neu am Markt angebotenen und noch nicht hinreichend praxiserprobten Stoffen und Bauteilen ist dem Auftragnehmer dringend zu empfehlen, vor deren Verarbeitung eine gesonderte haftungsrechtliche Regelung mit dem Hersteller zu vereinbaren.

3.1.4 Der Auftragnehmer hat bei seiner Prüfung Bedenken (siehe Teil B – DIN 1961 – § 4 Nr. 3) insbesondere geltend zu machen bei:

- ungeeigneter Beschaffenheit des Untergrundes, z. B. grobe Verunreinigungen, Ausblühungen, zu glatte Flächen, verölte Flächen, ungleich saugende Flächen, gefrorene Flächen, verschiedenartige Stoffe des Untergrundes,
- zu hoher Baufeuchtigkeit,
- größeren Unebenheiten als nach DIN 18 202 Teil 5 zulässig,
- ungenügenden Verankerungsmöglichkeiten,
- fehlenden Höhenbezugspunkten je Geschoß.

Mit dieser Bestimmung wird die dem Auftragnehmer nach VOB Teil B § 4 Nr. 3 auferlegte Prüfungs- und Anzeigepflicht konkretisiert. Die generelle Prüfungs- und Anzeigepflicht des Auftragnehmers ist in VOB Teil B § 4 Nr. 3 wie folgt geregelt:

Hat der Auftragnehmer Bedenken gegen die vorgesehene Art der Ausführung (auch wegen der Sicherung gegen Unfallgefahren), gegen die Güte der vom Auftraggeber gelieferten Stoffe oder Bauteile oder gegen die Leistungen anderer Unternehmer, so hat er sie dem Auftraggeber unverzüglich – möglichst schon vor Beginn der Arbeiten – schriftlich mitzuteilen; der Auftraggeber bleibt jedoch für seine Angaben, Anordnungen oder Lieferungen verantwortlich.

Der Umfang der Prüfungspflicht und die Frage, wann der Auftragnehmer schriftlich gegenüber dem Auftraggeber Bedenken geltend zu machen hat, bestimmt sich nicht danach, ob und inwieweit dem Auftragnehmer aufgrund der tatsächlichen Gegebenheiten Bedenken gekommen waren; maßgebend ist vielmehr, ob ein in der Ausführung von Putz- und Stuckarbeiten in nasser und trockener Bauweise erfahrener und sachkundiger Unternehmer im Rahmen einer sorgfältigen Prüfung Bedenken haben mußte.

Deshalb kann sich der Auftragnehmer regelmäßig auch nicht darauf berufen, daß ihm der Auftraggeber oder dessen bauleitender Architekt entsprechende Anordnungen erteilt habe. Die Rechtsprechung geht nämlich davon aus, daß der Auftraggeber ebenso wie sein planender oder bauleitender Architekt in aller Regel nur über allgemeine Fachkenntnisse verfügen, daß aber der Auftragnehmer mit den Spezialkenntnissen seines Gewerkes vertraut sein muß und diese Spezialkenntnisse bei der gebotenen sorgfältigen Prüfung anzuwenden hat.

Seine aufgekommenen Bedenken muß der Auftragnehmer dem Auftraggeber unverzüglich schriftlich mitteilen. Die Schriftform für die Mitteilung der Bedenken ist deshalb vorgeschrieben, weil sichergestellt sein soll, daß der Auftraggeber von den Bedenken des Auftragnehmers in zuverlässiger Weise Kenntnis erhält. Nur ausnahmsweise kann es deshalb ausreichend sein, wenn der Auftragnehmer aus besonderen Umständen des Einzelfalles heraus (weil z. B. der Fortgang der Arbeiten eine Unterbrechung zum Zwecke der vorherigen schriftlichen Mitteilung der Bedenken ohne besondere Nachteile oder Gefahren nicht zuläßt) seine Bedenken dem Auftraggeber nur mündlich meldet. In diesem Falle empfiehlt es sich aber dringend, diese Meldung im Beisein von tauglichen Zeugen vorzubringen. Dabei muß Wert darauf gelegt werden, daß die Bedenken des Auftragnehmers dem Auftraggeber unmißverständlich zur Kenntnis gelangen. Deshalb ist auch zu empfehlen, daß mündlich vorgebrachte Bedenken dem Auftraggeber unverzüglich schriftlich bestätigt werden.

Ferner ist darauf zu achten, daß der Auftragnehmer gehalten ist, Bedenken gegenüber dem Auftraggeber geltend zu machen. Der Auftragnehmer genügt seiner Anzeige- und Meldepflicht grundsätzlich nicht dadurch, daß er Bedenken nur dem Architekten des Auftraggebers meldet. Insbesondere dann, wenn der Architekt des Auftraggebers die Bedenken des Auftragnehmers nicht berücksichtigt, ist es für den Auftragnehmer unumgänglich, seine Bedenken dem Auftraggeber schriftlich zu melden. Der Auftragnehmer ist nämlich im Falle eines späteren Schadenseintritts von seiner Gewährleistungsverpflichtung nach VOB Teil B § 13 Nr. 3 nur dann freigestellt, wenn er die ihm nach VOB Teil B § 4 Nr. 3 obliegende Mitteilung unverzüglich schriftlich an den Auftraggeber gemacht hat.

Auch Anordnungen, die der Auftraggeber oder sein von ihm beauftragter Architekt auf Bedenken des Auftragnehmers hin trifft, hat der Auftragnehmer erneut daraufhin zu überprüfen, ob dadurch die vorgebrachten Bedenken vollständig ausgeräumt sind und sich nicht möglicherweise neue Bedenken ergeben müssen.

Der Auftragnehmer ist nicht verpflichtet, in Verbindung mit seiner Bedenkenanzeigepflicht dem Auftraggeber Vorschläge zu unterbreiten oder Ratschläge zu erteilen, durch welche Maßnahmen den Bedenken Rechnung getragen werden könnte. Vielmehr ist der Auftraggeber gehalten, ihm vom Auftragnehmer gemeldete Bedenken zu prüfen und dann eigenverantwortlich seine Entscheidung zu treffen. Unterbreitet der Auftragnehmer jedoch dem Auftraggeber Vorschläge für Maßnahmen, durch welche nach seiner Meinung seinen Bedenken abgeholfen werden könnte, so bleibt er für die

Richtigkeit und fachliche Eignung seines Vorschlags oder seiner Empfehlung verantwortlich. Die in der vorliegenden Vorschrift gewählte Aufzählung konkreter Sachverhalte, die den Auftragnehmer zur Anzeige von Bedenken veranlassen müssen, ist nicht vollständig. Es sind nur die typischen und häufig wiederkehrenden Fälle aufgezeigt, die, wenn Bedenken nicht vorgebracht werden und Abhilfe nicht geschaffen wird, zu späteren Mängeln führen können. Ein häufiger Mangel, der einen nachfolgenden Schaden auslösen kann, ist z. B. auch dann gegeben, wenn Außenputz an Metallteile angeschlossen werden soll, ohne daß im Anschlußbereich eine elastische Fugenausbildung vorgesehen ist und hergestellt wird.
Die Prüfung des Auftragnehmers hat sich zunächst auf die Beschaffenheit und Eignung des Untergrundes zu richten. Werden dabei grobe Verunreinigungen festgestellt, so muß dies für den Auftragnehmer Anlaß zur Anzeige von Bedenken sein, ebenso, wenn Ausblühungen oder zu glatte Flächen, verölte Flächen, ungleich saugende Flächen, gefrorene Flächen oder verschiedenartige Stoffe des Untergrundes vorhanden sind.

Bei der Prüfung des Untergrundes empfiehlt es sich, nach folgendem Verfahren vorzugehen:
Prüfung durch
- Augenschein, insbesondere auf anhaftende Fremdstoffe, lockere und mürbe Teile, anhaftende Kalkausscheidungen;
- Wischprobe mit der flachen Hand zur Feststellung von anhaftendem Staub, Schmutz oder Abkreidungen;
- Kratzprobe mittels eines harten Gegenstandes zur Feststellung von Abplatzungen, Abblätterungen und Absandungen;
- Benetzungsprobe durch Annässen mittels einer Bürste an mehreren Stellen zur Feststellung von rückständigen Schalungstrennmitteln, noch feuchtem Beton oder dichter Sinterhaut.

Im Zuge der Überarbeitung und Neufassung der ATV DIN 18350 wurden weitere Sachverhalte für wichtig erachtet, die in die Aufzählung neu aufgenommen wurden.

Die Erfahrung hat gezeigt, daß später auftretende Schäden häufig auf zu hohe Baufeuchtigkeit zurückzuführen sind. Der Auftragnehmer muß deshalb diesem Umstand bei seiner Prüfung besondere Aufmerksamkeit widmen und gegebenenfalls mit Hilfe eines Feuchtigkeitsmeßgerätes die Baufeuchtigkeit messen und bei entsprechendem Ergebnis daraus seine Bedenken ableiten.

Anlaß zu Bedenken ist für den Auftragnehmer auch dann gegeben, wenn Vorleistungen, auf denen seine Leistung aufbaut, größere Unebenheiten, als nach DIN 18202 zulässig, aufweisen. Die nach DIN 18202 zulässigen Toleranzen und Maßabweichungen sind der Tabelle 3 der DIN 18202 zu entnehmen (vgl. Seite 72).

Größere Unebenheiten können sowohl bei der Ausführung in nasser als auch in trockener Bauweise Anlaß zu Bedenken sein und Maßnahmen notwendig machen, die dann für den Auftragnehmer eine besondere, vom Auftraggeber gesondert zu vergütende Leistung darstellen.

Ferner hat der Auftragnehmer gegebenenfalls Bedenken anzumelden, wenn die vorhandenen Verankerungsmöglichkeiten unzureichend und ungenügend sind und die erforderlichen Höhenbezugspunkte je Geschoß fehlen.

3.1.5 Abweichungen von vorgeschriebenen Maßen sind in den durch
DIN 18201 Toleranzen im Bauwesen; Begriffe, Grundsätze, Anwendung, Prüfung
DIN 18202 Teil 1 Maßtoleranzen im Hochbau; zulässige Abmaße für die Bauausführung, Wand- und Deckenöffnungen, Nischen, Geschoß- und Podesthöhen
DIN 18202 Teil 4 Maßtoleranzen im Hochbau, Abmaße für Bauwerksabmessungen
DIN 18202 Teil 5 Maßtoleranzen im Hochbau; Ebenheitstoleranzen für Flächen von Decken und Wänden
bestimmten Grenzen zulässig, wenn in der Leistungsbeschreibung nichts anderes vorgeschrieben ist. Bei Streiflicht sichtbar werdende Unebenheiten in den Oberflächen von Bauteilen sind zulässig, wenn die Maßtoleranzen von DIN 18 202 Teil 5 eingehalten worden sind.

Nach Verabschiedung der vorliegenden Fassung der ATV DIN 18350 wurden die bisher in DIN 18202 Teil 1, Teil 4 und Teil 5 festgelegten Toleranzen in der Neufassung der DIN 18202 Toleranzen im Hochbau; Bauwerke (Ausgabe Mai 1986) zusammengefaßt und in Grenzabmaßen, Winkeltoleranzen und Ebenheitstoleranzen festgelegt. In den nachfolgenden Erläuterungen wird deshalb nur noch auf die Neufassung von DIN 18202 Bezug genommen.

Putz- und Stuckarbeiten in nasser und trockener Bauweise sind der Gruppe der handwerklichen Bauleistungen zuzurechnen. Diese Wertung erfährt auch dadurch keine Änderung, daß weitgehend entsprechend der technischen Entwicklung Maschinen und Geräte eingesetzt und neuzeitliche Verarbeitungstechniken angewandt werden. Es gehört zu der Eigenart einer handwerklichen Bauleistung, daß sie nicht eine absolute Geradlinigkeit oder Ebenflächigkeit im mathematischen Sinne aufweist. Diesem Umstand wird mit der vorliegenden Vorschrift Rechnung getragen, indem Abweichungen von den vorgeschriebenen Maßen in den Grenzen ausdrücklich für zulässig erklärt werden, die mit den genormten Maßtoleranzen im Hochbau abgesteckt sind. Sollen an die Maßgenauigkeit andere Anforderungen gestellt werden, als in den genormten Maßtoleranzen aufgezeigt, so muß dies in der Leistungsbeschreibung eindeutig festgelegt werden.

Die im vorliegenden Abschnitt zunächst genannte DIN 18201 Toleranzen im Bauwesen; Begriffe, Grundsätze, Anwendung, Prüfung (Dezember 1984) verweist in Abschnitt 4 auf DIN 18202 und DIN 18203. Unter Abschnitt 4.2 der DIN 18201 heißt es, daß die in DIN 18202 und DIN 18203 Teil 1, Teil 2 und Teil 3 angegebenen Toleranzen in der Regel angewendet werden sollen, weil ihnen diejenigen Werte zugrunde liegen, die bei sorgfältiger Vermessung und handwerklich guter Arbeit allgemein eingehalten werden können. Weiterhin wird in diesem Abschnitt darauf hingewiesen, daß bei höheren Genauigkeitsanforderungen die dafür notwendigen Maßnahmen rechtzeitig festzulegen und durch Kontrollmöglichkeiten während der Ausführung sicherzustellen sind. Die nach den Ausführungsnormen DIN 18202 und DIN 18203 allgemein einzuhaltenden Genauigkeiten stellen demnach die Grundlage für die Planung und Ausführung dar. Da es sich jedoch als notwendig oder wünschenswert erweisen kann, daß höhere Genauigkeiten gefordert werden, müssen die hierfür notwendigen Vermessungsmethoden und Maßnahmen rechtzeitig festgelegt und vertraglich geregelt werden. In aller Regel ist nämlich der Aufwand für höhere Maßgenauigkeit größer als bei Einhaltung der normalen Anforderungen.

DIN 18202 (Ausgabe Mai 1986) unterscheidet nach
- Grenzabmaßen,
- Winkeltoleranzen,
- Ebenheitstoleranzen.

Mit den *Grenzabmaßen* werden die zulässigen Maßabweichungen der Längen, Breiten, Höhen und der Öffnungen von Bauwerken erfaßt. Sie gliedern sich in
- Maße im Grundriß,
- Maße im Aufriß,
- lichte Maße im Grundriß,
- lichte Maße im Aufriß,
- Öffnungen für Fenster, Türen, Einbauelemente.

Der Begriff „Grenzabmaße" ersetzt die bisherige Bezeichnung „zulässige Abmaße". Die nach DIN 18202 zulässigen Grenzabmaße sind der Tabelle Abb. 3.1 zu entnehmen. In den Spalten 2–6 sind die Nennmaße in m, in den Zeilen 1–6 sind die Grenzmaße in mm eingetragen.

Spalte	1	2	3	4	5	6
Zeile	Bezug	Grenzabmaße in mm bei Nennmaßen in m				
		bis 3	über 3 bis 6	über 6 bis 15	über 15 bis 30	über 30
1	Maße im Grundriß, z. B. Längen, Breiten, Achs- und Rastermaße (siehe Abschnitt 5.1.1)	± 12	± 16	± 20	± 24	± 30
2	Maße im Aufriß, z. B. Geschoßhöhen, Podesthöhen, Abstände von Aufstandsflächen und Konsolen (siehe Abschnitt 5.1.2)	± 16	± 16	± 20	± 30	± 30
3	Lichte Maße im Grundriß, z. B. Maße zwischen Stützen, Pfeilern usw. (siehe Abschnitt 5.1.3)	± 16	± 20	± 24	± 30	–
4	Lichte Maße im Aufriß, z. B. unter Decken und Unterzügen (siehe Abschnitt 5.1.4)	± 20	± 20	± 30	–	–
5	Öffnungen, z. B. für Fenster, Türen, Einbauelemente (siehe Abschnitt 5.1.5)	± 12	± 16	–	–	–
6	Öffnungen wie vor, jedoch mit oberflächenfertigen Leibungen	± 10	± 12	–	–	–

Abb. 3.1 Grenzabmaße

Winkeltoleranzen, die z. B. die zulässigen Abweichungen von der Vertikalen und Horizontalen erfassen, werden in zulässigen Stichmaßen angegeben. Im Unterschied zur früheren Auslegung in DIN 18202 Blatt 4 dürfen sie mit den Werten der Tabelle Abb. 3.1 nicht zusammengezählt werden. Die nach DIN 18202 zulässigen Winkeltoleranzen sind der Tabelle Abb. 3.2 zu entnehmen.

Die Maßgenauigkeiten und zulässigen Abweichungen, die in den Tabellen Abb. 3.1 und 3.2 festgelegt werden, sind in der Regel abhängig von der Herstellung des Rohbaus. Der Nachfolgeunternehmer, also z. B. der Unternehmer der Putz- und Stuckarbeiten oder der Fliesenarbeiten oder der Hersteller des Bodenbelags, darf deshalb

Spalte	1	2	3	4	5	6	7
Zeile	Bezug	Stichmaße als Grenzwerte in mm bei Nennmaßen in m					
		bis 1	von 1 bis 3	über 3 bis 6	über 6 bis 15	über 15 bis 30	über 30
1	Vertikale, horizontale und geneigte Flächen	6	8	12	16	20	30

Abb. 3.2 Winkeltoleranzen

mit seinen Arbeiten die im Rohbau vorhandenen Abmaße der Vorleistungen nachvollziehen. Er muß jedoch erkennbare Mängel der Vorleistung im Rahmen seiner Prüfungspflicht nach Abschnitt 3.1.4 in Verbindung mit VOB Teil B § 4 Nr. 3 feststellen und dieserhalb gegenüber dem Auftraggeber rechtzeitig schriftlich vor Beginn seiner Leistung Bedenken anmelden.

Die nach DIN 18202 zulässigen *Ebenheitstoleranzen* sind der Tabelle Abb. 3.3 zu entnehmen.

Die Ebenheitstoleranzen in Tabelle Abb. 3.3 entsprechen den Werten der bisher geltenden DIN 18 202 Teil 5, weil sich diese Werte in der Praxis bewährt haben. Neu geregelt wurde die Festlegung von Meßpunkten. Generell gilt nun, daß z. B. Meßpunkte für Räume und Öffnungen im Abstand von 10 cm von den Ecken und Kanten anzulegen sind, um Ungenauigkeiten, die an diesen Stellen z. B. durch Abrundungen entstehen können, zu vermeiden.

Bei der Überprüfung der Ebenheit von Böden, Decken und Wänden werden Tief- und Höhepunkte der Flächen fixiert und die Unebenheiten durch Stichmaße festgestellt. Nunmehr ist auch durch die zeichnerische Darstellung in DIN 18 202 eindeutig festgelegt, daß die Meßpunktabstände, auf die die Grenzwerte in Tabelle Abb. 3.3 für Stichmaße bezogen werden, die Entfernung zwischen 2 Hochpunkten ist. Zwischen diesen wird an der tiefsten Stelle das Stichmaß genommen. Die Überprüfung erfolgt in der Regel mit einer Richtlatte, die auf den Hochpunkten aufgelegt wird. Der tiefste Punkt zwischen den beiden Hochpunkten wird durch das Stichmaß fest-

Spalte	1	2	3	4	5	6
Zeile	Bezug	Stichmaße als Grenzwerte in mm bei Meßpunktabständen in m bis				
		0,1	1 [1]	4 [1]	10 [1]	15 [1]
1	Nichtflächenfertige Oberseiten von Decken, Unterbeton und Unterböden	10	15	20	25	30
2	Nichtflächenfertige Oberseiten von Decken, Unterbeton und Unterböden mit erhöhten Anforderungen, z. B. zur Aufnahme von schwimmenden Estrichen, Industrieböden, Fliesen- und Plattenbelägen, Verbundestrichen Fertige Oberflächen für untergeordnete Zwecke, z. B. in Lagerräumen, Kellern	5	8	12	15	20
3	Flächenfertige Böden, z. B. Estriche als Nutzestriche, Estriche zur Aufnahme von Bodenbelägen Bodenbeläge, Fliesenbeläge, gespachtelte und geklebte Beläge	2	4	10	12	15
4	Flächenfertige Böden mit erhöhten Anforderungen, z. B. mit selbstverlaufenden Spachtelmassen	1	3	9	12	15
5	Nichtflächenfertige Wände und Unterseiten von Rohdecken	5	10	15	25	30
6	Flächenfertige Wände und Unterseiten von Decken, z. B. geputzte Wände, Wandbekleidungen, untergehängte Decken	3	5	10	20	25
7	Wie Zeile 6, jedoch mit erhöhten Anforderungen	2	3	8	15	20

[1]) Zwischenwerte sind den Bildern 1 und 2 zu entnehmen und auf ganze mm zu runden.

Abb. 3.3 Ebenheitstoleranzen

gestellt. Dabei wird der Abstand der Rasterpunkte so gewählt, wie es die Beurteilung der Fläche erfordert, also danach, ob sich die Überprüfung in der Hauptsache auf groß- oder kleinflächige Unebenheiten bezieht.

DIN 18 202 läßt nach Tabelle Abb. 3.3, Zeilen 1 bis 7, je nach Art der Oberfläche unterschiedliche Ebenheitstoleranzen zu. Weicht z. B. die Ebenheit einer 4 m langen, nichtflächenfertigen Wand (Zeile 5) um das zulässige Maß von 15 mm ab, so darf die flächenfertig geputzte Wand noch eine zulässige Abweichung von 10 mm (Zeile 6) aufweisen. Eine solche Abweichung ist durch die zulässige Toleranz in der Putzdicke (vgl. DIN 18 550 Teil 2 Abschnitt 5) ausgleichbar.

Für Putz- und Stuckarbeiten in nasser und trockener Bauweise kommen insbesondere die Toleranzwerte nach den Zeilen 6 und 7 der Tabelle Abb. 3.3 zur Anwendung. Danach gilt, daß z. B. bei einem Abstand der Meßpunkte von 4 m die Ebenflächigkeit bis zu 10 mm bei normaler Anforderung abweichen darf. Werden jedoch erhöhte Anforderungen an die Ebenflächigkeit gestellt, was bereits in der Leistungsbeschreibung anzugeben ist, so beträgt die zulässige Abweichung bei einem Abstand der Meßpunkte von 4 m nur noch 8 mm. Bei einem Abstand der Meßpunkte von 2,50 m ergibt sich der zulässige Toleranzwert, wenn normale Anforderungen gestellt werden, mit 7,5 mm und bei erhöhten Anforderungen mit 5,5 mm. Dabei gilt, daß die im Rahmen der zulässigen Toleranz liegende Abweichung nicht in einer plötzlichen Vertiefung bestehen, sondern nur in einer gleichmäßig allmählich verlaufenden Abweichung vorhanden sein darf. In DIN 18 202 ist dazu gesagt: *Bei flächenfertigen Wänden, Decken, Estrichen und Bodenbelägen sollen Sprünge und Absätze vermieden werden. Hierunter ist aber nicht die durch Flächengestaltung bedingte Struktur zu verstehen.*

Auch dann, wenn an die Ebenflächigkeit erhöhte Anforderungen gestellt werden, sind Abweichungen in begrenztem Maße zulässig. Hierauf wird in der Vorschrift ausdrücklich hingewiesen und festgelegt, daß auch bei Streiflicht sichtbar werdende Unebenheiten in den Oberflächen nicht zu beanstanden sind, wenn die Toleranzen von Tabelle Abb. 3.3 Zeile 7 eingehalten sind.

Werden an die Ebenflächigkeit erhöhte Anforderungen gestellt und wird hierauf in der Leistungsbeschreibung auch hingewiesen, so sind Putzbahnen oder Putzleisten (auch als Putzlehren bezeichnet) herzustellen. *Putzbahnen* sind ca. 10 cm breite Mörtelstreifen, die angeworfen und mit der Richt- oder Setzlatte planeben abgezogen werden. *Putzleisten* aller Art an Decken müssen auf fester Unterlage angebracht werden und nicht etwa zwischen den Planlatten oder in frei überspannten Feldern.

Als Putzleisten kann man auch fabrikmäßig hergestellte Metalleisten verwenden, die nachher wieder entfernt werden. Zur Herstellung von Gipsleisten (Pariser Leisten) wird zunächst die zu verputzende Fläche im Abstand der vorgeschriebenen Putzdicke abgeschnürt. Sodann werden Gipspunkte festgelegt, und zwar in der Weise, daß jeweils 2 Gipspunkte lotrecht übereinanderstehen (an Wänden) oder sich waagerecht gegenüberstehen (an Decken). Auf je zwei solcher Gipspunkte wird eine Richtlatte provisorisch, mit der Schmalkante auf den Gipspunkten stehend, befestigt. Der Zwischenraum zwischen Wand und angelegter Richtlatte wird mit Gipsmörtel herausgeworfen und beiderseits abgezogen. Nach dem Erhärten des Gipsmörtels wird die Richtlatte wieder abgenommen, und es entsteht ein schmaler Gipsstreifen (ca. 2,5–3 cm breit), welcher für die vorgesehene Putzdicke maßgebend ist.

3.1.6 Bewegungsfugen des Bauwerkes müssen an gleicher Stelle und mit gleicher Bewegungsmöglichkeit übernommen werden.

Bewegungsfugen in Bauwerken haben aus verschiedenen Gründen eine wichtige Funktion zu erfüllen. Damit Bewegungen des Baukörpers, die sich im Bereich vorhandener Fugen auswirken, nicht zu Schäden führen, ist es unerläßlich, daß die Fugen des Bauwerkes an gleicher Stelle und mit gleicher Bewegungsmöglichkeit in die fertige Oberfläche – auch in die dazugehörige Unterkonstruktion – übernommen werden, auch wenn dadurch die gestalterische Wirkung beeinflußt wird. Grundsätzlich müssen Fugen in der fertigen Oberfläche mit dem Verlauf der Bauwerksfugen übereinstimmen.

Das Anlegen und Ausbilden von Fugen ist, wie unter Abschnitt 0.1.45 erläutert, gesondert auszuschreiben und nach Abschnitt 5.2.2 abzurechnen.

Wenn es zur vertraglichen Leistung des Auftragnehmers gehört, Fugen elastisch auszubilden, ist darauf zu achten, daß nur Verfugungsmaterial verwendet wird, das im Hinblick auf Fugenbreite und Fugentiefe geeignet ist.

3.1.7 Deckenbekleidungen, Unterdecken, Wandbekleidungen, Vorsatzschalen und Trennwände aus Elementen, die ein regelmäßiges Raster ergeben, sind fluchtgerecht in den vorgegebenen Bezugsachsen herzustellen. Bei der Verwendung von Montagewänden aus Gipskartonplatten ist DIN 18 183 (z. Z. Entwurf) „Montagewände aus Gipskartonplatten; Ausführung von Ständerwänden" zu beachten.

Die in diesem Abschnitt angesprochenen Leistungen sind dem Bereich Trockenbau zuzuordnen, der im Abschnitt 3.5 behandelt wird. Es wird deshalb auf die Erläuterungen zu Abschnitt 3.5 verwiesen.

3.1.8 Der chemische Schutz von Bauholz ist nach DIN 68 800 Teil 3 „Holzschutz im Hochbau; vorbeugender chemischer Schutz von Vollholz" und der chemische Schutz von Holzwerkstoffen nach DIN 68 800 Teil 5 „Holzschutz im Hochbau; vorbeugender chemischer Schutz von Holzwerkstoffen" auszuführen.

Vorbeugende Maßnahmen des Holzschutzes dienen dem Zweck, Holz und Holzwerkstoffe wirkungsvoll vor Zerstörung durch Pilze, Insekten oder Feuer zu schützen und das Eindringen von Feuchtigkeit in das Holz zu verhindern. Leistungen des vorbeugenden Holzschutzes sind bereits in der Leistungsbeschreibung anzufordern (vgl. Abschnitt 0.1.39).

Bei der Verarbeitung von Vollholz und Holzwerkstoffen ist weiter zu beachten, daß der Feuchtigkeitsgehalt des Holzes beim Einbau nicht größer ist, als während der Nutzung zu erwarten.

3.2 Putze

3.2.1 Putze aus Mörtel mit mineralischen Bindemitteln mit oder ohne Zusätze sind nach DIN 18 550 Teil 2 „Putz; Putze aus Mörteln mit mineralischen Bindemitteln; Ausführung" herzustellen.

In der überarbeiteten Fassung der ATV wird darauf verzichtet, über Putzarten, den Putzaufbau, die Anzahl der Putzlagen und die Wahl des Mischungsverhältnisses besondere Festlegungen zu treffen. Statt dessen wird auf DIN 18 550 Teil 2 „Putz; Putze aus Mörteln mit mineralischen Bindemitteln; Ausführung" verwiesen. Dies bedeutet, daß Putzart, Putzaufbau, Anforderungen an den Putz, die Wahl des Mischungsverhältnisses und die Putzausführung nach DIN 18 550 Teil 2 zu erfolgen hat.

Nach der in DIN 18 550 Teil 1 „Putz; Begriffe und Anforderungen" enthaltenen Begriffsbestimmung ist unter Putz ein an Wänden und Decken ein- oder mehrlagig aufgetragener Belag aus Putzmörteln oder Beschichtungsstoffen zu verstehen, der seine endgültigen Eigenschaften erst durch Verfestigung am Baukörper erreicht. Weiter ist in DIN 18 550 Teil 1 eine Abgrenzung dahin getroffen, daß Oberflächenbehandlungen von Bauteilen, z. B. gespachtelte Glätt- oder Ausgleichsschichten, Wischputz, Schlämmputz, Bestich, Rapputz sowie Imprägnierungen und Anstriche, keine Putze im Sinne dieser Norm sind.

Putze übernehmen je nach Eigenschaften der verwendeten Bindemittel und Zuschlagstoffe und der Dicke des Mörtelbelages bestimmte bauphysikalische Aufgaben.

Zeile	Anforderung bzw. Putzanwendung	Mörtelgruppe bzw. Beschichtungsstoff-Typ für		Zusatzmittel[2]
		Unterputz	Oberputz[1]	
1		–	P I	
2		P I	P I	
3		–	P II	
4	ohne besondere Anforderung	P II	P I	
5		P II	P II	
6		P II	P Org 1	
7		–	P Org 1[3]	
8		–	P III	
9		P I	P I	erforderlich
10		–	P I c	erforderlich
11		–	P II	
12		P II	P I	
13	wasserhemmend	P II	P II	
14		P II	P Org 1	
15		–	P Org 1[3]	
16		–	P III[3]	
17		P I c	P I	erforderlich
18		P II	P I	erforderlich
19		–	P I c[4]	erforderlich[2]
20		–	P II[4]	
21	wasserabweisend[5]	P II	P II	erforderlich
22		P II	P Org 1	
23		–	P Org 1[3]	
24		–	P III[3]	
25		–	P II	
26		P II	P II	
27	erhöhte Festigkeit	P II	P Org 1	
28		–	P Org 1[3]	
29		–	P III	
30	Kellerwand-Außenputz	–	P III	
31		–	P III	
32	Außensockelputz	P III	P III	
33		P III	P Org 1	
34		–	P Org 1[3]	

1) Oberputze können mit abschließender Oberflächengestaltung oder ohne diese ausgeführt werden (z. B. bei zu beschichtenden Flächen).
2) Eignungsnachweis erforderlich (siehe DIN 18 550 Teil 2, Ausgabe Januar 1985, Abschnitt 3.4).
3) Nur bei Beton mit geschlossenem Gefüge als Putzgrund.
4) Nur mit Eignungsnachweis am Putzsystem zulässig.
5) Oberputze mit geriebener Struktur können besondere Maßnahmen erforderlich machen.

Abb. 3.4 Putzsysteme für Außenputze (Fassaden)

Zeile	Mörtelgruppe bzw. Beschichtungsstoff-Typ bei Decken ohne bzw. mit Putzträger		
	Einbettung des Putzträgers	Unterputz	Oberputz [1]
1	–	P II	P I
2	P II	P II	P I
3	–	P II	P II
4	P II	P II	P II
5	–	P II	P IV [2]
6	P II	P II	P IV [2]
7	–	P II	P Org 1
8	P II	P II	P Org 1
9	–	–	P III
10	–	P III	P III
11	P III	P III	P II
12	P III	P II	P II
13	–	P III	P Org 1
14	P III	P III	P Org 1
15	P III	P II	P Org 1
16	–	–	P IV [2]
17	P IV [2]	–	P IV [2]
18	–	P IV [2]	P IV [2]
19	P IV [2]	P IV [2]	P IV [2]
20	–	–	P Org 1 [3]

[1] Oberputze können mit abschließender Oberflächengestaltung oder ohne diese ausgeführt werden (z. B. bei zu beschichtenden Flächen).
[2] Nur an feuchtigkeitsgeschützten Flächen.
[3] Nur bei Beton mit geschlossenem Gefüge als Putzgrund.

Abb. 3.5 Putzsysteme für Außendeckenputze (z. B. Balkonuntersichten, Laubengänge, Tiefgaragenabfahrten)

In Abschnitt 3.4 der DIN 18 550 Teil 1 wird nach folgenden Putzarten unterschieden:
- Putze, die allgemeinen Anforderungen genügen;
- Putze, die zusätzlichen Anforderungen genügen:
  wasserhemmender Putz,
  wasserabweisender Putz,
  Außenputz mit erhöhter Festigkeit,
  Innenwandputz mit erhöhter Abriebfestigkeit,
  Innenwand- und Innendeckenputz für Feuchträume;
- Putze für Sonderzwecke:
  Wärmedämmputz,
  Putz als Brandschutzbekleidung,
  Putz mit erhöhter Strahlungsabsorption.

Die an einen Putz zu stellenden Anforderungen sind vom Putzsystem in seiner Gesamtheit zu erfüllen.

Für den Aufbau von Putzen mit mineralischen Bindemitteln gilt nach Abschnitt 5.1 der DIN 18 550 Teil 1, daß die Festigkeit des Oberputzes geringer sein soll als die Festigkeit des Unterputzes oder daß beide Putzlagen die gleiche Festigkeit haben sollen.

Die nach Abschnitt 4 der DIN 18 550 Teil 1 an den Putz zu stellenden Anforderungen gelten nach Abschnitt 5.2 der DIN 18 550 Teil 1 ohne weiteren Nachweis dann als erfüllt, wenn die in den Tabellen 3 bis 6 der DIN 18 550 Teil 1 (vgl. Abb. 3.4–3.7) genannten Putzsysteme regelgerecht zur Anwendung kommen.

Zeile	Anforderungen bzw. Putzanwendung	Mörtelgruppe bzw. Beschichtungsstoff-Typ für Unterputz	Oberputz 1) 2)
1	nur geringe Beanspruchung	–	P I a, b
2		P I a, b	P I a, b
3		P II	P I a, b, P IV d
4		P IV	P I a, b, P IV d
5	übliche Beanspruchung 3)	–	P I c
6		P I c	P I c
7		–	P II
8		P II	P I c, P II, P IV a, b, c, P V, P Org 1, P Org 2
9		–	P III
10		P III	P I c, P II, P III, P Org 1, P Org 2
11		–	P IV a, b, c
12		P IV a, b, c	P IV a, b, c, P Org 1, P Org 2
13		–	P V
14		P V	P V, P Org 1, P Org 2
15		–	P Org 1, P Org 2 4)
16	Feuchträume 5)	–	P I
17		P I	P I
18		–	P II
19		P II	P I, P II, P Org 1
20		–	P III
21		P III	P II, P III, P Org 1
22		–	P Org 1 4)

1) Bei mehreren genannten Mörtelgruppen ist jeweils nur eine als Oberputz zu verwenden.
2) Oberputze können mit abschließender Oberflächengestaltung oder ohne diese ausgeführt werden (z. B. bei zu beschichtenden Flächen).
3) Schließt die Anwendung bei geringer Beanspruchung ein.
4) Nur bei Beton mit geschlossenem Gefüge als Putzgrund.
5) Hierzu zählen nicht häusliche Küchen und Bäder (siehe Abschnitt 4.2.3.3).

Abb. 3.6 Putzsysteme für Innenwandputze

Zeile	Anforderungen bzw. Putzanwendung	Mörtelgruppe bzw. Beschichtungsstoff-Typ für Unterputz	Oberputz 2) 3)
1	nur geringe Beanspruchung	–	P I a, b
2		P I a, b	P I a, b
3		P II	P I a, b, P IV d
4		P IV	P I a, b, P IV d
5	übliche Beanspruchung 4)	–	P I c
6		P I c	P I c
7		–	P II
8		P II	P I c, P II, P IV a, b, c, P Org 1, P Org 2
9		–	P IV a, b, c
10		P IV a, b, c	P IV a, b, c, P Org 1, P Org 2
11		–	P V
12		P V	P V, P Org 1, P Org 2
13		–	P Org 1 5), P Org 2 5)
14	Feuchträume 6)	–	P I
15		P I	P I
16		–	P II
17		P II	P I, P II, P Org 1
18		–	P III
19		P III	P II, P III, P Org 1
20		–	P Org 1 5)

1) Bei Innendeckenputzen auf Putzträgern ist gegebenenfalls der Putzträger vor dem Aufbringen des Unterputzes in Mörtel einzubetten. Als Mörtel ist Mörtel mindestens gleicher Festigkeit wie für den Unterputz zu verwenden.
2) Bei mehreren genannten Mörtelgruppen ist jeweils nur eine als Oberputz zu verwenden.
3) Oberputze können mit abschließender Oberflächengestaltung oder ohne diese ausgeführt werden (z. B. bei zu beschichtenden Flächen).
4) Schließt die Anwendung bei geringer Beanspruchung ein.
5) Nur bei Beton mit geschlossenem Gefüge als Putzgrund.
6) Hierzu zählen nicht häusliche Küchen und Bäder (siehe Abschnitt 4.2.3.3).

Abb. 3.7 Putzsysteme für Innendeckenputze[1])

Putzmörtelgruppe [1]	Art der Bindemittel
P I	Luftkalke [2], Wasserkalke, Hydraulische Kalke
P II	Hochhydraulische Kalke, Putz- und Mauerbinder, Kalk-Zement-Gemische
P III	Zemente
P IV	Baugipse ohne und mit Anteilen an Baukalk
P V	Anhydritbinder ohne und mit Anteilen an Baukalk

[1] Weitergehende Aufgliederung der Putzmörtelgruppen siehe DIN 18 550 Teil 2, Ausgabe Januar 1985, Tabelle 3.

[2] Ein begrenzter Zementzusatz ist zulässig.

Abb. 3.8 Putzmörtelgruppen

Putzmörtel werden entsprechend der Tabelle 1 der DIN 18 550 Teil 1 den Mörtelgruppen P I–P V zugeordnet (vgl. Abb. 3.8).

Die Typisierung von Beschichtungsstoffen für Kunstharzputze nach Tabelle 2 der DIN 18 550 Teil 1 ist der Tabelle Abb. 3.9 zu entnehmen.

Beschichtungsstoff-Typ	für Kunstharzputz als
P Org 1	Außen- und Innenputz
P Org 2	Innenputz

Abb. 3.9 Beschichtungsstoff-Typen für Kunstharzputze

Der Putzaufbau richtet sich jeweils nach den Anforderungen, die an den Putz gestellt werden, und nach der Beschaffenheit des Untergrundes. Die Mörtelherstellung mit geeigneten Bindemitteln und Zuschlagstoffen entsprechend der Verwendungsmöglichkeit ist nach Tabelle 3 der DIN 18 550 Teil 2 (vgl. Tabelle Abb. 3.10) vorzunehmen.

Die Mörtelherstellung kann von Hand oder mit der Maschine erfolgen. Zur Verarbeitung kommen auch werksmäßig hergestellte Putzsysteme. Werkmörtel unterliegen einer Überwachung. Herstellung, Überwachung und Lieferung von Werkmörtel ist in DIN 18 557 geregelt.

Für die Zubereitung des Mörtels gilt, daß die Mörtelstoffe innig miteinander zu vermengen sind. Abschnitt 3.3 der DIN 18 550 Teil 2 enthält deshalb den Hinweis, daß die Maschinenmischung der Handmischung vorzuziehen ist.

Für die Putzdicke ist in Abschnitt 5 der DIN 18 550 Teil 2 festgelegt, daß die mittlere Dicke von Putzen, die allgemeinen Anforderungen genügen,
- außen 20 mm (zulässige Mindestdicke 15 mm),
- innen 15 mm (zulässige Mindestdicke 10 mm),

betragen muß und daß bei
- einlagigen Innenputzen aus Werk-Trockenmörtel 10 mm ausreichend sind (zulässige Mindestdicke 5 mm).

Zeile	Mörtelgruppe		Mörtelart	Baukalke DIN 1060 Teil 1				Putz- und Mauerbinder DIN 4211	Zement DIN 1164 Teil 1	Baugipse ohne werksseitig beigegebene Zusätze DIN 1168 Teil 1		Anhydritbinder DIN 4208	Sand [1]
				Luftkalk Wasserkalk		Hydraulischer Kalk	Hochhydraulischer Kalk						
				Kalkteig	Kalkhydrat					Stuckgips	Putzgips		
1	P I	a	Luftkalkmörtel	1,0 [2]									3,5 bis 4,5
2	P I	a	Luftkalkmörtel		1,0 [2]								3,0 bis 4,0
3	P I	b	Wasserkalkmörtel	1,0									3,5 bis 4,5
4	P I	b	Wasserkalkmörtel		1,0								3,0 bis 4,0
5	P I	c	Mörtel mit hydraulischem Kalk			1,0							3,0 bis 4,0
6	P II	a	Mörtel mit hochhydraulischem Kalk oder Mörtel mit Putz- und Mauerbinder				1,0 oder 1,0						3,0 bis 4,0
7	P II	b	Kalkzementmörtel	1,5 oder 2,0					1,0				9,0 bis 11,0
8	P III	a	Zementmörtel mit Zusatz von Kalkhydrat		≤0,5				2,0				6,0 bis 8,0
9	P III	b	Zementmörtel						1,0				3,0 bis 4,0
10	P IV	a	Gipsmörtel							1,0 [3]			–
11	P IV	b	Gipssandmörtel							1,0 [3] oder 1,0 [3]			1,0 bis 3,0
12	P IV	c	Gipskalkmörtel	1,0 oder 1,0						0,5 bis 1,0 oder 1,0 bis 2,0			3,0 bis 4,0
13	P IV	d	Kalkgipsmörtel	1,0 oder 1,0						0,1 bis 0,2 oder 0,2 bis 0,5			3,0 bis 4,0
14	P V	a	Anhydritmörtel									1,0	≤2,5
15	P V	b	Anhydritkalkmörtel	1,0 oder 1,5								3,0	12,0

1) Die Werte dieser Tabelle gelten nur für mineralische Zuschläge mit dichtem Gefüge.
2) Ein begrenzter Zementzusatz ist zulässig.
3) Um die Geschmeidigkeit zu verbessern, kann Weißkalk in geringen Mengen, zur Regelung der Versteifungszeiten können Verzögerer zugesetzt werden.

Abb. 3.10 Mischungsverhältnisse in Raumteilen

Einlagige wasserabweisende Putze aus Werkmörtel sollen an Außenflächen eine mittlere Dicke von 15 mm (zulässige Mindestdicke 10 mm) aufweisen.

Die Mindestdicke von Wärmedämmputzen muß 20 mm betragen.

Bei der Ausführung von Putzen sind mögliche Witterungseinflüsse zu beachten. Außenputze dürfen nicht hergestellt werden, wenn die Temperatur auf 0 °C absinkt oder Frostgefahr zu erwarten ist, es sei denn, daß in ausreichendem Maße Winterschutzmaßnahmen getroffen sind.

Innenputzarbeiten erfordern eine Mindesttemperatur von + 5 °C, ebenso die Verarbeitung von Kunstharzputzen.

Der Putzgrund ist vor der Putzausführung auf seine Beschaffenheit und Eignung zu überprüfen (vgl. Erläuterungen zu Abschnitt 3.1.4). Besondere Maßnahmen zur Vorbereitung des Putzgrundes, z. B. Aufbringen eines Spritzbewurfs oder Auftragen einer Haftbrücke, sind bereits in der Leistungsbeschreibung anzufordern, weil es sich hierbei für den Auftragnehmer um eine besondere Leistung handelt, für die er eine gesonderte Vergütung zu beanspruchen hat, wenn er den Anspruch gemäß VOB Teil B § 2 Nr. 6 rechtzeitig vor der Ausführung dem Auftraggeber ankündigt.

Bei stark saugendem Putzgrund ist im Regelfall ein volldeckender Spritzbewurf oder eine entsprechende Vorbehandlung (z. B. Aufbrennsperre) erforderlich. Bei schwach saugendem Putzgrund ist in der Regel ein nicht volldeckender Spritzbewurf oder eine entsprechende Vorbehandlung (z. B. Anstrich mit einem Haftmittel) für die spätere Haftung des Putzes ausreichend.

Besteht jedoch der Putzgrund aus unterschiedlichen Baustoffen, ist ein volldeckender Spritzbewurf erforderlich.

Bei Beton als Putzgrund ist zur Putzgrundvorbereitung in der Regel ein Spritzbewurf mit Mörtel der Mörtelgruppe PIII oder das Auftragen einer Haftbrücke erforderlich.

Holz- und Stahlteile sind als Putzgrund ungeeignet. Sie müssen mit einem Putzträger überspannt werden, wobei dies für den Auftragnehmer eine besondere Leistung darstellt, für die er unter den Voraussetzungen des § 2 Nr. 6 VOB Teil B Anspruch auf gesonderte Vergütung hat.

Putzträger müssen normgerecht und nach den Vorschriften der Herstellerwerke befestigt werden. Wenn einzelne Bauteile, die als Putzgrund ungeeignet sind, mit einem Putzträger überspannt werden, muß dieser allseitig mindestens 100 mm auf den umgebenden geeigneten Putzgrund übergreifen und auf diesem befestigt werden.

Ist zur Verbesserung der Zugfestigkeit des Putzes eine Putzbewehrung einzubringen, so ist diese in die zugbelastete Zone des Putzes (äußeres Drittel der Putzdicke) einzulegen, und die Stöße des Bewehrungsgewebes sind mindestens 100 mm zu überlappen. Bezüglich der Beschaffenheit von Putzbewehrungen wird auf die Erläuterungen zu Abschnitt 2.2.4 verwiesen.

Beim Aufbringen des Mörtels ist darauf zu achten, daß die nachfolgende Putzlage erst aufgebracht werden darf, wenn die vorhergehende ausreichend trocken und so fest ist, daß die neue Putzlage an ihr haften kann. Auf einen Spritzbewurf darf die erste Putzlage frühestens zwölf Stunden nach dessen Herstellung aufgetragen werden.

3.2.2 Kunstharzputze sind nach DIN 18 558 „Kunstharzputze; Begriffe, Anforderung" herzustellen.

Laut Definition in Abschnitt 3.1 der DIN 18 558 sind Kunstharzputze „Beschichtungen mit putzartigem Aussehen".

Kunstharzputze sind dadurch charakterisiert, daß das Bindemittel aus Kunstharzen (in Form von Dispersionen oder Lösungen) besteht. Deshalb wäre die zutreffende Bezeichnung eigentlich „kunstharzgebundene Putze".

Kunstharzputze im Sinne der DIN 18 558 werden auf Wand- und Deckenflächen als Oberputz auf einem Unterputz aus Mörteln mit mineralischen Bindemitteln oder auf Beton mit geschlossenem Gefüge verwendet. Für Kunstharzputze ist zu beachten, daß sie grundsätzlich einen vorherigen Grundanstrich erfordern.

Kunstharzputze werden im Werk gefertigt und in Gebinden verarbeitungsfertig geliefert. Bei der Verarbeitung dürfen ihnen Verdünnungsmittel (Wasser, Lösungsmittel) zur Regulierung der Konsistenz nur in geringer Menge zugegeben werden.

Kunstharzputze werden nach der unterschiedlichen Lage am bzw. im Bauwerk unterteilt:

a) Außenputz
- auf aufgehenden Flächen,
- für Sockel im Bereich oberhalb der Anschüttung,
- für Deckenuntersichten;

Kunstharzputze als oberste Putzlage an Außenflächen müssen
- witterungsbeständig,
- frostbeständig,
- wasserabweisend und
- alkalibeständig

sein. Dies ist der Fall, wenn Putzsysteme verwendet werden, wie sie in den nachstehenden Tabellen Abb. 3.11 und 3.12 genannt sind.

Zeile	Anforderung	Mörtelgruppe für Unterputz	Beschichtungsstoff-Typ für Oberputz
1 2	ohne besondere Anforderung	P II –	P Org 1 P Org 1 [1]
3 4	wasserhemmend	P II –	P Org 1 P Org 1 [1]
5 6	wasserabweisend	P II –	P Org 1 P Org 1 [1]
7 8	erhöhte Festigkeit	P II –	P Org 1 P Org 1 [1]
9 10	Außensockelputz	P III –	P Org 1 P Org 1 [1]

[1] Nur bei Beton als Putzgrund

Abb. 3.11 Putzsysteme für Außenwandflächen mit Kunstharzputz als Oberputz

Zeile	Mörtelgruppen bei Decken ohne bzw. mit Putzträger		Beschichtungs-stoff-Typ für Oberputz
	Einbettung des Putzträgers	Unterputz	
1	–	P II	P Org 1
2	P II	P II	P Org 1
3	–	P III	P Org 1
4	P III	P III	P Org 1
5	P III	P II	P Org 1
6	–	–	P Org 1 1)

1) Nur bei Beton als Putzgrund

Abb. 3.12 Putzsysteme für Außendecken (Untersichten) mit Kunstharzputz als Oberputz

Werden an die Festigkeit von Kunstharzputzen für Außenflächen erhöhte Anforderungen gestellt, muß der Untergrund entweder aus Beton mit geschlossenem Gefüge bestehen, oder es muß ein mineralischer Unterputz der Mörtelgruppe PII oder PIII (vgl. Tabelle Abb. 3.8) vorhanden sein.

b) für Wände in Räumen mit üblicher Luftfeuchte einschließlich der häuslichen Küchen und Bäder,
   - für Wände in Feuchträumen,
   - für Decken in Räumen mit üblicher Luftfeuchte einschließlich der häuslichen Küchen und Bäder,
   - für Decken in Feuchträumen.

   Kunstharzputze als oberste Putzlage an Innenflächen für übliche Beanspruchung sind gegeben, wenn Putzsysteme verwendet werden, wie sie in den nachstehenden Tabellen Abb. 3.13 und 3.14 jeweils Zeile 1 bis 5, aufgezeigt sind. In Feuchträumen dürfen nur Kunstharzputze des Typs P Org 1 (vgl. Tab. Abb. 3.9) auf Beton oder auf Unterputzen der Mörtelgruppen PII und PIII verwendet werden.

Zeile	Anforderung	Mörtelgruppe für Unterputz	Beschichtungs-stoff-Typ für Oberputz 1)
1	übliche Bean-spruchung 2)	P II	P Org 1, P Org 2
2		P III	P Org 1, P Org 2
3		P IV a, b, c	P Org 1, P Org 2
4		P V	P Org 1, P Org 2
5		–	P Org 1, P Org 2 3)
6	Feucht-räume 4)	P II	P Org 1
7		P III	P Org 1

1) Bei mehreren genannten Typen ist jeweils nur eine als Oberputz zu verwenden.
2) Schließt die Anwendung bei geringer Beanspruchung ein
3) Nur bei Beton als Putzgrund
4) Hierzu zählen nicht häusliche Küchen und Bäder.

Abb. 3.13 Putzsysteme für Innenwandflächen mit Kunstharzputz als Oberputz

Zeile	Anforderung	Mörtelgruppe für Unterputz	Beschichtungs-stoff-Typ für Oberputz [1])
1	übliche Beanspruchung [2])	P II	P Org 1, P Org 2
2		P III	P Org 1, P Org 2
3		P IV a, b, c	P Org 1, P Org 2
4		P V	P Org 1, P Org 2
5		–	P Org 1, P Org 2 [3])
6	Feucht-räume [4])	P II	P Org 1
7		P III	P Org 1
8		–	P Org 1 [3])

1) Bei mehreren genannten Typen ist jeweils nur eine als Oberputz zu verwenden.
2) Schließt die Anwendung bei geringer Beanspruchung ein
3) Nur bei Beton als Putzgrund
4) Hierzu zählen nicht häusliche Küchen und Bäder.

Abb. 3.14 Putzsysteme für Innendecken ohne Putzträger mit Kunstharzputz als Oberputz

Ebenso wie bei Putzen aus Mörteln mit mineralischen Bindemitteln lassen sich auch bei Kunstharzputzen verschiedenartige Oberflächenstrukturen und -effekte je nach der Art des Beschichtungsstoffes, der Korngröße, des Auftragverfahrens und der Oberflächenbehandlung erzielen. Danach werden unterschieden:
- Kratzputz,
- Reibeputz,
- Rillenputz,
- Spritzputz,
- Rollputz,
- Buntsteinputz,
- Modellierputz,
- Streichputz.

Bei der Verarbeitung von Kunstharzputzen darf die Temperatur des Untergrundes und der umgebenden Luft nicht weniger als + 5 °C betragen. Bei der Herstellung von Kunstharzputzen sind die Verarbeitungsrichtlinien des Herstellerwerks, auch bezüglich der Prüfung des Untergrundes, zu beachten.

Werden andere als in den Tabellen Abb. 3.11–3.14 angegebene Putzsysteme angewandt, sind gesonderte Eignungsprüfungen für das gewählte Putzsystem durchzuführen.

3.2.3 Putze sind als geriebene Putze auszuführen, wenn in der Leistungsbeschreibung nichts anderes vorgeschrieben ist.

Als Regelausführung ist in diesem Abschnitt vorgesehen, daß Putze dann als geriebene Putze auszuführen sind, wenn in der Leistungsbeschreibung nichts anderes vorgeschrieben ist. Damit ist die Oberflächenbehandlung und -gestaltung des fertigen Putzes angesprochen. Für die Oberflächenbehandlung des Putzes kommen verschiedenartige Techniken zur Anwendung, z. B.
- Abreiben,
- Abscheiben,

Erläuterungen

- Abfilzen,
- Abglätten (auch als Abstucken bezeichnet);
- Abbügeln.

Für die Unterscheidung ist im einzelnen zu beachten:
- Abreiben:
  Die in der Oberfläche des planeben aufgetragenen Putzes zurückgebliebenen Nester sind so zu bearbeiten bzw. zu verreiben, daß eine geschlossene, einheitliche Oberfläche entsteht. Ein besonderer Feinputzauftrag erfolgt hier also nicht.

- Abscheiben und Abfilzen:
  Bei der Ausführung als abgescheibter oder abgefilzter Putz wird ein besonderer Feinputz (Oberputz) als weitere Putzlage aufgebracht. Die Mörtelzusammensetzung des Feinputzes richtet sich nach der Beschaffenheit des Unterputzes und nach der gewünschten Art der Oberfläche.
  Gefilzter Putz wird aus einem Mörtel aus feingesiebten Zuschlagstoffen dadurch hergestellt, daß die Oberfläche mit einer angefeuchteten Filzscheibe abgefilzt oder maschinell mit einer Schwammscheibe verrieben wird, so daß eine gleichmäßige, feinkörnige Oberfläche entsteht, wobei die durch die Technik des Verreibens bedingten Scheibenzüge noch erkennbar zurückbleiben dürfen.

- Abglätten:
  Geglätteter Putz bedingt einen Feinputzüberzug, der aus einem kornlosen Material hergestellt werden muß. Die Materialzusammensetzung für diesen Feinputzüberzug ist regional verschieden; teilweise wird reiner Gipsbrei oder Stuckgips aus einer Mischung von Stuckgips und eingesumpftem Weißkalk (Stuckmischung), teilweise wird Kalkbrei verwendet. Bei Verwendung von Stuckgips ist ein Zusatz von Leim (Hartstuck) möglich. Das Glätten erfolgt mit der Glättkelle. Um Unebenheiten zu vermeiden, wird das Feinputzgemisch in der Längs- und Querrichtung aufgetragen, jedoch ist der abschließende Glättzug nur in der Lichtrichtung auszuführen. Diese Verarbeitungstechnik ist insbesondere in Räumen mit indirekter Beleuchtung anzuwenden, wobei es sich weiter empfiehlt, den Unterputz auf Pariser Leisten oder Putzbahnen auszuführen.

- Abbügeln:
  Gebügelter Putz besagt, daß der Putz mit gewärmtem Stahl bearbeitet bzw. geglättet wird (vgl. auch Erläuterungen zu Abschnitt 3.4.4).

Putze mit dekorativer Oberfläche und Farbgebung oder mit besonderer Struktur und Farbgebung werden u. a. in folgende Gruppen gegliedert:
- Naturputz:
  Darunter ist ein Putz zu verstehen, der seine Farbe allein durch die gewählten Bindemittel und Zuschlagstoffe erhält,
- Gefärbter Putz:
  Bei gefärbtem Putz wird die gewünschte Farbe dem Fertigputzmörtel (Oberputzmörtel) bei der Mörtelbereitung zugesetzt oder werkseitig beigegeben.
- Anstreichen oder Aufspritzen der Farbe: Die Farbe kann auch durch Anstreichen oder Aufspritzen auf den Fertigputz angebracht werden. Als Farbbindemittel werden verwendet:
  Kalke, Kunstharze, Zemente, Silikate und dergleichen.

Während der Innenputz auf Wänden und Decken in der Regel eben, wasserdampfdurchlässig und leicht saugend und für den nachfolgenden Anstrich oder die Aufnahme von Tapeten geeignet sein soll, wenn in der Leistungsbeschreibung keine anderen Anforderungen genannt werden, bestimmt sich die Oberflächenbeschaffenheit des Putzes an Außenflächen vielfach nach gestalterischen Gesichtspunkten. Folgende Techniken seien hierfür beispielhaft genannt:
- geriebener Putz erhält seine Struktur durch waagerechtes, senkrechtes oder kreisförmiges Reiben mit dem Mörtelbrett;
- Kellenwurf erhält seine Struktur durch einmaliges oder mehrmaliges Bewerfen;
- Kellenstrich erhält eine Struktur, die mit Spachtel, Kelle oder Traufel fächer- oder schuppenartig hergestellt wird;
- Münchner Rauhputz erhält seine Struktur durch eigens dafür ausgewähltes Rieselmaterial (rundes Quarzriesel o. ä.) in verschiedenen Körnungen;
- Kratzputz (Rackelputz) erhält seine Struktur, indem er entsprechend seiner Korngröße in gleichmäßiger Dicke, naß in naß und ohne Nester angetragen, gleichmäßig verrieben und nach einer entsprechenden Abbindezeit gekratzt wird.

Die Regelausführung als geriebener Putz gilt dann, wenn in der Leistungsbeschreibung nichts anderes vorgeschrieben ist.

3.3 Bauteile aus Drahtputz

Bauteile aus Drahtputz sind nach DIN 4121 „Hängende Drahtputzdecken; Putzdecken mit Metallputzträgern, Rabitzdecken, Anforderungen für die Ausführung“ herzustellen. Für die Ausführung der Oberflächen gilt Abschnitt 3.2.3.

Bauteile aus Drahtputz an Wänden und Decken sind nach DIN 4121 wie folgt herzustellen:
Nach dem straffen Spannen des Rabitzgewebes bzw. Heften und Vernähen der Rabitzmatten wird die so vorbereitete Putzträgerfläche mit Mörtel ausgedrückt. Ebenfalls geeignete Putzträger sind z. B. Streckmetall, Drahtziegelgewebe u. a.

Als Mörtel kann sowohl Gips-, Kalk- oder Zementmörtel unter Beimengung von Haaren oder Fasern verwendet werden. Dieser erste Auftrag ist kräftig aufzurauhen, damit eine griffige Fläche für eine gute Haftung der nachfolgenden Putzlage entsteht. Bei Ausführung in Kalk- oder Zementmörtel muß die aufgetragene Fläche gut abgetrocknet und aufgerauht sein, ehe die nächste Putzlage aufgetragen wird. Bei Verwendung von Kalk- und Zementmörtel sind bei Flächen über 25 m² Dehnungsfugen unerläßlich. Bei gewölbten Flächen sind genaue Zeichnungen mit Details erforderlich, die bereits bei der Ausschreibung der Leistungsbeschreibung zugrunde zu legen sind. Der für solche Arbeiten erforderliche Nachweis für die Tragfähigkeit der Baukonstruktion, an der die Rabitzdecken (auch Gewölbe) aufzuhängen sind, ist Sache des Auftraggebers. Muß der Auftragnehmer jedoch im Rahmen seiner Prüfungspflicht Bedenken hinsichtlich der Tragfähigkeit haben, ist er verpflichtet, diese Bedenken vor Beginn der Arbeiten dem Auftraggeber schriftlich mitzuteilen.

Für das Verputzen von Rabitz- und Anwurfwänden sind in der Leistungsbeschreibung Hinweise zu geben, ob die Wände einseitig oder beidseitig zu verputzen sind, wobei im letzteren Falle auch die Dicke der Rabitzwände anzugeben ist.

3.4 Stuck

Unter den Begriff Stuck fallen alle Arbeiten, die mit Gips-, Gipskalk- oder Kalkgipsmörtel in zweckentsprechender Mischung im Profil gezogen, in Formen gegossen oder an Ort und Stelle nach Vorlage oder Zeichnung angetragen werden. Zug- und Antragarbeiten können auch in Zementmörtel ausgeführt werden, sofern dies die Bauverhältnisse erfordern. Es handelt sich vornehmlich um Schmuck- oder Zweckformen, z. B. für indirekte Beleuchtungen, Verdecken von Heizungs- und Lüftungsanlagen usw., die zur besonderen Ausgestaltung von Räumen und Bauwerken ausgeführt werden.

In jedem Fall ist darauf zu achten, daß gewichtsmäßig schwere Stuckteile sowohl bei Antragarbeiten als auch bei gezogenen oder gegossenen Stuckarbeiten durch Bügel, Knüppel oder Trageeisen ausreichend armiert und dauerhaft befestigt, d. h. gesichert werden, damit sie weder im Ganzen noch in Stücken abfallen können.

3.4.1 Gezogener und vorgefertigter Stuck

Gezogene Profile mit einer Stuckdicke von mehr als 5 cm sind auf einer Drahtputzunterkonstruktion auszuführen. Vorgefertigte Stuckteile sind mit Kleber und/oder mit Schrauben auf Dübeln oder mit verzinkten Drähten zu befestigen. Geformte Stuckteile für Außenflächen sind in Kalkzementmörtel auszuführen, wenn in der Leistungsbeschreibung nichts anderes vorgeschrieben ist, z. B. Gips.

Für die Ausführung gezogener Profile gilt: Nach einer gegebenen Zeichnung wird eine Blechschablone in negativer Form hergestellt, wobei darauf zu achten ist, daß die Kanten sorgfältig geschliffen werden. Die Blechschablone wird zur Verstärkung auf ein ebenfalls nach dieser Zeichnung ausgeschnittenes Brett so aufgenagelt, daß das Blech ca. 3 mm vorsteht. Dieses auf dem Brett befestigte Schablonenblech wird mit einem Schlitten verbunden und mit einer oder zwei Streben, die zugleich als Handgriffe für die Schablone dienen, versteift. Mit dieser Schablone können Profile sowohl auf dem Zugtisch als auch unmittelbar an Wand und Decke gezogen werden. Derart gezogener Stuck zeichnet sich dadurch aus, daß die Profilierung, insbesondere die Kanten, scharf und genau erscheinen. Solche Stuckteile können sowohl in gerader als auch in gebogener Form gezogen werden. Bei Stuckformen mit vielen Wiederkehren und Verkröpfungen empfiehlt es sich, die Stuckform auf dem Zugtisch zu ziehen, die Gehrungen anzuschneiden und einzusetzen, so daß sich das Zuputzen auf ein Mindestmaß beschränkt. Um Kosten zu sparen, können Stuckteile auch durch Formen und Gießen vervielfältigt werden. Die Negativformen werden teils in Gips-, teils in Leim- oder Kunststofformen hergestellt. Solche gegossenen Stuckteile unterscheiden sich aber wesentlich von den gezogenen dadurch, daß sie nicht die gleiche scharfe Linienführung und Profilierung aufweisen.

Beträgt die Stuckdicke bei gezogenen Profilen mehr als 5 cm, so sind sie auf einer Drahtputzunterkonstruktion auszuführen. Für die Herstellung derartiger Drahtputzunterkonstruktionen gilt Abschnitt 3.3.

Vorgefertigte Stuckteile werden auf dem Markt in vielseitiger Auswahl angeboten. Sie sind, entsprechend ihrer Form und ihrem Gewicht, entweder mit Kleber oder mit Kleber und Schrauben oder mit Schrauben auf Dübeln oder mit verzinkten Drähten zu befestigen.

Geformte Stuckteile für Außenflächen sind dann in Kalkzementmörtel auszuführen, wenn nach der Leistungsbeschreibung eine andere Ausführung, z. B. in Gips, nicht vorgesehen ist.

3.4.2 Angetragener Stuckmarmor

Der trockene und sorgfältig gereinigte Untergrund ist anzunetzen und mit einem nicht zu dünnen, mit Leimwasser vermengten Spritzbewurf aus Gipsmörtel zu versehen. Der Untergrund (Marmorgrund) ist mit rauher Oberfläche 2–3 cm dick aus dafür geeignetem Stuckgips unter Zusatz von Leimwasser (Abbindezeit 2–3 Stunden) oder aus anderem, langsam bindendem Hartgips und reinem scharfem Sand herzustellen und nötigenfalls durch Abkämmen aufzurauhen. Der vollständig ausgetrockente Marmorgrund ist mit Wasser anzunetzen. Der Stuckmarmor ist nach den Vorschriften der Hersteller der Stoffe aus feinstem Alabaster-Gips oder Marmorgips unter Beimischung geeigneter licht- und kalkechter Farbpigmente herzustellen, aufzutragen, mehrmals im Wechsel zu spachteln und zu schleifen, bis die verlangte matte oder polierte geschlossene Oberfläche erzielt ist. Die Oberfläche ist nach dem völligen Austrocknen zu wachsen und muß in Struktur und Farbe dem nachzuahmenden Marmor entsprechen.

Die Beschreibung des Stuckmarmors rechtfertigt sich u. a. daraus, daß diese früher häufig angewendete Stucktechnik auch heute noch bei der Wiederherstellung historischer Bauten unentbehrlich ist. Stuckmarmorarbeiten gelten als Spezialarbeiten und erfordern besondere Fachkenntnisse.

3.4.3 Geformter Stuckmarmor

Formstücke und Profile aus Stuckmarmor sind nach dem Freilegen aus der Negativform in ihren Verzierungen passend zu beschneiden, im Wechsel mehrmals zu spachteln und zu schleifen und in der vorgeschriebenen Form und Oberfläche, matt oder poliert, herzustellen. Metalleinlagen müssen korrosionsgeschützt sein. Formstücke und Profile sind mit Kleber und/oder mit korrosionsgeschützten Schrauben am Mauerwerk auf Dübeln oder mit Steinschrauben zu befestigen, wenn in der Leistungsbeschreibung nichts anderes vorgeschrieben ist. Die Oberfläche ist, soweit erforderlich, nachzuschleifen und nach völligem Austrocknen zu wachsen.

3.4.4 Stukkolustro

Auf vorbereitetem Untergrund ist ein 2–3 cm dicker, rauher Unterputz aus lange gelagertem, fettem Sumpfkalk und grobkörnigem, reinem Sand aufzutragen. Bei gleichmäßig saugendem Untergrund darf dem Mörtel Gips bis zu einem Anteil von 20 % des Bindemittels beigemengt werden. Zement darf nicht verarbeitet werden. Bei ungleich saugendem Untergrund, z. B. Ziegelmauerwerk, ist reiner Kalkmörtel zu verwenden. Auf den vollständig trockenen Unterputz ist eine etwa 1 cm dicke Lage aus etwas feinerem Kalkmörtel aufzutragen und vollkommen glattzureiben. Als dritte Lage ist eine Feinputzschicht aus feingesiebtem Kalk, Marmormehl und Farbstoff des vorgesehenen Grundtones aufzutragen und vollkommen glattzureiben. Sie ist mit einem noch feineren Marmormörtel zu überreiben. Durch Glätten ist ein vollkommen geschlossener, glatter Malgrund herzustellen. Abschließend ist die Stukkolustro-Farbe aufzutragen und mit gewärmtem Stahl zu bügeln und zu wachsen.

Schon das Wort Stukkolustro deutet an, daß mit diesem Material etwas Besonderes erreicht werden will. Das Wort würde übersetzt etwa „blanker Stuck“ heißen, denn italienisch „lustrare“ bedeutet „putzen, polieren“, und in der Tat wird mit diesem Material und dieser Technik eine besondere Wirkung erzielt. Mit Stukkolustro kann aber gleichwohl nicht dieselbe Ähnlichkeit mit der Natur erreicht werden wie mit Stuckmarmor.

3.4.5 Stuckantragarbeiten
Der für Antragarbeiten verwendete Stuckmörtel ist aus sorgfältig gemischtem durchgeriebenem Kalk und Marmorgries bzw. Marmormehl herzustellen. Er ist mit einem geringen Gipszusatz anzutragen und zu formen, wenn in der Leistungsbeschreibung nichts anderes vorgeschrieben ist, z. B. Verwendung von langsam bindendem Gips bzw. Zement unter Beimischung von zwei Teilen Marmorgries bzw. Marmormehl. Größere Formen sind mit Gipsmörtel im Mischungsverhältnis 1:1:3 oder durch Drahtputzkonstruktionen zu unterbauen.

Die angegebenen Teile bedeuten Raumteile. Unter Antragarbeiten versteht man stuckgewerbliche Arbeiten, die zur repräsentativen Ausgestaltung von Räumen ausgeführt werden. Das angegebene Mischungsverhältnis kann nur als eine empfohlene Regel gewertet werden. Die Korngröße des Zuschlagstoffes wie auch das Mischungsverhältnis zwischen Sand, Kalk und Gips muß vom Auftragnehmer entsprechend dem Zweck der auszuführenden Antragarbeit gewählt werden.

3.5 Trockenbau

Unter Trockenbau ist hier die Ausführung von Bauleistungen mit vorgefertigten Bauelementen zu verstehen. Gebräuchliche Stoffe und Bauteile dafür sind Decken- und Wandbaukonstruktionen.

Der Bundesarbeitskreis Trockenbau (BAKT) hat für die Ausführung von Trockenbauarbeiten zu den Themenbereichen
- Brandschutz,
- Schallschutz,
- Wärme- und Feuchteschutz

die nachstehend genannten Informationsschriften, deren Beachtung bei der Ausführung von Trockenbauarbeiten zu empfehlen ist, erarbeitet und veröffentlicht:

BS1 Brandschutz – Brandverhalten von Baustoffen und Bauteilen
BS2 Brandschutz – Bauordnungsrecht im Wohnungsbau
BS3 Brandschutz – Konstruktionsübersicht
BS4 Brandschutz – Beachtenswerte Regeln
SS1 Schallschutz – Begriffe, Definitionen, Erläuterungen
SS2 Schallschutz – Anforderungen: Luft- und Trittschalldämmung
SS3 Schallschutz – Konstruktionsübersicht
SS4 Schallschutz – Beachtenswerte Regeln
WF1 Wärme- und Feuchteschutz – Begriffe, Definitionen, Erläuterungen
WF2 Wärme- und Feuchteschutz – Anforderungen
WF3 Wärme- und Feuchteschutz – Konstruktionsübersicht
WF4 Wärme- und Feuchteschutz – Beachtenswerte Regeln

3.5.1 Allgemeines
Bauteile, die in Trockenbauweise hergestellt werden, sind ohne Berücksichtigung von Anforderungen an den Brand-, Schall-, Wärme- und Strahlenschutz auszuführen, wenn nachstehend oder in der Leistungsbeschreibung nichts anderes vorgeschrieben ist.

Trockenbaukonstruktionen sind entsprechend den gewünschten Anforderungen, die in der Leistungsbeschreibung eindeutig und klar festzulegen sind, auszuführen. Angaben sind erforderlich über

- Wandabmessungen (Länge, Höhe),
- Wanddicken (-stärken),
- Art und Beschaffenheit angrenzender Bauteile,
- Anschlüsse an angrenzende Bauteile,
- Art und Beschaffenheit der Oberfläche.

Gegebenenfalls sind Angaben erforderlich über Forderungen an Brand-, Schall-, Wärme- und Strahlenschutz.

3.5.2 Innenwandbekleidungen, Deckenbekleidungen, Unterdecken

3.5.2.1 Sichtbare Randwinkel, Deckleisten und Schattenfugen-Deckleisten sind an den Dekken und auf den Begrenzungsflächen stumpf zu stoßen, Randwinkel dem Wand- oder Deckenverlauf anzupassen, wenn in der Leistungsbeschreibung nichts anderes vorgeschrieben ist.

Der Anschluß von Deckenbekleidungen und Unterdecken an begrenzende Bauteile erfolgt in der Regel durch sichtbare Randwinkel, Deckleisten und Schattenfugen. Diese Profile werden als Zusatzleistung zur Deckenfläche ausgeführt und abgerechnet und sind in der Leistungsbeschreibung in gesonderten Positionen anzufordern. Ausdrücklich ist in der Leistungsbeschreibung darauf hinzuweisen, wenn diese Schienen auf Gehrung zu schneiden und nicht dem Wand- oder Deckenverlauf anzupassen sind.

3.5.2.2 Einzubauende Dämmstoffe sind über der gesamten Fläche dicht gestoßen zu verlegen und an begrenzende Bauteile anzuschließen, wenn in der Leistungsbeschreibung nichts anderes vorgeschrieben ist.

In Wand- und Deckenbekleidungen sowie Unterdecken einzubauende Dämmstoffe dienen der Wärme- und Schalldämmung. Die Dämmstoffe sind dicht zu stoßen, gegen Abrutschen zu sichern und an begrenzende Bauteile sorgfältig anzuschließen, damit eine Schallübertragung oder ein Wärmeverlust nicht entstehen kann.

Die Hohlraumdämpfung ist abhängig vom Füllungsgrad. Der Dämmstoff, in der Regel Mineralwolle, soll einen genügend hohen Strömungswiderstand (mindestens 5 bis 10 kNS/m^4) haben. Hartschaumplatten oder ähnliche geschlossenporige Materialien sind infolge ihres niedrigen längenspezifischen Strömungswiderstands dafür nicht geeignet und akustisch wertlos.

Bei Dämmung zwischen Sparrenfeldern ist ein Dämmstoff mit raumseitig aufgebrachter Dampfbremse zu verwenden. Eine ausreichende Durchlüftung des verbleibenden Hohlraums zwischen Dämmung und Dachhaut ist sicherzustellen, gegebenenfalls ist der Sparren aufzuleisten. Dies stellt dann aber eine besondere Leistung dar, die unter den Voraussetzungen von VOB Teil B § 2 Nr. 6 gesondert zu vergüten ist.

3.5.2.3 Deckenbekleidungen und Unterdecken sind nach DIN 18168 Teil 1 „Leichte Deckenbekleidungen und Unterdecken; Anforderungen für die Ausführung“ herzustellen.

Deckenbekleidungen und Unterdecken sind eben oder geformt mit glatter oder gegliederter Oberfläche auszuführen. Deckenbekleidungen bestehen aus einer unmittelbar an der Rohdecke befestigten Unterkonstruktion mit verschraubter Bekleidung. Unterdecken bestehen aus einer von der Rohdecke abgehängten Unterkonstruktion aus Holz oder Metall mit Bekleidung. Deckenbekleidungen und Unterdecken dürfen nicht betreten werden.

Erläuterungen

Bei Bekleidungen sind zu unterscheiden:
- Gipskartonplatten, glatt, geschlitzt oder gelocht,
- Mineralfaserplatten mit offenporiger Sichtseite,
- Metallpaneelen, glatt oder gelocht,
- Kassettenplatten, glatt oder gelocht.

Unterdecken bestehen aus
- Verankerungselementen: Dübel, Schrauben, Setzbolzen, welche die Abhänger oder Konstruktionsteile (Leisten, Latten oder Metallprofile) unmittelbar mit dem Bauteil verbinden,
- Abhängern (verzinkter Draht u. dgl.), welche die Verankerungselemente mit der Unterkonstruktion verbinden, und
- der Unterkonstruktion, die, mit den Abhängern verbunden, die Deckenbekleidung trägt.

Die Zahl der Verankerungselemente ist so zu bemessen, daß die zulässige Tragkraft der zugelassenen Dübel, Schrauben oder Setzbolzen und Abhänger und die zulässige Verformung der Unterkonstruktion nicht überschritten wird.

Die Verankerung an Massivdecken erfolgt an
- einbetonierten Schienen (Halfenschienen),
- zugelassenen Dübeln mit Schrauben oder
- Setzbolzen, die mit dem Bolzensetzwerkzeug eingetrieben werden.

Eine Verankerung an einbetonierten Holzlatten ist ohne ausreichende Verankerung an der Stahlbewehrung nicht zulässig.

Die Befestigung an Holzbalkendecken erfolgt mit Nägeln, Schrauben, Rabitzhaken oder Krampen und sollte nach Möglichkeit an den Seitenflächen des Holzbalkens erfolgen. Eine Befestigung an der Unterseite des Holzbalkens ist nur in festem und gesundem Holz mit Schraubösen mit mindestens 50 mm Eindringtiefe zulässig.

Die Befestigung an Hohlkörperdecken kann durch Kippdübel aus Metall erfolgen. Die Befestigung an Rippendecken mit einbetonierter Planlatte (40 mm dick und

		1	2	3	4	5	6
		Materialkennwerte			Maße		
		Kurzzeichen	Werkstoffnummer	nach	Dicke bzw. Durchmesser mm	Querschnitt mm^2	zulässige Abweichungen
1	Verzinkter Bindedraht	D 9-1	1.0010	DIN 1548 DIN 17 140	2,0	–	nach DIN 177
2	Verzinkte Drähte für Schnellaufhänger	D 9-1	1.0010	DIN 1548 DIN 17 140	4,0	–	$^{+0}_{-0,08}$ mm
3	Federstahl	C 75	1.0605	DIN 17 222	0,5	–	–
4	Gewindestäbe	Festigkeitsklasse 4.6		DIN ISO 898 Teil 1	6,0	–	–
5	Stahlblech	St 02 Z	1.0226	DIN 17 162 Teil 1	0,75	7,5	nach DIN 59 232
6	Aluminiumblech	Werkstoffe nach Abschnitt 6.2.2.3			1,5	10,0	nach DIN 1784

Abb. 3.15 Materialkennwerte und Mindestmaße von Abhängern aus Metall

Spalte / Zeile	1	2		3		4
		Profile, Abhänger, Verbindungselemente				
		Metallüberzug und Beschichtung				
	Umweltbedingungen	Bandverzinkung [1] nach DIN 17 162 Teil 1	Beschichtung	Galvanische Verzinkung [2] nach DIN 50 961 oder Feuerverzinkung [2] nach DIN 1548	Beschichtung [3]	Korrosionsschutz für Aluminiumwerkstoffe (siehe auch DIN 4113 Teil 1)
		Schichtdicken einseitig in µm		Schichtdicken einseitig in µm		
1	Bauteile in geschlossenen Räumen, z. B. in Wohnungen (einschl. Küche, Bad), Büroräumen, Schulen, Krankenhäusern und Verkaufsstätten	7	nicht erforderlich	5 [2]	nicht erforderlich	nicht erforderlich
2	Bauteile im Freien und Bauteile, zu denen die Außenluft ständig Zugang hat, z. B. in offenen Hallen und auch verschließbaren Garagen. Bauteile in geschlossenen Räumen mit oft auftretender sehr hoher Luftfeuchtigkeit bei normaler Raumtemperatur, z. B. in gewerblichen Küchen, Bädern, Wäschereien, in Feuchträumen von Hallenbädern. Bauteile, die häufiger starker Kondensatbildung und chemischen Angriffen nach DIN 4030 ausgesetzt sind.	20 +	20 [4]	5 [2] +	80	Passivierung oder Beschichtung, bestehend aus Haftgrundmitteln und 20 µm Grundbeschichtung
3	Bauteile, die besonders korrosionsfördernden Einflüssen ausgesetzt sind, z. B. durch ständige Einwirkung angreifender Gase oder Tausalze oder starken chemischen Angriffen nach DIN 4030.	Hochwertige Korrosionsschutzsysteme nach DIN 55 928 Teil 8 auswählen				Anodische Oxidschicht 20 µm oder Beschichtung, bestehend aus Haftgrundmitteln, 20 µm Grundbeschichtung und ≥ 20 µm Deckbeschichtung

[1] 1 µm einseitig entspricht ungefähr 14 g/m² Zinküberzug, verteilt auf beide Seiten des Bandes
[2] 1 µm einseitig entspricht ungefähr einem einseitigen Zinküberzug von 7 g/m²
[3] mindestens Deckbeschichtung nach DIN 55 928 Teil 8, Ausgabe März 1980, Tabelle 4, erforderlich; die freiliegenden, verzinkten Teile sind nachträglich mit zinkverträglicher Beschichtung zu versehen.
[4] 20 µm Bandverzinkung + 20 µm Beschichtung auf jeder Seite entspricht Korrosionsschutzklasse III der DIN 55 928 Teil 8, Ausgabe März 1980, Tabelle 3.

Abb. 3.16 Mindestanforderungen an den Korrosionsschutz von Profilen, Abhängern und Verbindungselementen aus Metall

mindestens 60 mm breit) darf nur erfolgen, wenn die Planlatte ausreichend mit der Stahlbewehrung verankert ist.

Die Mindestmaße von Abhängern aus Metall und ihre Materialkennwerte nach DIN 18 168 Teil 1 sind der Tabelle Abb. 3.15 zu entnehmen.

Mindestanforderungen an den Korrosionsschutz von Profilen, Abhängern und Verbindungselementen aus Metall nach DIN 18 168 Teil 1 sind der Tabelle Abb. 3.16 zu entnehmen.

Bei Holzunterkonstruktionen muß der Querschnitt der Traglattung mindestens 24 mm × 48 mm, der Grundlattung mindestens 40 mm × 60 mm oder beider Lattungen je 30 mm × 50 mm sein. Bei Deckenbekleidungen muß der Querschnitt der Grundlattung mindestens 24 mm × 48 mm betragen.

Gipskartonplatten können auf Unterkonstruktionen sowohl in Längs- als auch in Querbefestigung angebracht werden; die Querbefestigung ist jedoch zu bevorzugen (vgl. Abb. 3.17).

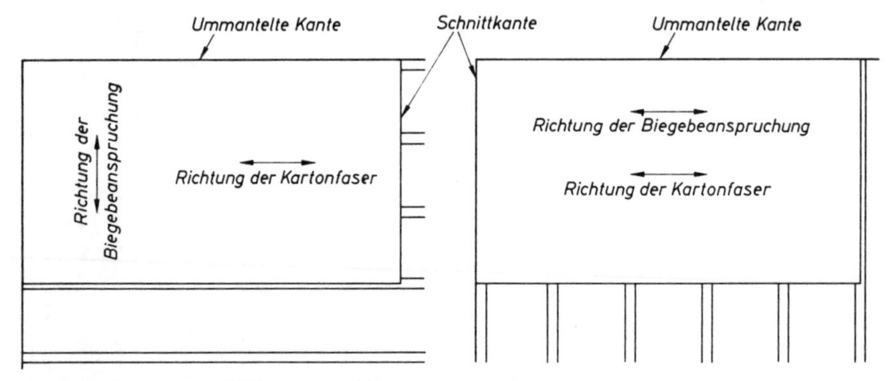

Abb. 3.17 Befestigung von GK-Platten auf Unterkonstruktionen

Die gebräuchlichsten Montageabstände von Holzunterkonstruktionen sind der Tabelle Abb. 3.18 zu entnehmen.

Unterkonstruktion	Maße	Zulässige Stützweite in mm bei einer flächenbezogenen Masse von	
		15 kg/m²	30 kg/m²
Holzlatten		Dübelabstand	
Grundlattung, direkt befestigt	50 × 30	1000	850
	60 × 40	1000	850
Grundlattung, abgehängt	40 × 60	1300	1000
		Grundlattenabstand	
Traglatten	48 × 24	700	600
	50 × 30	850	600

Abb. 3.18 Montageabstände für Holzunterkonstruktionen

Die gebräuchlichsten Montageabstände der Traglattung bei Quer- oder Längsbefestigung sind der Tabelle Abb. 3.19 zu entnehmen.

Plattenart	Dicke mm	Abstand der Traglattung in mm	
		Querbefestigung	Längsbefestigung
GK-Bauplatte	12,5 15 18	500 550 625	420
GK-Feuerschutzplatte	12,5 15 18	je nach Querschnitt der Lattung	nicht zulässig
GK-Bauplatte gelocht oder geschlitzt	9,5 12,5	420 500	320 420

Abb. 3.19 Abstand der Traglattung

Die Befestigung der Gipskartonplatten auf der Traglattung erfolgt mit Schnellbauschrauben mit Nagelspitze. Die Abstände der Befestigungspunkte sind der Tabelle Abb. 3.20 zu entnehmen.

Plattenart	Dicke mm	Schnellbauschrauben	GK-Nägel	Befestigungsabstände mm	
				Schraubbefestigung	Nagelbefestigung
GK-Bauplatte GK-Feuerschutzplatte	12,5 15 18	35 mm 35 mm 45 mm	2,2 × 32 2,2 × 38 —	170 150 150	120 100 —
GK-Bauplatte gelocht oder geschlitzt	9,5 12,5	30 mm 30 mm	1,8 × 32 1,8 × 32	150 150	100 100

Abb. 3.20 Abstände der Befestigungspunkte

Gipskartonbauplatten mit einer Dicke von 15 mm und 18 mm sowie Gipskarton-Feuerschutzplatten mit einer Dicke von 12,5 mm, 15 mm und 18 mm dürfen nicht mit Klammern befestigt werden.

Bei abgehängten Gipskartonplatten sind die Montageabstände für Abhängung, Grund- und Tragprofile sowie Befestigung der Gipskartonplatten der Abb. 3.21 zu entnehmen. Die Platten sind im Verband zu verlegen. Der Plattenstoß hat stets auf einer Latte zu erfolgen.

Die gebräuchlichsten Platten-Befestigungsmittel sind der Tabelle Abb. 3.22 zu entnehmen.

Beim Befestigen mehrerer Plattenlagen oder dickerer Platten muß die Länge der Nägel mindestens das 2,5fache und der Schrauben für Holz mindestens das 2fache der zu befestigenden Gesamt-Plattendicke betragen; Schrauben für Blechprofile sind so zu bemessen, daß nach Durchdringen des Profilblechs mindestens 7 mm Schraubengewinde überstehen.

Bei abgehängten Decken mit Mineralfaserplatten unterscheidet man Decken mit
- sichtbarer Unterkonstruktion (Einlegemontage),
- verdeckter Unterkonstruktion.

Erläuterungen

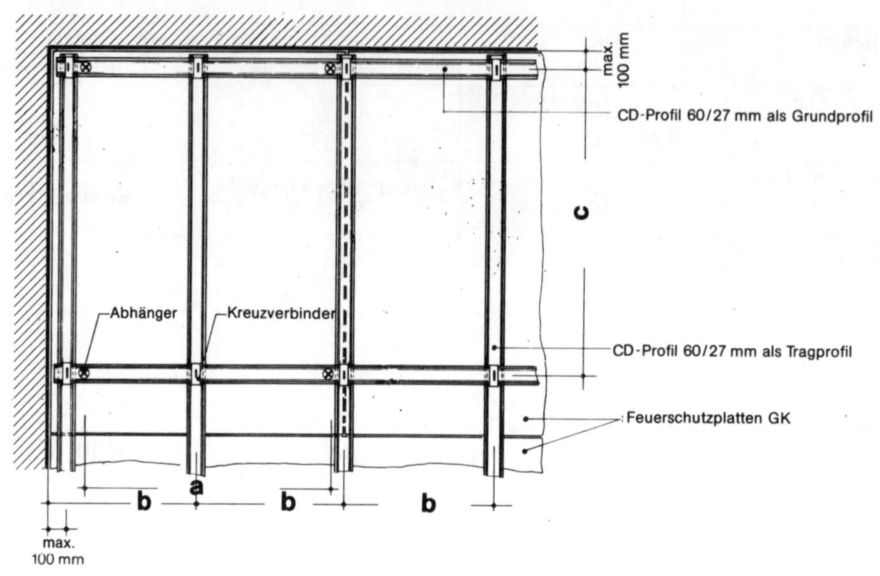

Abb. 3.21 Gipskartonplattenmontage

Platten-art	Dicke in mm	An-hänger in mm a	Abstand der Grund-profile in mm c	Trageprofile		Schnell-bau-schrauben mm	Befesti-gungs-abstand mm
				Quer-befestigung mm b	Längs-befestigung mm b		
GK-Bau-platten	12,5 15,0 18,0	850	1000	500 550 625	420	25 35 35	170 150 150
GK-Feuer-schutz-platten	12,5 15,0 18,0	750	1000	750	nicht zulässig	35	150
GK-Bau-platte gelocht oder geschlizt	9,5 12,5	850	1250	420 500	320 420	30	150

Abb. 3.21 Gipskartonplattenmontage

Gemäß den Plattenabmessungen von

300 × 300 mm,
600 × 600 mm,
610 × 610 mm,
625 × 625 mm,
1120 × 1120 mm,
600 × 1200 mm,
610 × 1220 mm,
625 × 1250 mm

ergeben sich entsprechende quadratische oder rechteckige Kassettenaufteilungen.

Gipskartonplatten		Platten-Befestigungsmittel Abstände				
		Regelgröße	Wand	Decke	Wand	Decke
Art	Dicke mm	d × l mm	am Plattenrand mm max.		Im Plattenfeld mm max	
		Gipskartonplatten-Nägel				
Bauplatten GKB und Bauplatten GKF	9,5	2,2 × 32	150	120	200	150
	12,5	2,2 × 32	150	120	200	150
	15,0	2,2 × 38	120	100	150	120
	18,0	2,2 × 45	120	100	150	120
Schallschluckplatten	9,5	1,8 × 32	120	100	150	120
	12,5	1,8 × 32	120	100	150	120
Putzträgerplatten	9,5	2,2 × 32	90	90	90	90
		Schrauben für Holz				
Bauplatten GKB und Bauplatten GKF	9,5	4,2 × 25	200		200	
	12,5	4,2 × 25	170		170	
	15,0	4,2 × 35	150		150	
	18,0	4,2 × 45	150		150	
Schallschluckplatten	9,5	4,2 × 25	150		150	
	12,5	4,2 × 25	150		150	
		Schrauben für Blechprofile				
Bauplatten GKB und Bauplatten GKF	9,5	4,2 × 25	200		200	
	12,5	4,2 × 25	170		170	
	15,0	4,2 × 35	150		150	
	18,0	4,2 × 35	150		150	
Schallschluckplatten	9,5	4,2 × 25	150		150	
	12,5	4,2 × 25	150		150	
		Klammernägel				
Bauplatten GKB	9,5	0,4 × 23	80		80	
	12,5	0,4 × 26	80		80	
Schallschluckplatten	9,5	0,4 × 23	80		80	
	12,5	0,4 × 26	80		80	
Putzträgerplatten	9,5	0,4 × 26	80		80	
		Klipps				
Putzträgerplatten	9,5		6 Stück je Quadratmeter			

Abb. 3.22 Platten-Befestigungsmittel

Die Anschlüsse an begrenzende Bauteile erfolgen mit Randwinkeln oder Schattenfugenschienen.

Metall-Paneeldecken (Abb. 3.23–3.26):
Bei abgehängten Decken mit Metallpaneelen werden die Paneele in Trapezprofile eingeklipst. Metallpaneele gibt es in verschiedenen Abmessungen. Die gebräuchlichste Breite der Paneele ist 84 mm, Modul 100, d. h. die Breite der Paneele mit Fugenanteil beträgt 100 mm.

Die Paneele werden in Trapezprofile eingeklipst, die im Abstand von 1,25 m verlegt und von der Rohdecke abgehängt sind. Die Verlegung kann mit offenen Fugen oder geschlossenen mit Füllprofilen erfolgen. Gelochte Profile mit Mineralwollehinterlegung verbessern die Schalldämmung. Anschlüsse an begrenzende Bauteile erfolgen mit Randwinkel oder Schattennutenprofilen. Die Randwinkel werden in den Ecken in der Regel stumpf gestoßen.

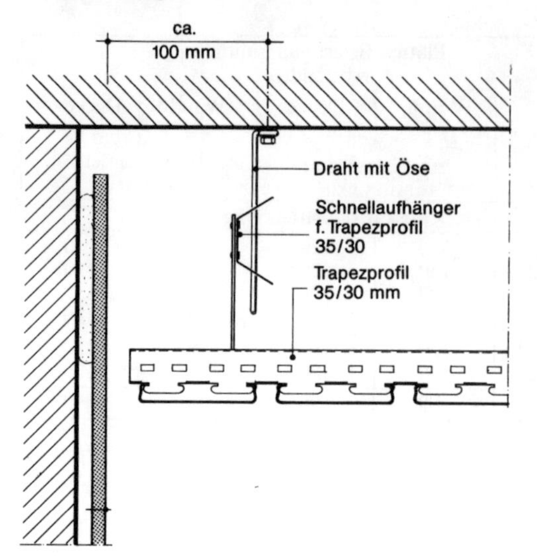

Abb. 3.23 Offener Wandanschluß

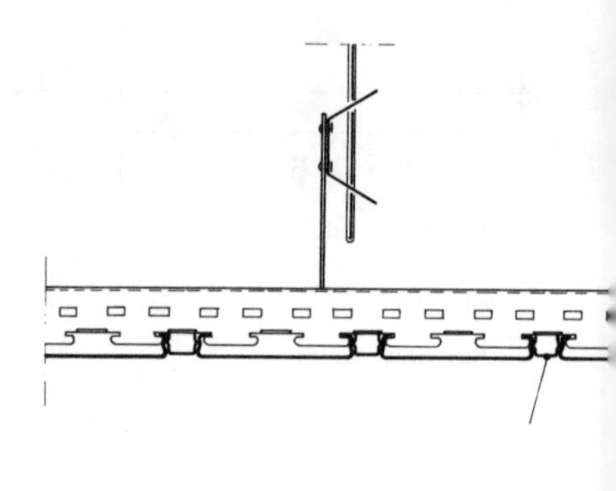

Abb. 3.24 Paneele mit Füllprofilen

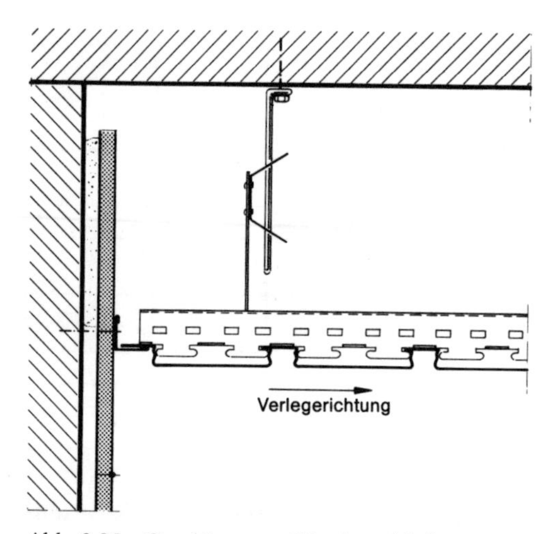

Abb. 3.25 Geschlossener Wandanschluß

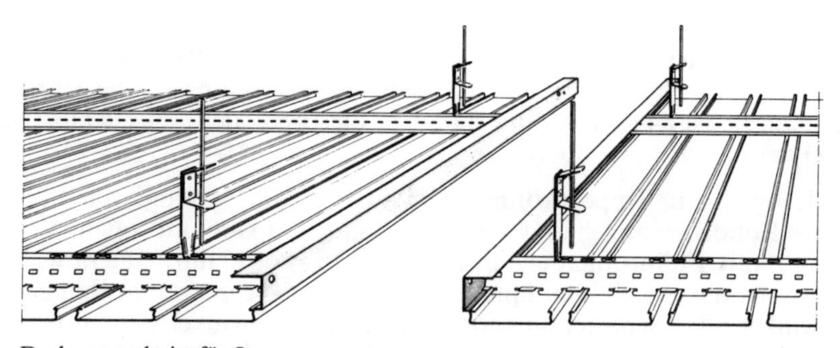

Abb. 3.26 Deckenausschnitt für Lampenmontage

In die Decke integrierte Lampenbänder erfordern eine Verstärkung der Unterkonstruktion.

Für abgehängte Decken, die dem vorbeugenden Brandschutz dienen, gelten besondere Anforderungen, die im Einzelfall mit den zuständigen Fachbehörden zu klären sind. Bei der Ausführung dürfen nur Konstruktionen verwendet werden, die den Anforderungen genügen und für die ein Prüfzeugnis vorliegt.

3.5.2.4 Bei Verwendung von Holzwolle- und Mehrschicht-Leichtbauplatten sind DIN 1102 „Holzwolle Leichtbauplatten nach DIN 1101; Verarbeitung" und DIN 1104 Teil 2 „Mehrschicht-Leichtbauplatten aus Schaumkunststoffen und Holzwolle; Verarbeitung" zu beachten.

Bei der Verarbeitung von Holzwolle-Leichtbauplatten sind die Verarbeitungsrichtlinien der Herstellerwerke zu beachten. Holzwolle-Leichtbauplatten sind grundsätzlich mit einem volldeckenden Spritzbewurf aus Zementmörtel der Mörtelgruppe III zu versehen. Holzwolle-Leichtbauplatten dürfen erst verputzt werden, wenn die Platten vollkommen trocken sind. Eine vollflächige Überspannung mit Putzgewebe (verzinktes Drahtnetz, Drahtdicke 1 mm, Maschenweite 20 × 20 mm bis 25 × 25 mm) ist unbedingt erforderlich.

3.5.2.5 Gipskartonplatten sind nach DIN 18181 „Gipskartonplatten im Hochbau; Richtlinien für die Verarbeitung" zu verarbeiten.

Wandbekleidungen mit Gipskartonplatten:

Das Bekleiden von Wänden mit Gipskartonplatten, die mit einem Ansetzbinder auf die Wände geklebt werden, wird als Trockenputz bezeichnet.

Die Platten werden
- durch punktförmig auf die Rückseite der Platte aufgebrachte Batzen,
- auf mit Gipskartonplattenstreifen ausgerichtete Wände streifenförmig oder
- im Dünnbettverfahren auf planebene Wände verklebt (vgl. Abb. 3.27).

Zur Verwendung kommen Gipskartonplatten in den Stärken 9,5 und 12,5 mm.
An Schornsteinen sind Gipskartonplatten vollflächig ohne Hohlräume anzusetzen. Dies gilt auch bei Flächen, auf die später Einrichtungsgegenstände montiert werden, sowie in Fensterleibungen und um Rolladenkästen. Stoßen Gipskartonplatten an andere Materialien an, wird die Anschlußfuge mit einem flach aufgelegten Papierfugendeckstreifen armiert und verspachtelt.

Schwach saugende und stark saugende Untergründe sind mit einem entsprechenden Voranstrich zur Verbesserung der Haftfähigkeit oder als Untergrundegalisation einzustreichen. Zur Trockenlegung von feuchten Wänden sind Gipskartonplatten nicht geeignet.

Ist eine Dampfsperre erforderlich, werden 12,5 mm dicke Platten rückseitig mit Alufolie und Natron-Kraft-Papier kaschiert.

Ist Gußasphalt vorgesehen, so dürfen Gipskartonplatten erst nach der Asphaltverlegung verspachtelt werden. In Feuchträumen wird die feuchtigkeitsimprägnierte (grüne) Gipskartonplatte GKI verarbeitet. Sie wird nur in 12,5 mm Dicke hergestellt. Bei der Verarbeitung dieser Platte ist darauf zu achten, daß Ausschnitte für Rohrdurchführungen, Elektrodosen u. ä. sauber ausgefräst werden. Die Schnittkanten sind mit einem Tiefgrund zu imprägnieren.

Erläuterungen

Ausführung A
Trockenputz auf Mauerwerk. Bei Bauplatten GK – 12,5 mm dick – 3 Reihen Batzen. Bei Bauplatten GK – 9,5 mm dick – 4 Reihen Batzen.

Vertikaler Abstand der Batzen untereinander: 30–35 cm. An den Längskanten und am Fußende werden die Batzen enger und knapp am Rand aufgetragen.

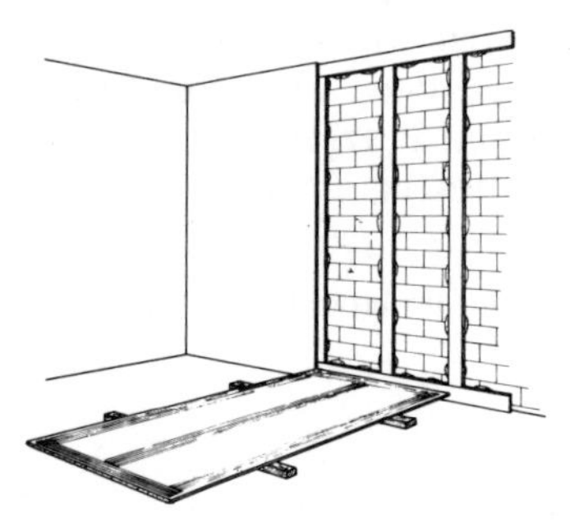

Ausführung B
Trockenputz auf Bauplatten GK zugeschnitten für stark unebenes Mauerwerk. Bei Bauplatten GK – 12,5 mm dick – 3 Bauplatten GK zugeschnitten.

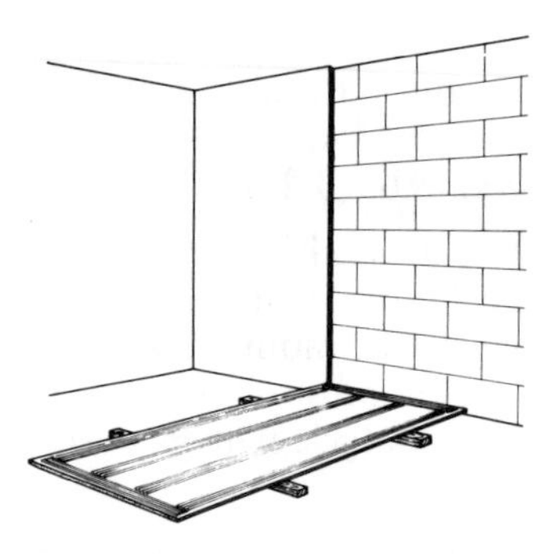

Ausführung C
Trockenputz auf planebenen, stark saugenden Wandflächen (Dünnbettverfahren).
Bei Bauplatten GK – 12,5 mm dick – werden 3 Bahnen, bei Bauplatten GK – 9,5 mm dick – 4 Bahnen Fugenfüller mit dem Kammschlitten auf der Plattenrückseite aufgetragen.

Abb. 3.27 Beplanken von Wänden mit Gipskartonplatten

Die Fugenverspachtelung erfolgt mit vom Hersteller geliefertem Fugenspachtel in verschiedenen Arten. Verspachtelt wird entweder von Hand oder maschinell. Zur Fugenarmierung wird in den ersten Spachtelauftrag ein Papierfugendeckstreifen eingedrückt. Nach der Verfestigung wird der Streifen noch zweimal gespachtelt und geschliffen.

Die Fugenverspachtelung bei HRK-Platten (Platten mit halbrunder Kante) erfordert nicht das Einlegen eines Papierfugendeckstreifens. Die Verspachtelung erfolgt mit einem Spezialspachtel in zwei Arbeitsgängen.

Wandbekleidung aus Gipskartonplatten mit Strahlenschutzkaschierung:

Strahlenschutz-Wandbekleidungen aus Gipskartonplatten werden in Diagnostikräumen und als Strahlenschutzmaßnahme in Aufnahme- und Therapieräumen eingebaut. Die Strahlenschutz-Bekleidungen erfüllen nach einem vorgegebenen Strahlenschutzplan die Anforderungen an den Strahlenschutz zusammen mit der dazu gewählten Bleidicke.

Die Montage erfolgt mit einer Vorsatzschale. Jedoch werden vor der mit Walzblei kaschierten Gipskartonplatte die U- bzw. C-Profile aus Metall mit selbstklebenden Walzbleistreifen beklebt. Die Strahlenschutzplatte wird dann mit 35 mm langen Schnellbauschrauben im Abstand von 250 mm angeschraubt, die Fugen werden wie üblich verspachtelt.

Paneel-Elemente im Dachgeschoßausbau:

Paneel-Elemente dienen zur Bekleidung von Decken, Dachschrägen und Drempel. Durch ihre hohe Steifigkeit und Stoßfestigkeit können sie auf einer verhältnismäßig einfachen Unterkonstruktion montiert werden. Dabei werden die Platten horizontal quer zu den Sparren oder Balken montiert (vgl. 3.28).

Der obere Falz liegt stets auf der Raumseite, so daß der Falz des zu montierenden Paneels hinter den Falz der bereits verschraubten Platte geschoben wird und dadurch Halt und Führung findet. Die Paneele werden im Verband montiert. Stirnstöße, die nicht auf die Unterkonstruktion zu liegen kommen (fliehende Stöße), werden mit einer Latte 30/50 mm ca. 70 cm lang verschraubt. Stirnstöße sind leicht anzufasen. Die Verfugung erfolgt ohne Papierfugendeckstreifen (nur in den Innenecken erforderlich) mit einem Spezialfugenfüller in zwei Arbeitsgängen.

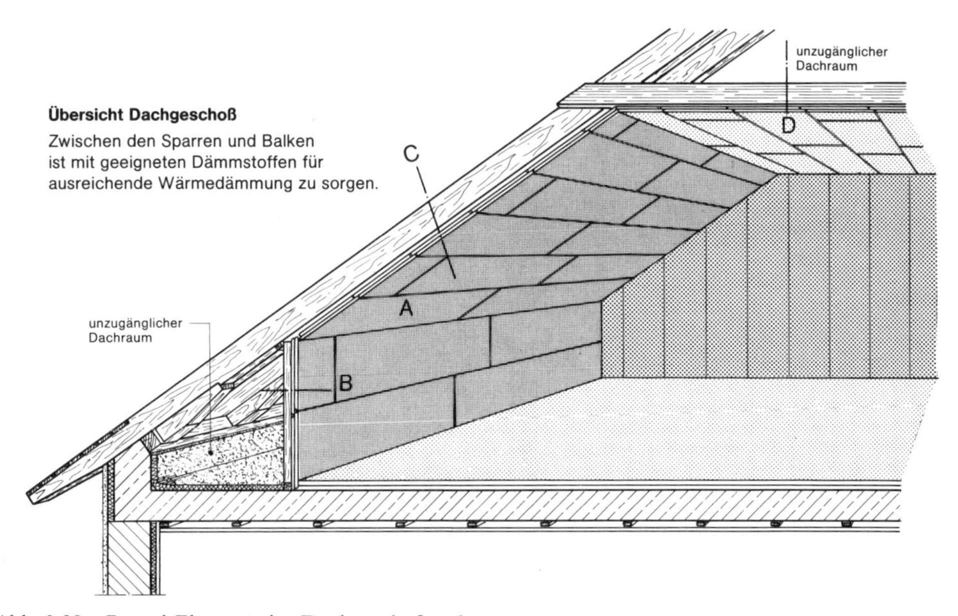

Abb. 3.28 Paneel-Elemente im Dachgeschoßausbau

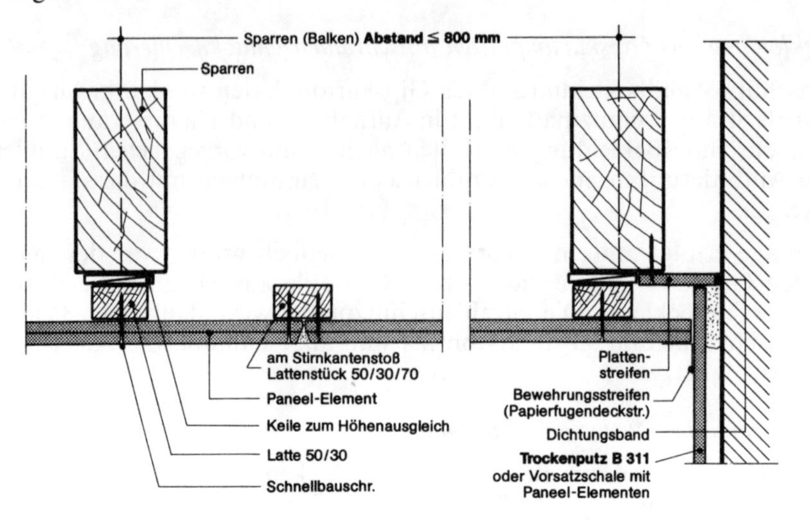

Sparrenbekleidung

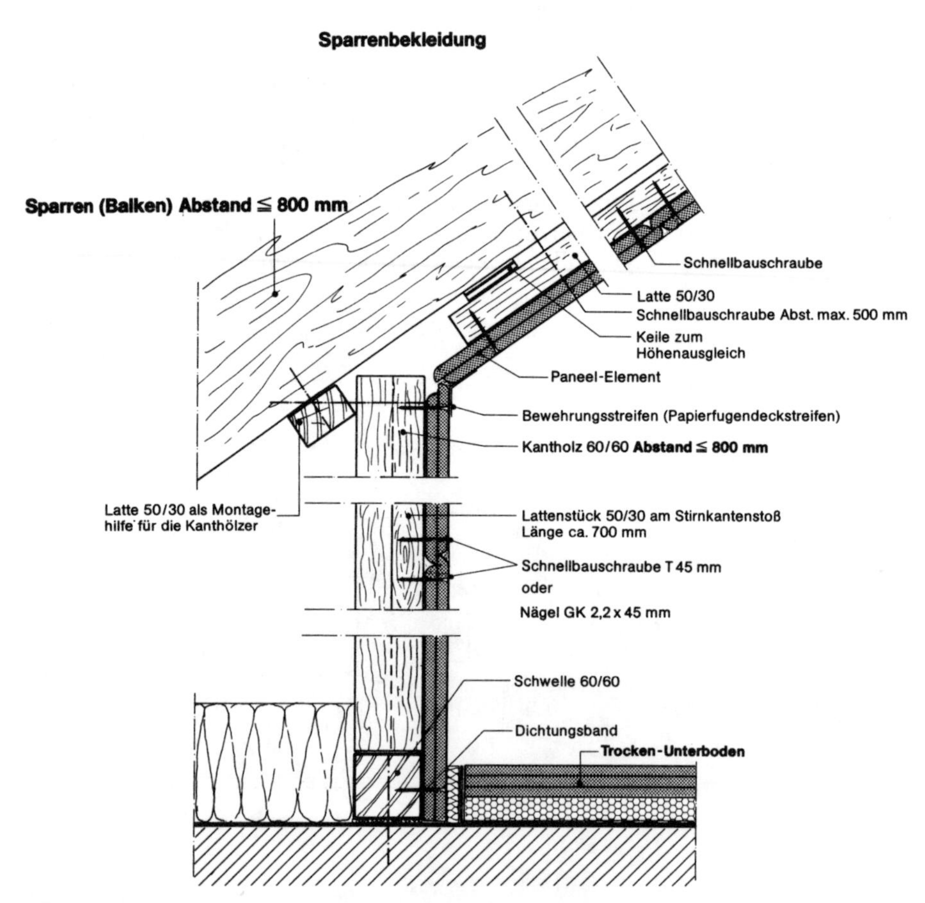

Abb. 3.28 (Fortsetzung) Paneel-Elemente im Dachgeschoßausbau

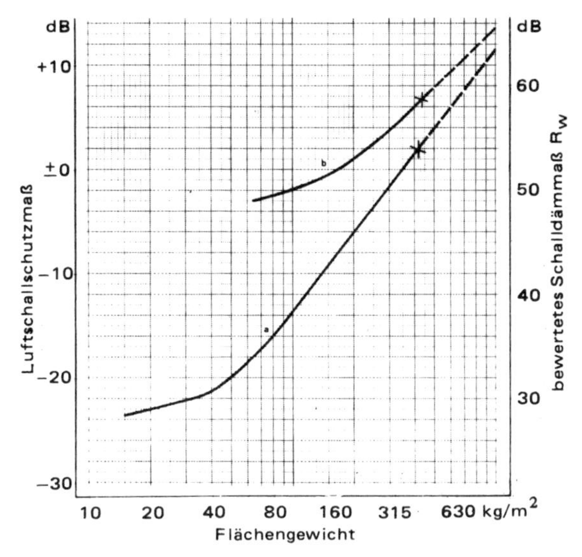

Abb. 3.29 Schalldämmung

Je nach Dicke der Beplankung und des Dämmstoffes wird eine bessere Schalldämmung erzielt, wie das Diagramm in Abb. 3.29 zeigt.

Berechnungsbeispiel:
Gegeben: Mauerwerk 24 cm dick aus Kalksand-Vollsteinen. Rohdichte 1800 kg/m^3, Flächengewicht 432 kg/m^2.
Abzulesen aus Diagramm Kurve a:
Für das Mauerwerk ist bewertetes Bauschalldämmaß R'w = 54 dB zu erwarten.
Abzulesen aus Diagramm Kurve b.
In Verbindung mit einer Vorsatzschale, Gesamtgewicht 450 kg/m^2, ist für die Gesamtkonstruktion ein bewertetes Bauschalldämmaß Rw' = 58 dB zu erwarten.

Die Ausfachung der Metallkonstruktion mit Mineralfaserplatten trägt entscheidend zur Verbesserung der Luftschalldämmung bei. Die dichte Ausbildung von Anschlüssen ist für die Schalldämmung von großer Bedeutung (siehe Abb. 3.30–3.32).

3.5.4 Nichttragende Trennwände

Nichttragende Trennwände sind nach DIN 4103 Teil 1 „Nichttragende innere Trennwände; Anforderungen, Nachweise" auszuführen. Für die Ausführung nichttragender Trennwände aus Gips-Wandbauplatten gilt DIN 4103 Teil 2 (z. Z. Entwurf) „Nichttragende Trennwände; leichte Trennwände aus Gips-Wandbauplatten". Bei der Verarbeitung von Gipskartonplatten ist außerdem DIN 18183 „Montagewände aus Gipskartonplatten; Ausführung von Ständerwänden" zu beachten.

Nichttragende Trennwände werden in der Regel aus
- Gips-Wandbauplatten (Vollgipsplatten) in Stärken von 6 cm, 8 cm oder 10 cm,
- Montagewänden aus Gipskartonplatten (gipskartonbeplankten Metallständerwänden)

hergestellt. Je nach Anforderung und Zweck werden verschiedene Wandtypen verwendet. Bei Anforderungen an den Wärme-, Schall-, Brand- und Strahlenschutz ist

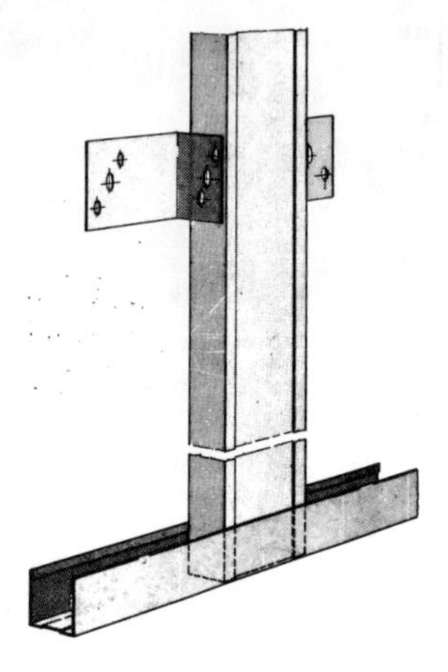

U-Profil 30/30
C-Profil 60/27
Stahlblechwinkel 60/35 oder 120/35 zur Unterstützung auf halber Wandhöhe ($\leqq$ 150 cm)

Abb. 3.30 Ausbildung von Anschlüssen

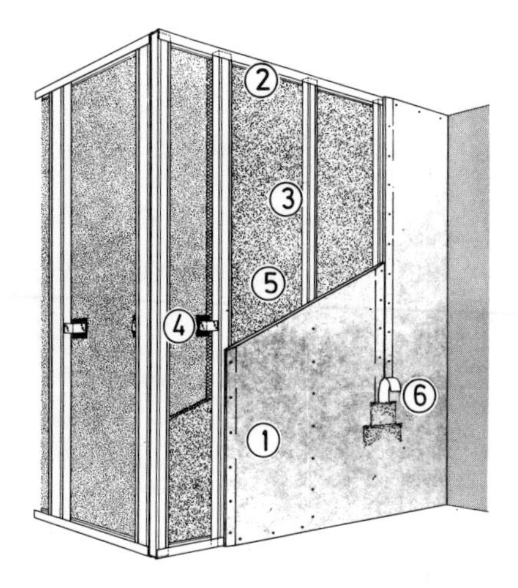

1 = GK-Bauplatten 12,5 mm
2 = U-Profil 30/30 mm
3 = C-Profil 60/27 mm
4 = Stahlblechwinkel
5 = Mineralfaserdämmstoff $\leqq$ 40 mm
6 = Verfugen der Plattenstöße

Abb. 3.31 Ausbildung von Anschlüssen

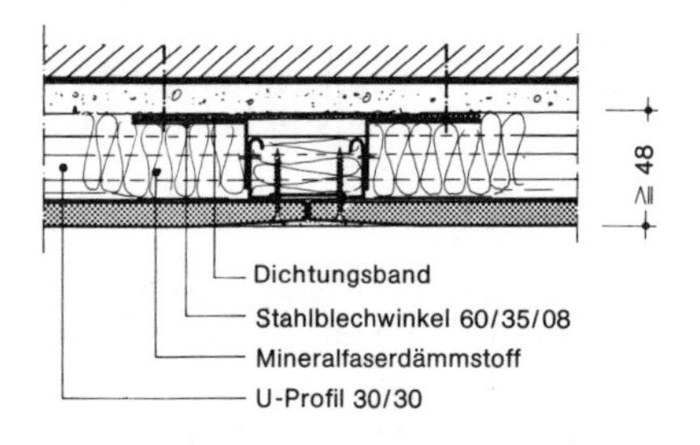

Bei Räumen mit höherer relativer Luftfeuchtigkeit sowie bei Außenwänden aus dampfsperrenden Baustoffen ist auf der Innenseite der Dämmschicht eine Dampfsperre (alukasch. GK-Platte) zu verwenden.

Abb. 3.32 Schalldämmende Vorsatzschale

besonders auf die Ausbildung der Anschlüsse an begrenzende Bauteile zu achten. Wanddurchdringungen sind durch Zusatzmaßnahmen zu verschließen.

Nichttragende Trennwände aus Gips-Wandbauplatten (Vollgipsplatten) werden hauptsächlich verwendet als Raumtrennwände in Wohnungen, Büros und als Flurwände in Verwaltungsgebäuden.

Die Anschlüsse der Trennwand aus Gips-Wandbauplatten (Vollgipszwischenwand) an Bauteile sollen elastisch mit Mineralfasertrennstreifen, Bitumenkorkfilz u. ä. ausgebildet werden. Die Platten werden im Verband versetzt und mit Fugenfüller (Klebemörtel) miteinander verklebt. Nach Verspachtelung der Fugen ist die Platte tapezierfähig.

Nichttragende Trennwände als Montagewände aus Gipskartonplatten sind je nach Anforderung und Zweck nach den Richtlinien der Herstellerwerke zu erstellen.
Die Tragekonstruktion kann aus Holzständern oder Metallprofilen bestehen.

Tragekonstruktion aus Holzständern:

Der Querschnitt der Holztragekonstruktion ist entsprechend der Raumhöhe und der Horizontalbeanspruchung der Wand zu bemessen. Übliche Querschnitte von Holzständern bei normaler Wandhöhe und Horizontalbeanspruchung: 48 mm × 60 mm, 48 mm × 80 mm, 60 mm × 60 mm.

Das für Unterkonstruktionen verwendete Holz muß gemäß DIN 18181 der Güteklasse II und den Gütebedingungen von DIN 4074 Teil 1 entsprechen. Es muß scharfkantig geschnitten sein und der Schnittklasse S angehören. Verwundene Hölzer dürfen nicht verwendet werden. Sämtliche Holzteile müssen nach DIN 68800 geschützt sein.

Latten, Bretter oder Kanthölzer dürfen nur verwendet werden, wenn ihr mittlerer Feuchtigkeitsgehalt nicht mehr als 20 % beträgt.

Mit einer Mineralwolleeinlage kann die Schalldämmung von Holzständerwänden mit Gipskartonbeplankung verbessert werden. Dicke und Festigkeit des Dämmaterials richten sich nach den Anforderungen des Schallschutzes.

Durch verschieden in die Ständerwand einzubauende Tragekonstruktionen können Wandlasten an Holzständerwänden angebracht werden. Dies ist vor allem in Sanitärräumen und Küchen von Bedeutung.

Die Abb. 3.33 zeigt eine einfache Holzständerwand mit Mineralfaserdämmung und beidseitiger einfacher Gipskartonbeplankung.

Die Abb. 3.34 zeigt eine doppelt versetzte Holzständerwandkonstruktion mit zwischenliegender Mineralfaser und beidseitig doppelter Gipskartonbeplankung.

Tragekonstruktion aus Metallständern:

Ausführungsart, Konstruktionsaufbau, Schall- und Feuerschutz für Metall-Einfachständerwände und Metall-Doppelständerwände sind der Tabelle Abb. 3.35 zu entnehmen. Die Metallständerhöhe ist mit C, die Wanddicke mit W gekennzeichnet.

Die Abb. 3.36 zeigt eine einfache Metallständerwand mit Mineralfaserdämmung und beidseitiger einfacher Gipskartonbeplankung.

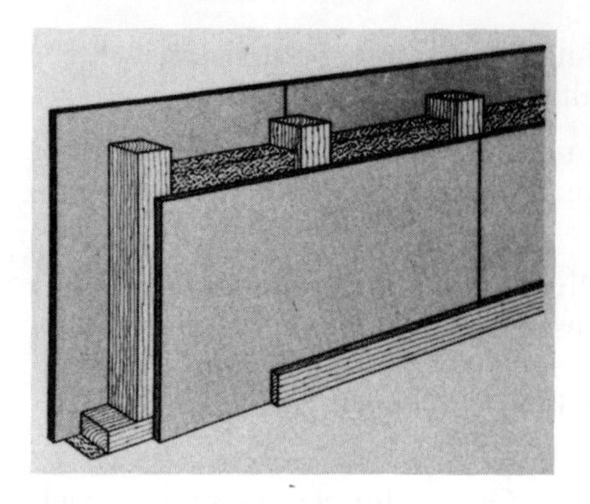

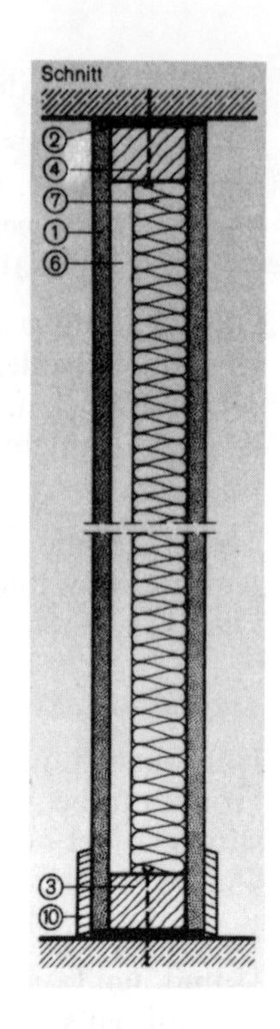

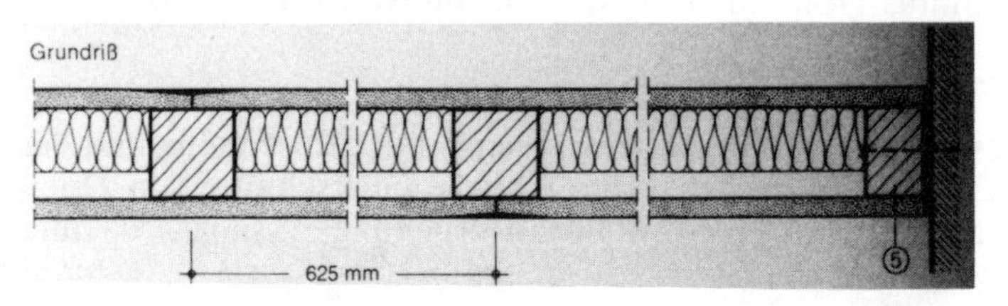

Abb. 3.33 Einfache Holzständerwand mit Mineralfaserdämmung und beidseitiger einfacher GK-Beplankung

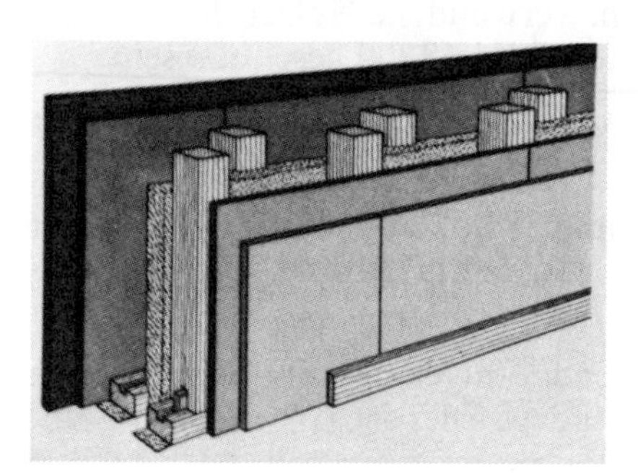

① GK-Platten, Dicke 12,5 mm
② Anschlußdichtung
③ Holz-Schwelle (genutet) ≧ 40/60 mm
④ Holz-Rähm (genutet) ≧ 40/60 mm
⑤ Anschlußständer (geschlitzt) ≧ 40/60 mm
⑥ Holzständer (geschlitzt) ≧ 60/60 mm
⑦ Sperrholzfeder
⑧ Mineralfaser, Dicke min. 40 mm
⑨ Fugenverspachtelung
⑩ Kantenschutzprofil oder Alux-Kantenschutz eingespachtelt
⑪ Sockelleiste

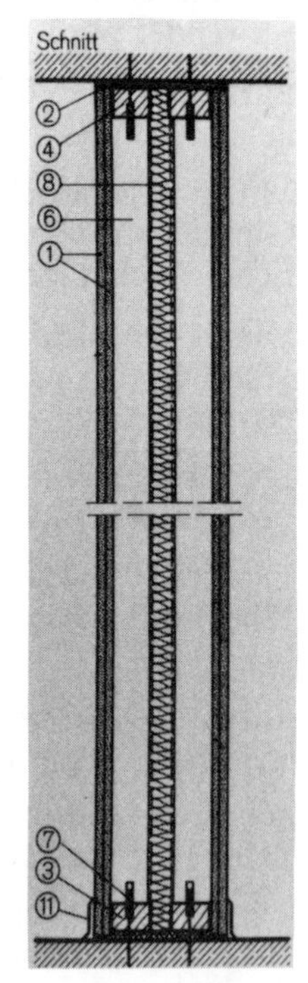

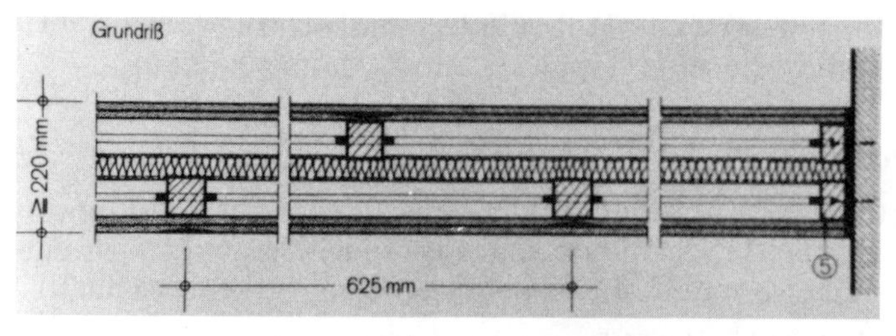

Abb. 3.34 Doppelt versetzte Holzständerwand mit zwischenliegender Mineralfaserdämmung und beidseitiger doppelter GK-Beplankung

Zeile	Ausführungsart	Konstruktionsaufbau		Schallschutz		Feuerschutz	
		Kurzzeichen Kodierung	Hohlraum-dämpfung Mineralfaser Dicke mm	bewertete Schalldämm-Maße		Beplankung	
				R'_w	R_w	GKB	GKF
1.	**Metall-Einfachständerwände**						
1.1		CW 50/75	40	45 dB	45 dB		F 30
1.2		CW 75/100	40	49 dB	49 dB		F 30
1.3		CW 75/100	60	50 dB	50 dB		
1.4		CW 100/125	40	49 dB	49 dB		F 30
1.5		CW 100/125	60	50 dB	50 dB		F 30
1.6		CW 100/125	80	52 dB	53 dB		
1.7		CW 50/100	40	51 dB	52 dB	F 30	F 60
1.8		CW 75/125	40	51 dB	53 dB	F 30	F 60
1.9		CW 100/125	60	53 dB	54 dB		F 90
1.10		CW 100/150	40	52 dB	55 dB	F 30	F 60
1.11		CW 100/150	80	55 dB	58 dB		F 90
1.12		CW 75/150	80	55 dB	57 dB		F 90

Abb. 3.35 Metallständerwände

Zeile	Ausführungsart	Konstruktionsaufbau		Schallschutz		Feuerschutz	
		Kurzzeichen Kodierung	Hohlraumdämpfung Mineralfaser Dicke mm	bewertete Schalldämm-Maße R'_w	R_w	Beplankung GKB	GKF
2.	**Metall-Doppelständerwände**						
2.1	Ständer verklebt (5 mm selbstklebende Anschlußdichtung)	CW 50 + 50/155	40	55 dB	63 dB	F 30	F 30
2.2	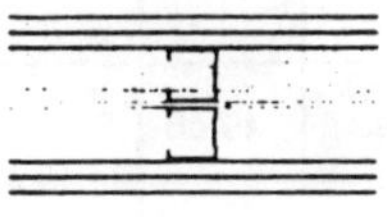	CW 50 + 50/155	80	55 dB			F 90
2.3	Ständer getrennt und verlascht 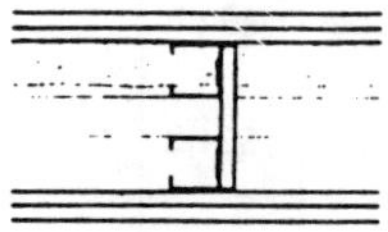	CW 50 + 50/≧ 160	40	53 dB	63 dB	F 30	F 60
2.4	Ständer verklebt (5 mm selbstklebende Anschlußdichtung)	CW 75 + 75/205	40	56 dB	63 dB	F 30	F 60
2.5	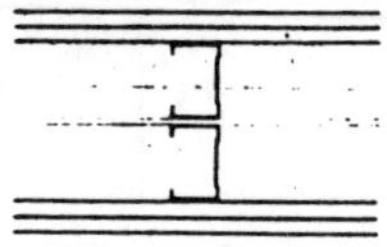	CW 75 + 75/205	80	56 dB	65 dB		F 90
2.6	Ständer getrennt 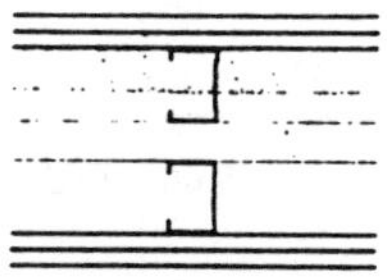	CW 75 + 75/250	40	56 dB	63 dB	F 30	F 60
2.7	Ständer verklebt (5 mm selbstklebende Anschlußdichtung)	CW 100 + 100/255	40	56 dB	63 dB	F 30	F 60
2.8	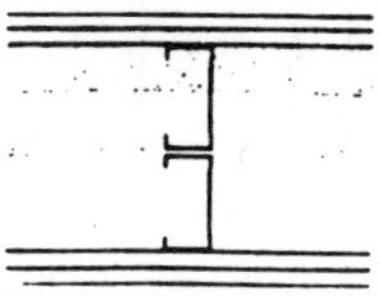	CW 100 + 100/255	80	57 dB	65 dB		F 90

Abb. 3.35 (Fortsetzung) Metallständerwände

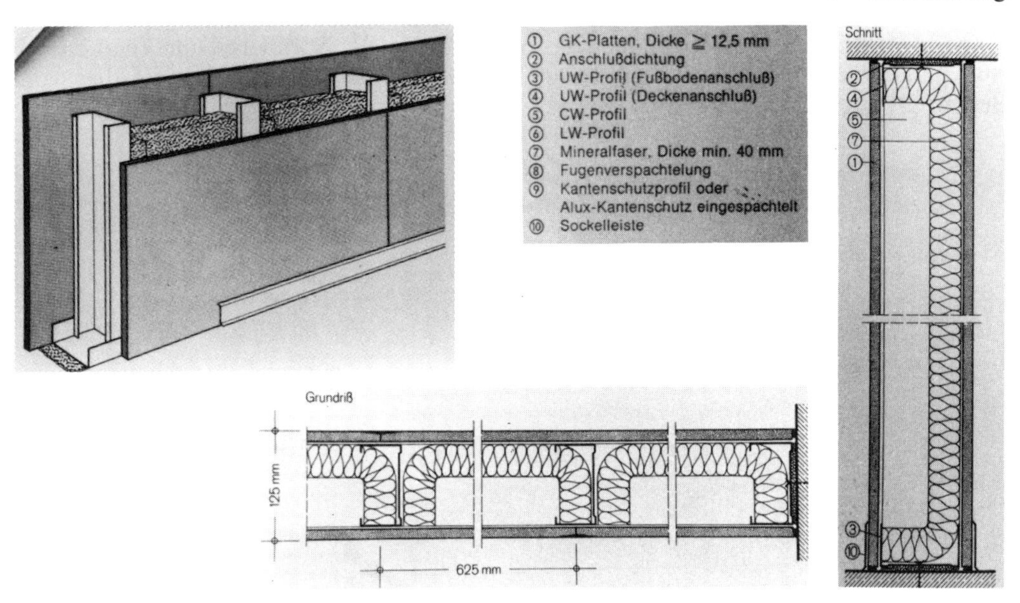

Abb. 3.36 Einfache Metallständerwand mit Mineralfaserdämmung und beidseitiger einfacher GK-Beplankung

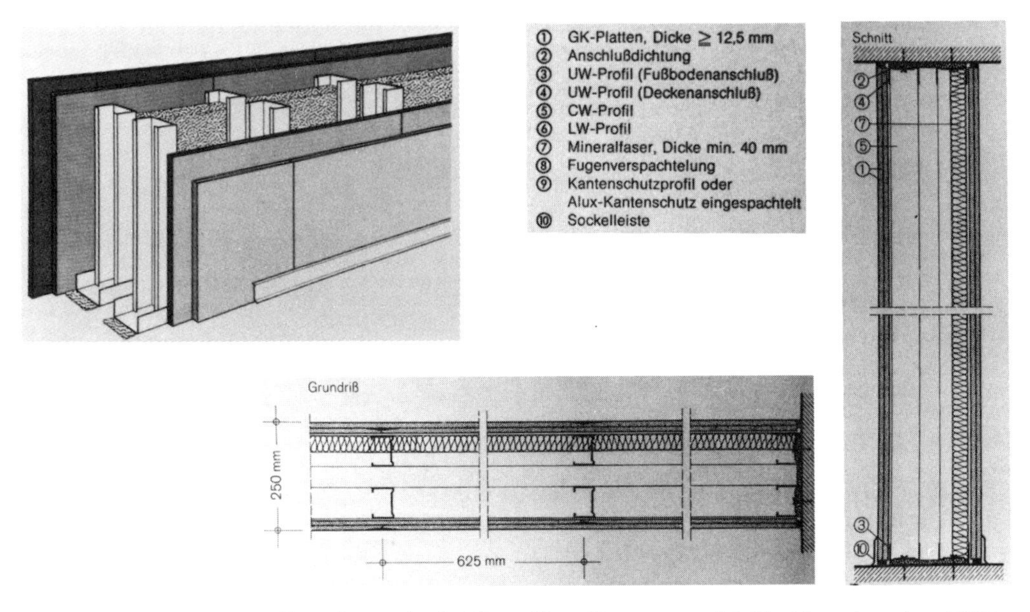

Abb. 3.37 Doppelte Metallständerwand mit Mineralfaserdämmung und beidseitiger doppelter GK-Beplankung

Erläuterungen

Wandlasten können an Tragekonstruktionen, die in die Ständerwände einzubauen sind, angebracht werden. Vor allem in Sanitätsräumen und Küchen ist dies von Bedeutung (vgl. Abb. 3.38–3.40).

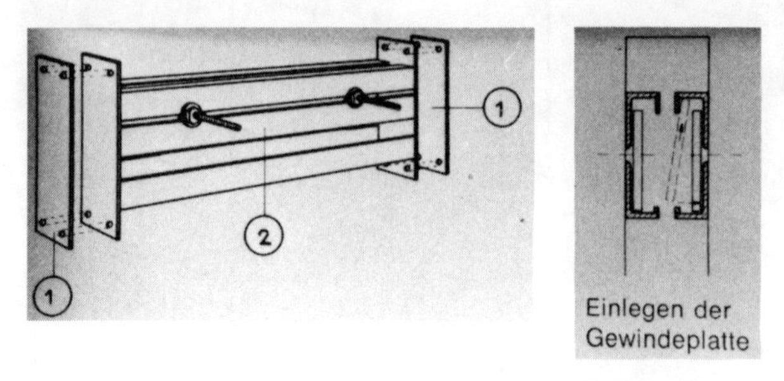

Abb. 3.38 Traversen für einseitiges oder beidseitiges Befestigen von Waschbecken o. ä.

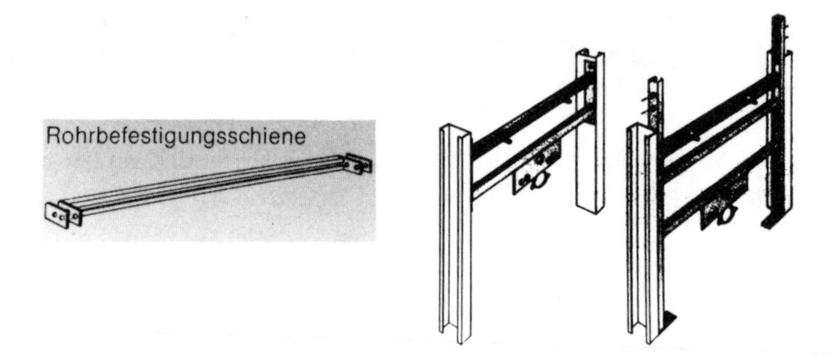

Abb. 3.39 Trageständer mit vorgefertigten Traversen mit Montageplatten für die Armaturen für Waschbecken o. ä.

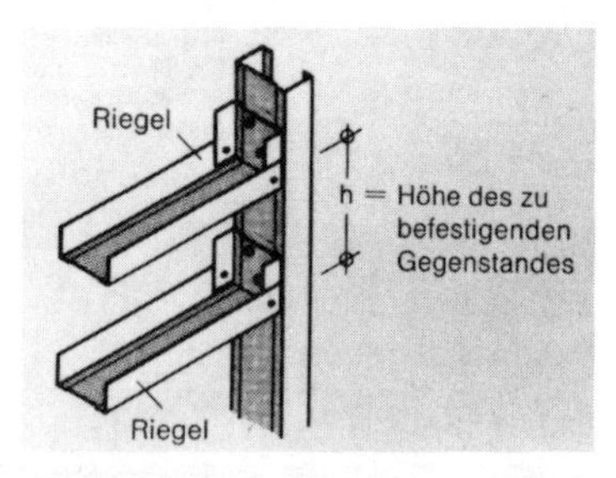

Abb. 3.40 Zusätzliche U-Profile zur Verstärkung bei schweren Wandlasten

Die Befestigungsmöglichkeiten bei Gipskartonwänden sind der Abb. 3.41 zu entnehmen.

Einbauteile in leichte Trennwände:

Zargen für Türen, Fenster, Festverglasungen und dergleichen in Trennwände aus Vollgipsplatten werden im Zug des Wandaufbaus eingemessen, eingebaut und ver-

			Bohrloch Ø in mm	Platten-dicke in mm	Mindestabstand der Befestigungspunkte in cm	Zulässige Belastung/Stck. in N (kp)
	X-Haken					1. 50 (5) 2. 100 (10) 3. 150 (15)
	Befestigungsschraube. Für eine Belastung bis 80 N/Stück (8 kp/Stück)	G 433/25 G 433/35	Nicht vorbohren. Nur von Hand einschrauben.	> 12,5 > 20	- -	80 (8) 80 (8)
	Universal-Dübel. Für eine Belastung von bis zu 300 N/Stück (30 kp/Stück). Ab 9,5 mm Plattendicke. Bei den vorzubohrenden Löchern dürfen die Durchmesser nicht größer sein als die Dübel. Schraubenlänge = mindestens Dübellänge. Geeignet für Holzschrauben von 4–6 mm Dicke	6/28 8/49	6 8	9,5–12,5 15–25	≧ 5 ≧ 5	≦ 200 (≦ 20) ≦ 300 (≦ 30)
	Molly-Schraubanker. Für eine Belastung von bis zu 500 N/Stück (50 kp/Stück). Ab 9,5 mm Plattendicke. Bei den vorzubohrenden Löchern dürfen die Durchmesser nicht größer sein als die Dübel. Weitere Ausführungsarten sind auf Anfrage lieferbar.	6 S/M 5 8 S/M 6 6 L/M 5 8 L/M 6	10 12 10 12	9,5–15 9,5–15 18–25 18–25	≧ 5 ≧ 5 ≧ 5 ≧ 30	≦ 200 (≦ 20) ≦ 300 (≦ 30) ≦ 250 (≦ 25) ≦ 500 (≦ 50)

Abb. 3.41 Befestigungsmittel bei Gipskartonwänden

gossen. In der Regel werden Metallumfassungszargen für die verschiedenen Wanddicken und Türöffnungen verwendet; bei Holztürfutter mit Bekleidung erfolgt der Einbau meist nach Fertigstellung der Wand.

In Ständerwänden werden verschiedene Typen von Schnellbauzargen verwendet: Zargen, die beim Erstellen der Wände sofort miteingebaut werden, oder dreiteilige Schnellbauzargen, die nach dem Tapezieren gesetzt werden.

In Ständerwänden ist für Einbauteile eine Verstärkung in deren Anschlußbereich erforderlich; außer im Bereich der Decken- und Fußbodenanschlüsse ist die Öffnung noch zusätzlich mit einem eingestellten Rahmenholz in den C-Ständer am Türabschluß oder mit einem 2 mm starken Ständerprofil zu verstärken. Im Sturzbereich ist zusätzlich ein Sturzprofil erforderlich.

Einbauzargen kommen sowohl sturzhoch als auch raumhoch mit Oberlicht zur Ausführung.

Für Metallständerwände mit besonderen Anforderungen, z. B. an den Brandschutz, Schallschutz und Strahlenschutz, stehen entsprechend geeignete Einbauelemente zur Verfügung. Für den Einbau dieser Konstruktionen sind die Richtlinien der Herstellerwerke zu beachten.

Metallständerwände mit besonderen Anforderungen an den Strahlenschutz sind mit einer Beplankung aus Gipskarton-Strahlenschutzplatten zu versehen.

Der Bleigleichwert (Walzbleidicke) ist vom Auftraggeber in dem Strahlenschutzplan, den er dem Auftragnehmer zur Verfügung stellen muß, vorzugeben. Danach bestimmt sich die Walzbleikaschierung auf der Gipskarton-Bauplatte. Zur Stoßfugensicherung ist zuvor ein Walzbleistreifen auf die Metallprofile aufzukleben.

Bei Ausführung derartiger Strahlenschutzwände ist gemäß Strahlenschutzplan sorgfältig darauf zu achten, daß der Strahlenschutz lückenlos ist. Eingebaute Installationen dürfen die für den Strahlenschutz erforderliche Baustoffdicke nicht beeinträchtigen. Nötigenfalls sind zusätzlich Bleieinlagen einzubauen. Elektrodosen sind mit dafür konstruierten Strahlenschutzkappen abzudecken.

Beim Einbau von Metallständerwänden mit besonderen Anforderungen an den Strahlenschutz sind die Vorschriften der Herstellerwerke zu beachten.

3.5.5 Unterböden aus Gipskartonplatten oder Gipskarton-Verbundplatten.

Unterböden aus Gipskartonplatten oder Gipskarton-Verbundplatten sind nach den Richtlinien der Hersteller auszuführen.

Unterböden aus Gipskartonplatten oder Gipskarton-Verbundplatten sind mit Fugenversatz zu verlegen. Stöße sind zu verkleben, und am Wandanschluß ist ein Mineralfasserrand-Dämmstreifen einzulegen. Bei Verlegung auf Trockenschüttung sind im Türbereich oder beim Anschluß an Massivböden die Gipskartonplatten oder Gipskarton-Verbundplatten in Schütthöhe mit einem Brett oder einer Winkelschiene zu unterfangen, wenn in der Leistungsbeschreibung nichts anderes vorgeschrieben ist, z. B. Schallschutzanforderungen.

Gipskarton-Verbundelemente als Trockenunterböden werden in der Regel zur Verbesserung von Unterböden verwendet. Das Trockenunterboden-Verbundelement ist 25 mm dick und besteht aus 3 miteinander verklebten, 8 mm dicken Gipskartonplatten mit Nut- und Federausführung.

Die 600 × 2 000 mm großen Platten werden auf bituminierter Schüttung schwimmend bei unebenen Rohdecken von mehr als 20 mm Differenz oder unmittelbar auf dem Unterboden mit einer Trennschicht verlegt. Der Ausgleich von Unebenheiten bis 15 mm erfolgt mit einer Bodenspachtelmasse. Zuvor sind vorhandene Schlitze, Ritzen und dergleichen mit einer Füllspachtelmasse zu schließen.

Trockenunterböden auf Beton oder Holz sind auf einer Trennschicht aus Wellpappe zu verlegen. In nicht unterkellerten Räumen ist der Trockenunterboden auf einer Trennschicht aus Polyäthylen-Folie, 0,2 mm dick, mit einer Überlappung von mindestens 20 mm zu verlegen. Die Folie ist an den Wandanschlüssen ca. 6 cm hochzuführen. Im übrigen ist DIN 18 337 „Abdichtungen gegen nichtdrückendes Wasser“ zu beachten.

Der Anschluß an Wände ist mit 10 mm dicken Mineralfaserstreifen herzustellen. Trockenunterboden-Verbundelemente werden durchgehend mit einem Fugenversatz von mindestens 25 cm verlegt. Es dürfen weder Kreuzfugen noch stumpfe Stöße entstehen. Die Verklebung der Plattenstöße untereinander erfolgt an den Stößen mit einem Spezialkleber. Im Türbereich ist der Unterboden bei Schüttungen als Höhenausgleich mit einem 10 cm breiten Holz in Schütthöhe zu unterfangen. Bei Betonböden können auch Winkelschienen verwendet werden.

In Feuchträumen sind die Wandfugen mit Dichtungsmasse abzudichten.

Je nach dem Oberbelag ist eine entsprechende Vorbehandlung notwendig:

- bei Teppichböden:
  Fugenverspachtelung und Tiefgrundanstrich;
- bei Steinzeugbodenfliesen:
  Fugenverspachtelung und Tiefgrundanstrich. Steingutfliesen sind für die Verlegung auf Trockenunterböden ungeeignet;
- bei Parkettböden:
  keine Fugenverspachtelung, Fertigparkett ist schwimmend zu verlegen.

Trockenunterboden-Verbundelemente mit Dämmschicht werden in 2 Dicken hergestellt:

3 × 8 mm Unterbodenplatten aus Gipskarton mit 20 mm Dämmung aus Polystyrol-Hartschaum,
3 × 8 mm Unterbodenplatten aus Gipskarton mit 30 mm Dämmung aus Polystyrol-Hartschaum.

Trockenunterboden-Verbundelemente werden verlegt wie Trockenunterboden-Elemente.

Beim Einbau von Fußbodenheizungen können Trockenunterboden-Elemente verwendet werden. Sie werden auf die wasser- bzw. medienführenden Leitungen, die in vorgefertigte Dämmplattenelemente eingelegt sind, verlegt. Das Trockenunterboden-Verbundelement für Fußbodenheizungen hat die Abmessungen 600 × 1 500 × 19 mm.

3.5.6 Außenwandbekleidungen

Außenwandbekleidungen sind nach den „Richtlinien für Fassadenbekleidung mit und ohne Unterkonstruktion" auszuführen. Für Außenwandbekleidungen aus kleinformatigen Platten und Asbestzementplatten gilt außerdem DIN 18 517 Teil 1 „Außenwandbekleidungen mit kleinformatigen Fassadenplatten, Asbestzementplatten", wenn in der Leistungsbeschreibung nichts anderes vorgeschrieben ist.

Außenwandbekleidungen bestehen aus
- Unterkonstruktionen,
- Verbindungselementen,
- Bekleidungen,
- Ergänzungsteilen.

Unterkonstruktionen werden in der Regel aus Holz, Aluminium oder Stahl hergestellt. Die Unterkonstruktion aus Holz mit Trag- und Konterlattung muß einen Querschnitt von mindestens 24 × 48 mm aufweisen. Bei Stahl und Aluminiumprofilen muß die Materialdicke mindestens 1,25 mm betragen. Unterkonstruktionen sind nach den Erfordernissen der Bekleidung (Größe, Gewicht) zu bemessen und zu verankern. Ein statistischer Nachweis ist je nach landesrechtlicher Vorschrift zu erbringen.

Verbindungselemente sind
- Befestigungsmittel zur Befestigung der Bekleidung auf der Unterkonstruktion bzw. am Untergrund,
- Verbindungsmittel zur Verbindung von Teilen der Unterkonstruktion miteinander,
- Verankerungsmittel zur Befestigung der Unterkonstruktion am Untergrund.

Erläuterungen

Bekleidungen sind vorgefertigte Platten in unterschiedlicher Größe und Dicke. Sie werden aus unterschiedlichen Baustoffen je nach dem vorgesehenen Zweck und der gestalterischen Wirkung hergestellt und verlegt.

Ergänzungsteile sind
- Anschlußprofile für Ecken, Sockel und Leibungen,
- Lüftungsschienen,
- Vorrichtungen zum Anbringen von Gerüsten,
- Dichtungsbänder.

Für die Verlegung von kleinformatigen Fassadenplatten und Faserzementplatten gibt es zahlreiche Deckungsarten, z. B.
- Stülpdeckung,
- Quaderdeckung,
- Deutsche Deckung,
- Wabendeckung mit gestutzten Ecken,
- Doppeldeckung.

4 Nebenleistungen

Nebenleistungen sind Leistungen, die auch ohne Erwähnung in der Leistungsbeschreibung zur vertraglichen Leistung gehören (siehe Teil B – DIN 1961 – § 2 Nr. 1).

Während in Abschnitt 3 die Regelausführungen beschrieben sind, wird in Abschnitt 4 eine Abgrenzung getroffen zwischen
- Leistungen, die vom Auftragnehmer als Nebenleistung zu erbringen sind, und
- solchen Leistungen, die besondere Leistungen darstellen und keine Nebenleistung sind.

Die Systematik des Abschnitts 4 macht folgende Unterscheidung:

a) In Abschnitt 4.1 sind diejenigen Leistungen zusammengestellt, die grundsätzlich als Nebenleistung gelten.

b) In Abschnitt 4.2 sind solche Leistungen aufgeführt, die nur dann als Nebenleistung gelten und ohne gesonderte Vergütung zu erbringen sind, wenn sie in der Leistungsbeschreibung nicht durch besondere Ansätze erfaßt sind. Im Regelfall sollte der Auftraggeber daran interessiert sein, die hier aufgeführten Leistungen von der Hauptleistung zu trennen und sie in besonderen Ansätzen zu erfassen. Dies sollte insbesondere dann beachtet werden, wenn diese Leistungen einen wesentlichen Preisbestandteil des Gesamtauftrags ausmachen und für die Preise der Hauptleistungen sich sonst kein hinreichend klares Preisbild bei der Beurteilung des Angebots ergibt.

c) In Abschnitt 4.3 findet sich eine Aufzählung derjenigen Leistungen, die nicht gemäß Abschnitt 4.1 und 4.2 aufgrund der gewerblichen Verkehrssitte zur vertraglichen Leistung gehören. Sie sind nur in besonderen Fällen erforderlich und entweder in besonderen Ansätzen zu erfassen oder nachträglich zu vereinbaren. Es handelt sich bei den in Abschnitt 4.3 genannten Leistungen nach übereinstimmender Auffassung der Auftraggeber- und der Auftragnehmerseite im Deutschen Verdingungsausschuß nicht um Nebenleistungen, sondern um solche Leistungen, die als Hauptleistung zu behandeln und daher auch gesondert zu vergüten sind.

Die Aufzählung der in den Abschnitten 4.1 bis 4.3 aufgeführten Leistungen ist nicht abschließend und erschöpfend; aufgezählt sind nur häufig wiederkehrende Sachverhalte.

Mit dem Klammervermerk verweist diese Vorschrift auf die Allgemeinen Vertragsbedingungen für die Ausführung von Bauleistungen VOB Teil B, die in § 2 Nr. 1 den Umfang der Leistungen abstecken, die grundsätzlich durch den vereinbarten Preis abgegolten sind. Es sind diejenigen Leistungen, die nach der Leistungsbeschreibung (hierzu rechnen außer dem Leistungsverzeichnis auch Baupläne, Zeichnungen, Muster oder Proben), den Besonderen Vertragsbedingungen, den Zusätzlichen Vertragsbedingungen, den Allgemeinen Technischen Vorschriften, den Zusätzlichen Technischen Vorschriften für Bauleistungen und der gewerblichen Verkehrssitte zur vertraglichen Leistung gehören. Welche Leistungen nach der gewerblichen Verkehrssitte zur vertraglichen Leistung gehören, bestimmt sich nach der Auffassung der einschlägigen Fachkreise am Leistungsort. Maßgebend ist also diejenige Verkehrssitte, die von den betreffenden Fachkreisen gewerbeüblich an dem Ort praktiziert wird, an dem die vertragliche Leistung zu erbringen ist.

Erläuterungen

Für die Preiskalkulation und die Preisvereinbarung, gegebenenfalls auch für die Bestimmung der üblichen Vergütung im Sinne des § 632 Absatz 2 BGB, ist die Frage von Bedeutung, ob und in welchem Umfang der Auftragnehmer im Zusammenhang mit der Hauptleistung auch Nebenleistungen ohne gesonderte Vergütung zu erbringen hat. Aus diesem Grunde ist es von Wichtigkeit, daß Art und Umfang der vom Auftragnehmer zu erbringenden Nebenleistungen bereits bei der Preiskalkulation und der Preisvereinbarung bekannt sind und entsprechend berücksichtigt werden können. Dies entspricht auch dem allgemeinen Grundsatz gemäß VOB Teil A § 9 Nr. 1, wonach die Leistung *eindeutig und so erschöpfend zu beschreiben ist, daß alle Bewerber die Beschreibung im gleichen Sinne verstehen müssen und ihre Preise sicher und ohne umfangreiche Vorarbeiten berechnen können.*

Von Bedeutung sind in diesem Zusammenhang besonders die im Abschnitt 0 genannten Hinweise für die Leistungsbeschreibung, die der Auftraggeber nach Lage des Einzelfalles anzugeben hat. Wenn der Auftraggeber dieser aus VOB Teil A § 9 folgenden „Hinweispflicht“ nicht in dem sachlich gebotenen Maße nachkommt, können sich daraus je nach Lage des Einzelfalles Schadensersatzansprüche gegen ihn ergeben. Andererseits kann aber auch den Auftragnehmer eine Aufklärungspflicht dahingehend treffen, daß er den Auftraggeber auf mögliche Unklarheiten in der Leistungsbeschreibung, insbesondere aber auch auf mögliche Unklarheiten über Art und Umfang von Nebenleistungen hinzuweisen hat mit dem Ziel, im Rahmen von Vertragsverhandlungen und beim Vertragsabschluß die notwendige Klarstellung herbeizuführen.

4.1 Folgende Leistungen sind Nebenleistungen:

4.1.1 Messungen für das Ausführen und Abrechnen der Arbeiten einschließlich des Vorhaltens der Meßgeräte, Lehren, Absteckzeichen usw., des Erhaltens der Lehren und Absteckzeichen während der Bauausführung und des Stellens der Arbeitskräfte, jedoch nicht Leistungen nach Teil B – DIN 1961 – § 3 Nr. 2.

In VOB Teil B § 3 Nr. 2 ist vertragsrechtlich geregelt:

Das Abstecken der Hauptachsen der baulichen Anlagen, ebenso der Grenzen des Geländes, das dem Auftragnehmer zur Verfügung gestellt wird, und das Schaffen der notwendigen Höhenfestpunkte in unmittelbarer Nähe der baulichen Anlagen sind Sache des Auftraggebers.

Messungen für die Ausführung und die Abrechnung der Arbeiten des Auftragnehmers einschließlich der Vorhaltung der Meßgeräte sind eine Nebenleistung, die nicht gesondert vergütet wird. Dies folgt zwangsläufig auch aus VOB Teil B § 14 Nr. 1, wonach der Auftragnehmer seine Leistungen prüfbar abzurechnen hat und gemäß Nr. 2 dieser Bestimmung die für die Abrechnung notwendigen Feststellungen dem Fortgang der Leistung entsprechend möglichst gemeinsam vorzunehmen sind.

Bei diesen Nebenleistungen werden zweierlei Arten von Messungen unterschieden:
a) Messungen, die für die Ausführung der Arbeit erforderlich sind, und
b) Messungen, die für die Abrechnung der Arbeiten vorgenommen werden müssen.
In beiden Fällen gehört auch das Vorhalten der erforderlichen Meßgeräte und die Bereitstellung der Arbeitskräfte zur Nebenleistung des Auftagnehmers.

Zu a):
Messungen für die Ausführung der Arbeiten sind z. B.

- das Einmessen und Einnivellieren von abgehängten Decken auf die vom Auftraggeber angegebene Höhe,
- das Ausfluchten von Wänden bei der Ausführung mit Pariser Leisten,
- das Einmessen von Einbauwänden,
- Messungen zur Abgrenzung von Putzflächen.

Zu b):
Messungen für die Abrechnung der fertiggestellten Arbeiten sind gemäß VOB Teil B § 14 Nr. 2 möglichst gemeinsam vorzunehmen.

In VOB Teil B § 14 Nr. 2 ist bestimmt:

Die für die Abrechnung notwendigen Feststellungen sind dem Fortgang der Leistung entsprechend möglichst gemeinsam vorzunehmen. Die Aufmaßbestimmungen in den Technischen Vorschriften und der anderen Verdingungsunterlagen sind zu beachten. Für Leistungen, die bei Weiterführung der Arbeiten nur schwer feststellbar sind, hat der Auftragnehmer rechtzeitig gemeinsame Feststellungen zu beantragen.

4.1.2 Schutz- und Sicherheitsmaßnahmen nach den Unfallverhütungsvorschriften und den behördlichen Bestimmungen.

Diese Vorschrift ist für den Auftragnehmer deshalb von besonderer Bedeutung, weil sie ihm als Nebenleistung die Einhaltung und Erfüllung von Schutz- und Sicherheitsmaßnahmen auferlegt, deren Nichteinhaltung große Gefahren und Risiken für ihn zur Folge haben kann. Es ist für jeden Auftragnehmer unumgänglich notwendig, sich mit allen Bestimmungen und Vorschriften dieser Art vertraut zu machen. Als wichtigste Vorschriften sind zu nennen:
- Unfallverhütungsvorschriften, Merkblätter und Richtlinien der Bauberufsgenossenschaft;
- baurechtliche Vorschriften der örtlich zuständigen Bauaufsicht;
- Vorschriften des vorbeugenden Brandschutzes;
- Vorschriften für die Verkehrssicherung;
- Bestimmungen des Arbeitsschutzes;
- Bestimmungen der Gewerbeaufsicht;
- Bestimmungen des Jugendschutzes;
- Bestimmungen über den Immissionsschutz (Umweltschutz, Lärmschutz).

4.1.3 Schutz der ausgeführten Leistungen und der für die Ausführung übergebenen Gegenstände vor Beschädigung und Diebstahl bis zur Abnahme.

Die Regelung der Schutz- und Erhaltungsverpflichtung als einer Nebenpflicht des Auftragnehmers ergibt sich aus der generellen Vertragsbedingung nach VOB Teil B § 4 Nr. 5 Satz 1. Diese Schutz- und Erhaltungsverpflichtung des Auftragnehmers erstreckt sich vom Beginn der Ausführung seiner Leistung bis zu deren Abnahme durch den Auftraggeber. Sie umfaßt seine eigene Leistung und auch bereits begonnene Teile seiner Leistung sowie alle Gegenstände, Stoffe, Bauteile, Geräte, die ihm für die Ausführung seiner Leistung übergeben wurden, damit also auch die ihm zugänglichen Teile der baulichen Anlage des Auftraggebers. Der Umfang der jeweils nötigen Schutzmaßnahmen wird sich nur vom Einzelfall her beurteilen lassen. Allerdings sind auch hier dem Zumutbaren Grenzen zu setzen und teilweise durch Satz 2 des oben zitierten § 4 Nr. 5 auch festgelegt. Einmal können die Schutz- und Erhaltungsleistungen nur im Rahmen des wirtschaftlich Vertretbaren und nicht über die gewerbeüblichen Maßnahmen hinaus erwartet werden, zum anderen sind mit Satz 2 Winterschäden und Schäden durch Grundwasser sowie die Beseitigung von Schnee und Eis, jedenfalls als Regelpflicht, ausgenommen. Maßnahmen, die hier notwendig werden, sind nur auf Verlangen des Auftraggebers und dann gegen entsprechende Vergütung (siehe VOB Teil B § 2 Nr. 6 und nachfolgend Abschnitt 4.3.13) zu erbringen, es sei denn, daß sie bereits im Vertrag vereinbart wurden.

Der Vollständigkeit halber sei abschließend bemerkt, daß Schäden und Zerstörungen durch höhere Gewalt und andere, für den Auftragnehmer unabwendbare und von ihm nicht zu vertretende Umstände und Ereignisse nicht zu dem hier besprochenen Bereich gehören. Für diese Fälle bringt VOB Teil B § 7 die nötige Regelung.

4.1.4 Heranbringen von Wasser und Energie von den vom Auftraggeber auf der Baustelle zur Verfügung gestellten Anschlußstellen zu den Verwendungsstellen.

Nach dieser Bestimmung gilt, daß es Sache des Auftraggebers ist, Anschlußstellen für Wasser, Gas und Strom auf der Baustelle einzurichten und dem Auftragnehmer zur Verfügung zu stellen. Unter Baustelle ist in der Regel die Grundstücksparzelle zu verstehen, auf der das Gebäude errichtet ist. Diese Anschlußstellen sind vom Auftraggeber kostenlos zur Verfügung zu stellen (vgl. VOB Teil B § 4). Die Zuleitungen von diesen Anschlußstellen zu den Verwendungsstellen sind vom Auftragnehmer als Nebenleistung ohne besondere Vergütung herzustellen. Bei weitläufigen Baustellen soll die Leistungsbeschreibung entsprechende Angaben über die Entfernung der Anschlußstellen zu den Verwendungsstellen enthalten (vgl. VOB Teil A § 9 Nr. 4). Für den Auftragnehmer ist es aus Gründen einer einwandfreien Preisermittlung besonders wichtig, daß vom Auftraggeber die Anschlußstellen von Wasser, Gas und Strom in der Leistungsbeschreibung möglichst genau angegeben werden.

Entnahme von Wasser:
Für die Herstellung von Putz- und Stuckarbeiten wird Wasser benötigt; Wasserverwendung ist also somit ein notwendiger Teil der Bauleistung. Die Kosten für das verbrauchte Wasser werden durch den für die Hauptleistung vereinbarten Preis abgegolten. Sie müssen daher vom Auftragnehmer getragen und, wenn der Wasserverbrauch zu Lasten eines anderen Bauhandwerkers oder des Bauherrn geht, diesem erstattet werden (vgl. VOB Teil B § 4 Nr. 4c). Zur Nebenleistung gehört die Unterhaltung der Zuleitung von der Anschlußstelle zur Verwendungsstelle. Der Auftragnehmer ist haftbar für alle Schäden, die durch mangelhafte Ausführung und Instandhaltung der Zuleitung entstehen, wenn sie auf sein Verschulden zurückzuführen sind (vgl. VOB Teil B § 10 Nr. 1). Aus diesem Grunde ist die Verwendung schadhafter Rohre, Verbindungsstücke, Wasserschläuche und Behälter usw. zu vermeiden. Es empfiehlt sich, nach Arbeitsschluß die Hauptleitung jeweils abzustellen und Schlauchleitungen zu entfernen. Bei Winterarbeiten (Frostgefahr) sind sämtliche Zuleitungen entsprechend zu schützen und, ebenso wie die verwendeten Wasserbehälter, nach Arbeitsschluß zu entleeren.

Entnahme von Gas:
Im allgemeinen kommt die Verwendung von Gas zur Ausführung von Putz- und Stuckarbeiten nicht in Betracht. Wird jedoch, z. B. zum Zwecke der Bauheizung, Gas verwendet, so sind die Vorschriften des Gaswerks sorgfältig zu beachten. Wenn die Bauheizung dem Auftragnehmer nach dem Vertrag nicht obliegt, sie vom Auftrag-

geber aber gefordert wird, hat der Auftragnehmer einen Anspruch auf Erstattung der Verbrauchskosten, wobei dieser Anspruch nach VOB Teil B § 2 Nr. 6 rechtzeitig vor Ausführung dem Auftraggeber anzukündigen ist.

Entnahme von Strom:
Bei Entnahme von Strom sind die Zuleitungen nach den Vorschriften der Elektrizitätswerke herzustellen. Dem Auftragnehmer der Putz- und Stuckarbeiten obliegt es, bei Verwendung von Strom die einschlägigen Vorschriften einzuhalten.

4.1.5 Vorhalten der Kleingeräte und Werkzeuge.

Unter Vorhalten ist zu verstehen: Das Bereitstellen, d. h. das Heranbringen, Unterhalten und Entfernen von Geräten und Stoffen usw. Diese Geräte und Stoffe gehen nicht in das Bauwerk ein, sondern werden nur als Hilfsmittel für die Herstellung der vertraglichen Leistung benötigt. Sie gehen daher nicht in das Eigentum des Auftraggebers über.

Die vorliegende Bestimmung umfaßt nur das Vorhalten von Kleingeräten und Werkzeugen, nicht auch das Vorhalten von Maschinen und Gerüsten.

4.1.6 Liefern der Betriebsstoffe.

Betriebsstoffe sind Stoffe, die für den Betrieb der Maschinen, Geräte und Fahrzeuge benötigt werden, z. B. Benzin, Öl, Kohle, Gas usw. Betriebsstoffe gehen nicht in das Bauwerk ein, sie sind keine Baustoffe.

Die Lieferung der Betriebsstoffe ist eine echte Nebenleistung. Die Kosten hierfür hat der Auftragnehmer zu tragen. In diesem Sinne ist auch in VOB Teil B § 4 Nr. 4 bestimmt, daß der Auftragnehmer die Kosten für den Verbrauch von Wasser, Gas und Strom zu tragen und auch die entsprechenden Meßgeräte vorzuhalten hat.

Werden Maschinen und die dazu nötigen Betriebsstoffe auch von anderen Unternehmern benutzt oder z. B. Strom auch von anderen Unternehmern entnommen, so ist dem Auftragnehmer der Putz- und Stuckarbeiten dringend zu empfehlen, zuvor mit den anderen Unternehmern eine Regelung über die Kosten zu treffen. Ebenso hat der Auftragnehmer, wenn er Maschinen und Betriebsstoffe anderer Unternehmer benutzen will, zuvor die Einwilligung dieser Unternehmer einzuholen und mit ihnen auch über die Kosten eine Vereinbarung herbeizuführen.

4.1.7 Befördern aller Stoffe und Bauteile, auch wenn sie vom Auftraggeber beigestellt sind, von den Lagerstellen auf der Baustelle zu den Verwendungsstellen und etwaiges Rückbefördern.

Der Auftragnehmer hat alle Stoffe und Bauteile, die er zur Ausführung seiner Leistung benötigt, grundsätzlich bis zur Verwendungsstelle zu befördern und übrigbleibende Stoffe und Bauteile zurückzubefördern. Werden Stoffe oder Bauteile vom Auftraggeber gestellt, so obliegt es nach der vorstehenden Vorschrift auch in diesem Falle dem Auftragnehmer, diese Stoffe und Bauteile von der Lagerstelle auf der Baustelle bis zur Verwendungsstelle zu befördern.

Eine Nebenleistung im Sinne dieser Bestimmung ist also nicht das Abladen der bauseits gestellten Stoffe und Bauteile bei der Anlieferung an der Lagerstelle. Denn das Abladen bauseits gestellter Stoffe und Bauteile an der Lagerstelle fällt in den Aufgabenbereich des Auftraggebers.

Wünscht der Auftraggeber bezüglich der von ihm beigestellten Stoffe und Bauteile, daß sie von einem Lagerplatz außerhalb der Baustelle oder von einem Lieferwerk durch den Auftragnehmer abgeholt und zur Baustelle befördert werden, so ist der Abholort im Leistungsverzeichnis genau anzugeben (vgl. VOB Teil A § 9 Nr. 3), andernfalls sind die dafür anfallenden Kosten besonders zu vergüten. Bezüglich der Haftung für das vom Auftraggeber beigestellte Material vgl. die Erläuterungen zu Abschnitt 1.3.

4.1.8 Sichern der Arbeiten gegen Tagwasser, mit dem normalerweise gerechnet werden muß, und seine etwa erforderliche Beseitigung.

Diese Vorschrift beinhaltet für den Auftragnehmer die Verpflichtung, Vorkehrungen zu treffen, daß Beschädigungen an seiner Bauleistung durch Tagwasser nicht entstehen. Unter Tagwasser im Sinne dieser Vorschrift ist Regen- und Schneewasser zu verstehen, nicht aber z. B. Grundwasser, Sicker- und Abwasser, Leitungs- und Bauwasser. Nach dieser Vorschrift sind Vorkehrungen nur insoweit und nur in dem Zusammenhang zu treffen, als mit Tagwasser normalerweise gerechnet werden muß, wie es nach der geographischen Lage, den klimatischen Verhältnissen und der allgemeinen Erfahrung am Bauort immer wiederkehrt. Ist der Auftragnehmer z. B. mit den klimatischen Verhältnissen nicht eingehend vertraut, so hat er sich vor Ausführung der Arbeiten über diese Umstände Gewißheit zu verschaffen. Selbst Unwetter sind nicht immer außergewöhnliche, für den Auftragnehmer unabwendbare Tagwassererscheinungen. Mit ihnen muß je nach Jahreszeit und Landschaft mitunter normalerweise gerechnet werden. Zur vertraglichen Leistung des Auftragnehmers gehört es aber nicht, Vorkehrungen gegen unvorhersehbare Unwetter zu treffen. Wird jedoch die Leistung des Auftragnehmers noch vor der Abnahme infolge von Tagwasser, mit dem normalerweise nicht gerechnet werden muß, beschädigt, so behält der Auftragnehmer unter den Voraussetzungen von VOB Teil B § 7 Nr. 1 seinen Anspruch auf die Vergütung für die bisher von ihm erbrachten Leistungen.

Das Sichern der Arbeiten gegen Tagwasser hat nach den handwerksüblichen Regeln zu erfolgen. Bei der Ausführung von Außenputzarbeiten sind für die Ableitung von Regenwasser während der Bauzeit vom Klempner Notknie und Wasserabweiser vorzuhalten und so anzubringen, daß sie über die Rüstung hinausreichen. Dies ist in ATV DIN 18 339 – Klempnerarbeiten – vorgeschrieben. Werden jedoch die Regenfallrohre vom Auftragnehmer der Putz- und Stuckarbeiten selbst angebracht, so hat er dafür zu sorgen, daß das Regenwasser so abgeleitet wird, daß kein Schaden entstehen kann.

4.1.9 Beleuchten, Beheizen und Reinigen der Aufenthalts- und Sanitärräume für die Beschäftigten des Auftragnehmers.

Diese Vorschrift betrifft Verpflichtungen des Auftragnehmers gegenüber seinen Arbeitnehmern, wie sie allgemein bereits in VOB Teil B § 4 Nr 2, in der Gewerbeordnung sowie in den Bestimmungen des Arbeitsschutzes festgelegt sind. Üblicherweise werden den Arbeitnehmern bei der Ausführung von Putz- und Stuckarbeiten Räume im Bau als Aufenthaltsräume oder Tagesunterkünfte in Baustellenwagen des Auftragnehmers zur Verfügung gestellt. Dasselbe gilt für Sanitärräume. Außer der Bereitstellung geeigneter, den Vorschriften der Arbeitsstätten-Verordnung entsprechender Aufenthalts- und Sanitärräume stellt auch das Beleuchten, Beheizen und Reinigen dieser Räume eine Nebenleistung für den Auftragnehmer dar.

4.1.10 Beseitigen aller Verunreinigungen und Abfälle (Bauschutt und dergleichen), die von den Arbeiten des Auftragnehmers herrühren.

Bei Putz- und Stuckarbeiten in nasser Bauweise entstehen in der Regel zweimal Verunreinigungen im Bau durch Mörtelreste, und zwar erstmals bei der Ausführung des Wand- und Deckenputzes. Die Verunreinigungen sind unmittelbar nach Fertigstellung der Arbeiten bzw. einzelner Arbeitsabschnitte vom Auftragnehmer stockwerkweise besenrein zu entfernen. Eine zweite Reinigung fällt an, wenn die Beiputzarbeiten fertiggestellt sind.

Unter Reinigung im Sinne dieser Vorschrift ist zu verstehen, daß alle Verunreinigungen auf dem Boden und an anderen Bauteilen, z. B. Fenster, Türen, Heizkörper usw., sachgemäß, d. h. ohne Beschädigung der zu reinigenden Bauteile entfernt werden. Zweckmäßig ist, die Reinigungskosten dadurch niedriger zu halten, daß schwer zu reinigende Bauteile vor Ausführung der Putzarbeiten durch Abdecken oder Verhängen gegen Verschmutzung geschützt werden. Hierunter fallen auch besondere Schutzmaßnahmen nach Abschnitt 4.3.16, die keine Nebenleistung darstellen und vom Auftraggeber gesondert zu vergüten sind.

Der anfallende Bauschutt ist entweder auf den ausdrücklich vom Auftraggeber angegebenen Abladeplatz zu schaffen oder von der Baustelle auf einen vom Auftragnehmer selbst zu bestimmenden Platz zu verbringen.

Häufig werden im Bau von den verschiedensten Auftragnehmern, die ihre Bauleistung nach der Fertigstellung des Wand- und Deckenputzes auszuführen haben, ihrerseits vertragswidrig Putzflächen abgeschlagen und zur Befestigung ihrer Bauteile Gipsmörtel verwendet. Besonders große Verunreinigung entsteht durch nachträgliches Schlagen von Leitungsschlitzen, Durchbrüchen, über das erforderliche Maß hinausgehendes Abschlagen von Putzflächen für Fliesenbeläge, durch nachträgliches Abändern von Holzputzleisten und dergleichen. Diese Verunreinigungen rühren dann nicht mehr von den Arbeiten des Auftragnehmers der Putz- und Stuckarbeiten her. Deshalb ist die Beseitigung dieser Verunreinigungen und dieses Bauschutts keine vertragliche Nebenleistung, sondern, sofern ihre Ausführung vom Unternehmer der Putzarbeiten gefordert wird, für diesen eine zusätzliche Leistung, die gesondert vergütet werden muß; sie ist wie das Nachputzen nach Abschnitt 4.3.15 zu behandeln und rechtfertigt auch dann gegenüber dem Auftragnehmer der Putzarbeiten keinen Abzug, wenn diese Verunreinigungen von anderen Handwerkern beseitigt werden.

4.1.11 Auf- und Abbauen sowie Vorhalten der Gerüste, deren Arbeitsbühnen bis zu 2 m über Gelände oder Fußboden liegen.

Zu den nicht gesondert vergütungspflichtigen Nebenleistungen des Auftragnehmers gehört es, Gerüste mit einer Arbeitsbühne bis zu 2 m über Gelände oder Fußboden aufzubauen und vorzuhalten. Daraus folgt, daß Gerüste mit einer höheren Arbeitsbühne als 2 m über Gelände oder Fußboden als zusätzliche, gesondert vergütungspflichtige Leistung gelten, wie dies auch in Abschnitt 4.3.10 der vorliegenden ATV vorgeschrieben ist. Dabei werden Gerüste mit einer Arbeitsbühne über 2 m über Gelände oder Fußboden nach der eingerüsteten Bauwerksfläche abgerechnet (vgl. DIN 18451, Abschnitt 5).

4.1.12 Liefern von Drahtstiften und Holzschrauben.

Diese Vorschrift beinhaltet für den Auftragnehmer die Verpflichtung, daß er die für seine Leistung notwendigen Drahtstifte und Holzschrauben als Nebenleistung einbringt. Der Preis hierfür ist in die Einheitspreise einzukalkulieren. In Anlehnung an DIN 18334 Abschnitt 4.1.13 ist davon auszugehen, daß Drahtstifte und Holzschrauben bei Putz- und Stuckarbeiten im allgemeinen nur bis 6 mm Durchmesser Verwendung finden.

4.1.13 Säubern des Putzuntergrundes von Staub und losen Teilen.

Als Nebenleistung hat der Auftragnehmer den Putzuntergrund von Staub und losen Teilen zu säubern. Dies geschieht in der Regel dadurch, daß er den Putzuntergrund vor dem Annässen mit einem Besen abkehrt. Diese Nebenleistung umfaßt nur die Säuberung des Putzuntergrundes von Staub und üblicherweise vorhandenen losen Teilen.

Das Abschlagen von Bauteilen mit dem Hammer zur Vorbereitung des Putzuntergrundes geht daher über diese Nebenleistung hinaus und stellt eine gesondert zu vergütende Leistung dar. Ebenso ist es keine Nebenleistung mehr im Sinne dieser Vorschrift, wenn z. B.
- Ausblühungen oder
- lose Scherben von Mauersteinen entfernt,
- ausgefrorene Mauerfugen gesäubert oder
- Rückstände von Schalöl beseitigt werden müssen oder
- der dabei freigewordene Putzuntergrund teilweise aufgerauht werden muß.

Insoweit handelt es sich dann um eine besondere Leistung, die gesondert zu vergüten ist.

4.1.14 Vornässen von stark saugendem Putzgrund und Feuchthalten der Putzflächen bis zum Abbinden.

Zweckmäßigerweise ist jeder Putzuntergrund vorzunässen, gleichgültig, ob Zement-, Kalk- oder Gipsputze zur Verarbeitung kommen. Der Auftragnehmer hat bei der Prüfung des Putzuntergrundes auf seine Eignung auch festzustellen, in welchem Ausmaß das Vornässen notwendig ist. So ist z. B. Gasbeton, Bimsbeton, Leichtziegel- und Ziegelmauerwerk sowie Kalksandstein mehr oder weniger stark saugend.

Stark saugende Putzuntergründe erfordern ein gründliches Vornässen und Feuchthalten der Putzflächen bis zum Abbinden.

Soweit der Untergrund mittels eines Egalisationsanstrichs gleichmäßig saugend vorbereitet werden soll, ist dies keine Nebenleistung, sondern gesondert zu vergüten.

Dagegen erfordern nichtsaugende Putzuntergründe, z. B. Schwerbeton, nur ein mäßiges Vornässen zur Entfernung eines Staubfilmes. Um einen festen und dauerhaften Verbund zwischen Putz und Putzgrund herzustellen, ist das Aufbringen einer Haftbrücke erforderlich. Diese Leistung soll nach Abschnitt 0.1.44 bereits in der Leistungsbeschreibung in einer besonderen Position erfaßt werden, weil es sich dabei nicht um eine Nebenleistung, sondern um eine gesondert zu vergütende Leistung handelt.

Zu beachten ist, daß gipshaltigem Putz nach der Verarbeitung keine Feuchtigkeit mehr zugeführt werden darf. Das Annässen von gipshaltigen Putzen kann zur vorübergehenden Erweichung des Putzes führen und die Austrocknung behindern.

4.1.15 Zubereiten des Mörtels und Vorhalten aller hierzu erforderlichen Einrichtungen, auch wenn der Auftraggeber die Stoffe beistellt.

Die Mörtelzubereitung ist Nebenleistung des Auftragnehmers. Der Auftraggeber hat keinen Einfluß darauf, ob der Auftragnehmer handgemischten oder maschinell zubereiteten Mörtel verarbeitet. Die zur Mörtelzubereitung erforderlichen Einrichtungen hat der Auftragnehmer ebenfalls als Nebenleistung vorzuhalten. Dies ändert sich auch dann nicht, wenn der Auftraggeber die Stoffe bauseits stellt.

4.1.16 Vorlage vorgefertigter Oberflächen- und Farbmuster.

Soweit am Markt vorgefertigte Oberflächen- und Farbmuster verfügbar sind, hat sie der Auftragnehmer als Nebenleistung dem Auftraggeber auf dessen Verlangen vorzulegen. Der Auftraggeber soll dadurch in die Lage versetzt werden, sich anhand solcher vorgefertigter Oberflächen- und Farbmuster über die von ihm letztlich gewünschte Ausführungsart endgültig zu entscheiden. Dies kann aber nur gelten, soweit es sich um vorgefertigte Oberflächen- und Farbmuster handelt, die von den einschlägigen Herstellerwerken zur Verfügung gestellt werden. Im Gegensatz dazu ist das Herstellen von Proben und Musterflächen keine Nebenleistung. Abweichend von der früher geltenden Regelung ist das Herstellen von Proben und Musterflächen nach Abschnitt 4.3.18 eine gesondert zu vergütende Leistung.

4.1.17 Ein-, Zu- und Beiputzarbeiten, ausgenommen Arbeiten nach Abschnitt 4.3.15.

Zu den Ein-, Zu- und Beiputzarbeiten zählen z. B. folgende Arbeiten:
- Einputzen von Fenster- und Türleibungen,
- Beiputzen von Fliesen- oder anderen Wandbelägen,
- Beiputzen von anderen Bauteilen, z. B. Kachelöfen, Rolladenkästen, Rabitzschürzen über Einbauschränken, innere Fenstersimse.

Durch diese Beiputzarbeiten wird nochmals eine erhebliche Feuchtigkeit in den Bau gebracht. Auch die Kosten der gesamten Putzarbeit erhöhen sich durch diese Ein-, Zu- und Beiputzarbeiten. Es liegt deshalb im Interesse sowohl des Auftraggebers als auch des Auftragnehmers, durch entsprechende Planung und zweckmäßige technische Ausführung die Beiputzarbeiten auf das nach Möglichkeit geringste Maß zu beschränken. Dies kann erreicht werden durch sachgemäßes Anbringen von Holz- oder Metallputzleisten um Türen, Fuß- und Fenstersockel, um Aussparungen für Wandbeläge und dergleichen.

Zweckmäßig ist auch das Anbringen von Trennschienen zwischen verschiedenen Putzarbeiten, z. B. zwischen Waschputz und normalem Wandputz, auch zwischen Putz und Fliesen.

Die Ausführung dieser Ein-, Zu- und Beiputzarbeiten kann der Auftraggeber nur dann als Nebenleistung verlangen, wenn sie in einem Zug mit den übrigen Putzarbeiten ausgeführt werden können. Kann ein Teil dieser Arbeiten nicht gleichzeitig, sondern erst später ausgeführt werden, so gilt der später erst zu erbringende Teil als nachträgliche Arbeit im Sinne des Abschnitts 4.3.15 und ist gesondert zu vergüten.

In Verbindung mit Abschnitt 4.3.15 ist damit klargestellt, daß als Nebenleistungen nur solche Ein-, Zu- und Beiputzarbeiten gelten, die in einem Zuge mit der Hauptarbeit im selben Geschoß ausgeführt werden können. Muß der Auftragnehmer nachträglich in anderen Geschossen Ein-, Zu- und Beiputzarbeiten ausführen, so handelt es sich jeweils um zusätzliche, nach Abschnitt 4.3.15 gesondert vergütungspflichtige

Leistungen. Durch diese Regelung soll insbesondere auch der planende und bauleitende Architekt angehalten werden, den Bauablauf so zu rationalisieren und zu koordinieren, daß der Auftragnehmer die anstehenden Ein-, Zu- und Beiputzarbeiten in einem Zuge mit der Hauptarbeit ausführen kann, und zwar jeweils gleichzeitig im selben Geschoß.

4.1.18 Maßnahmen zum Schutz von Bauteilen, wie Türen, Fenstern vor Verunreinigungen und Beschädigung durch die Putzarbeiten einschließlich der erforderlichen Stoffe, ausgenommen die Schutzmaßnahmen nach Abschnitt 4.3.16.

Zur Pflicht des Auftragnehmers gehört es, daß er bei der Ausführung seiner Bauleistung die Vorleistung anderer Gewerke durch geeignete Maßnahmen vor Beschädigung und Verunreinigung schützt. Solche Maßnahmen können dem Auftragnehmer als Nebenleistung aber nur in einem beschränkten Umfang zugemutet werden. In diesem Abschnitt ist daher geregelt, daß der Auftragnehmer als Nebenleistung nur einfache Schutzmaßnahmen zu treffen hat, daß dagegen besondere Schutzmaßnahmen eine gesondert vergütungspflichtige Leistung nach Abschnitt 4.3.16 darstellen.

Als einfache Schutzmaßnahmen (in der früheren Fassung der ATV DIN 18 350 als „gewerbeüblich" bezeichnet) und damit als Nebenleistung sind z. B. anzusehen:
- das Abdecken von Belägen mit Papier oder dünner Folie,
- das Verhängen von Türen und Fenstern mit Papier oder dünner Folie,
- das Abdecken von Sohlbänken, Fensterrahmen und inneren Fenstersimsen mit Papier oder Brettern, soweit diese Bauteile durch den Materialtransport oder im Rahmen der Gerüstarbeiten in Mitleidenschaft gezogen werden können.

Bei der Überarbeitung der vorliegenden ATV wurde bewußt die bisherige Regelung, wonach „gewerbeübliche" Schutzmaßnahmen als Nebenleistung gegolten haben, aufgegeben zugunsten einer klareren Abgrenzung, die darin ihre Rechtfertigung findet, daß einfache Schutzmaßnahmen regelmäßig ohne nennenswerten Kostenaufwand und deshalb als Nebenleistung zu erbringen sind, während besondere Schutzmaßnahmen in aller Regel einen nicht unerheblichen Kostenaufwand verursachen und deshalb im Interesse einer klaren Preisbildung auch gesondert zu vergüten sind. Schließlich ist in diesem Zusammenhang auch die Regelung nach VOB Teil A § 9 Nr. 1 und 2 zu beachten, die eine eindeutige und erschöpfende Leistungsbeschreibung verlangt und es verbietet, daß dem Auftragnehmer ein von vornherein nicht sicher kalkulierbares, mithin also ungewöhnliches Wagnis aufgebürdet wird. Damit soll eine angemessene und ausgewogene Relation gewährleistet sein zwischen einfachen Schutzmaßnahmen, die als Nebenleistung mit dem Preis für die Hauptleistung abgegolten sind, und besonderen Schutzmaßnahmen, die im Hinblick auf den damit verbundenen Kostenaufwand eine gesonderte Vergütung rechtfertigen, auch wenn derartige besondere Schutzmaßnahmen in einschlägigen Fachkreisen als „gewerbeüblich" angesehen werden.

4.2 Folgende Leistungen sind Nebenleistungen, wenn sie nicht durch besondere Ansätze in der Leistungsbeschreibung erfaßt sind:

Vorbemerkung:
Aufgabe der Leistungsbeschreibung ist vorrangig, die Bauleistung eindeutig und so erschöpfend zu beschreiben, daß alle Bewerber die Beschreibung im gleichen Sinne verstehen müssen und ihre Preise sicher berechnen können. Diese grundsätzliche

Forderung ist in VOB Teil A § 9 Nr. 1 und 2 allem anderen allgemeingültig vorangestellt und wie folgt festgelegt:

1. *Die Leistung ist eindeutig und so erschöpfend zu beschreiben, daß alle Bewerber die Beschreibung im gleichen Sinne verstehen müssen und ihre Preise sicher und ohne umfangreiche Vorarbeiten berechnen können.*
2. *Dem Auftragnehmer soll kein ungewöhnliches Wagnis aufgebürdet werden für Umstände und Ereignisse, auf die er keinen Einfluß hat und deren Einwirkung auf die Preise und Fristen er nicht im voraus schätzen kann.*

Um dieser Forderung zu entsprechen, ist es geboten, daß die im nachfolgenden Abschnitt 4.2 genannten Arbeiten dann in besonderen Ansätzen in der Leistungsbeschreibung erfaßt werden, wenn dies wegen des Umfangs der Leistung und zur Erreichung eines klaren Preisbildes sowie wegen besonderer Anforderungen zweckmäßig bzw. erforderlich ist. Werden für die im nachfolgenden Abschnitt genannten Arbeiten in der Leistungsbeschreibung gesonderte Ansätze vorgesehen, so hat der Auftraggeber die Gewißheit, auf jeden Fall vergleichbare Einzelpreise für Hauptleistungen zu bekommen, die nicht mit Kosten für Nebenleistungen belastet und verschleiert sind. Bei der Ausführung von Gerüstarbeiten im Zusammenhang mit der Putz- und Stuckherstellung kommt der Bestimmung von VOB Teil A § 9 Nr. 8 Abs. 2 eine besondere Bedeutung bei. Dort ist bestimmt:

Für die Einrichtung größerer Baustellen mit Maschinen, Geräten, Gerüsten, Baracken und dergleichen und für die Räumung solcher Baustellen sowie für etwaige zusätzliche Anforderungen an Zufahrten (z. B. hinsichtlich der Tragfähigkeit) sind besondere Ansätze (Ordnungszahlen) vorzusehen.

Damit ist dem Ausschreibenden eindeutig und klar aufgegeben, auf jeden Fall bei größeren Baustellen für die Einrichtung mit Geräten, Gerüsten usw. bereits in die Leistungsbeschreibung besondere Ansätze aufzunehmen.

4.2.1 Einrichten und Räumen der Baustelle.

Das Einrichten und Räumen der Baustelle gilt für den Auftragnehmer üblicherweise als Nebenleistung, so daß hierfür in der Leistungsbeschreibung eine besondere Position in der Regel nicht erforderlich ist. Unter Einrichten der Baustelle ist gewerbeüblich der Auf- und Abbau von Gerüsten und Maschinen zu verstehen. Dagegen gehören Gerüstarbeiten, die zur Putzherstellung erforderlich sind, nicht zur Einrichtung der Baustelle, sofern es sich nicht um Gerüste nach Abschnitt 4.1.11 handelt.

4.2.2 Vorhalten der Baustelleneinrichtung einschließlich der Geräte und dergleichen.

Die zu Abschnitt 4.2.1 gegebenen Erläuterungen gelten sinngemäß auch für das Vorhalten der Baustelleneinrichtung einschließlich der Geräte und dergleichen.

4.3. Folgende Leistungen sind keine Nebenleistungen:

Vorbemerkung:
In dem nachfolgenden Abschnitt 4.3 sind Leistungen erfaßt, die nach den Vertragsbedingungen, den Technischen Vorschriften oder nach der gewerblichen Verkehrssitte nicht ohne weiteres zu der vertraglichen Leistung gehören, sondern eine besondere Leistung darstellen. Sie müssen, soweit nötig, vom Auftraggeber mit der Leistungsbe-

schreibung besonders angefordert und in einem besonderen Ansatz genau festgelegt oder nachträglich vereinbart und gesondert vergütet werden.

Stellt sich erst während der Ausführung der Arbeiten heraus, daß eine der unter Abschnitt 4.3 aufgeführten Leistungen oder eine andere als „besondere Leistung" zu bewertende Leistung notwendig wird, so ist diese Leistung dem Auftragnehmer gesondert zu vergüten. Nach VOB Teil B § 2 Nr. 6 ist der Auftragnehmer in diesem Fall jedoch verpflichtet, seinen Anspruch auf die besondere Vergütung dem Auftraggeber anzukündigen, bevor er mit der Ausführung der Leistung beginnt. Die Vergütung bestimmt sich dabei nach den Grundlagen der Preisermittlung für die im Hauptangebot vereinbarte vertragliche Leistung und den besonderen Kosten der geforderten Leistung. In VOB Teil B § 2 Nr. 6 Abs. 2 heißt es dazu noch, daß die Vergütung für die besondere Leistung *„möglichst vor Beginn der Ausführung zu vereinbaren"* ist. Es empfiehlt sich, besondere Leistungen, die erst nach Abgabe des Hauptangebotes erkennbar werden und ausgeführt werden müssen, in einem Nachtragsangebot festzulegen und dieses Nachtragsangebot dem Auftraggeber unverzüglich einzureichen.

Eine vorherige Vereinbarung ist dann entbehrlich, wenn die Nachtragsarbeiten als besondere Leistungen erforderlich werden, um eine drohende Gefahr abzuwenden (VOB Teil B § 2 Nr. 8 Abs. 2).

4.3.1 „Besondere Leistungen" nach Teil A – DIN 1960 – § 9 Nr. 6.

In VOB Teil A § 9 Nr. 6 sind eine Reihe von „besonderen Leistungen" aufgeführt, die nicht als Nebenleistung gelten, sondern, wenn sie vom Auftragnehmer verlangt und erbracht werden, als zusätzliche Leistung gesondert zu vergüten sind:

Werden vom Auftragnehmer besondere Leistungen verlangt, wie
Beaufsichtigung der Leistungen anderer Unternehmer,
Sicherungsmaßnahmen zur Unfallverhütung für Leistungen anderer Unternehmer,
besondere Schutzmaßnahmen gegen Witterungsschäden, Hochwasser und Grundwasser,
Versicherung der Leistung bis zur Abnahme zugunsten des Auftraggebers oder Versicherung eines außergewöhnlichen Haftpflichtwagnisses,
besondere Prüfung von Stoffen und Bauteilen, die der Auftraggeber liefert,
oder verlangt der Auftraggeber die Abnahme von Stoffen oder Bauteilen vor Anlieferung zur Baustelle, so ist dies in den Verdingungsunterlagen anzugeben; gegebenenfalls sind hierfür besondere Ansätze (Ordnungszahlen) vorzusehen.

Erläuternd ist hierzu auszuführen:

a) Beaufsichtigung der Leistungen anderer Unternehmer: Ohne besondere vertragliche Vereinbarung hat der Auftragnehmer der Putz- und Stuckarbeiten nur die Durchführung seiner Leistung zu beaufsichtigen und zu überwachen. Dies folgt aus der Regelung in VOB Teil B § 4 Nr. 2 Abs. 1, wonach der Auftragnehmer *„die Leistung unter eigener Verantwortung nach dem Vertrag auszuführen"* hat. Zur Eigenverantwortlichkeit der Leistungserbringung gehört nach VOB Teil B § 4 Nr. 3 auch die Verpflichtung des Auftragsnehmers, Bedenken gegen die Leistungen anderer Unternehmer gegenüber dem Auftraggeber unverzüglich schriftlich anzumelden. Im Unterschied dazu stellt die Beaufsichtigung der Leistungen anderer Unternehmer eine besondere, gesondert zu vergütende Leistung dar. Verlangt der

Auftraggeber vom Auftragnehmer, daß dieser auch die Leistungen anderer Unternehmer beaufsichtigt, so hat der Auftraggeber diese zusätzliche Leistung gesondert zu vergüten. Dies gilt jedoch nicht für den Fall, daß der Auftragnehmer der Putz- und Stuckarbeiten die ihm übertragene Leistung ganz oder teilweise von einem Nachunternehmer (Subunternehmer) ausführen läßt. Der Subunternehmer ist nämlich in diesem Fall Erfüllungsgehilfe des Auftragnehmers mit der rechtlichen Folge, daß der Auftragnehmer für die Leistungen seines Subunternehmers gegenüber dem Auftraggeber einzustehen und deshalb diese wie eigene Leistungen zu beaufsichtigen und zu überwachen hat.

b) Sicherungsmaßnahmen zur Unfallverhütung für Leistungen anderer Unternehmer: Schutz- und Sicherungsmaßnahmen nach den Unfallverhütungsvorschriften und den Vorschriften der Bau- und Gewerbeaufsicht hat der Auftragnehmer für seine eigenen Leistungen als Nebenleistung zu erbringen. Soll der Auftragnehmer der Putz- und Stuckarbeiten jedoch auch Sicherungsmaßnahmen für die Leistungen anderer Auftragnehmer durchführen, so sind ihm dadurch entstehende Kosten gesondert zu vergüten (z. B. bei besonderen Schutzvorkehrungen an dem von ihm erstellten Gerüst, wenn ihm auferlegt wird, das Gerüst für Arbeiten des Dachdekkers oder Installateurs umzubauen).

c) Besondere Schutzmaßnahmen gegen Witterungsschäden, Hochwasser und Grundwasser:
Zu den besonderen Schutzmaßnahmen gegen Witterungsschäden gehören z. B. Maßnahmen, die getroffen werden müssen, um sogenannte Winterbauarbeiten durchführen zu können (wie Beiheizen der Räume, in denen Putz- und Stuckarbeiten durchgeführt oder frisch ausgeführte geschützt werden sollen, oder zum gleichen Zweck Einsetzen von Fenstern oder Notfenstern u. ä.). Derartige Leistungen sind immer besondere Leistungen und daher auch gesondert zu vergüten (vgl. auch Abschnitt 4.3.13). Nach Abschnitt 4.1.8 ist der Auftragnehmer verpflichtet, in der Form einer Nebenleistung (also ohne besondere Vergütung) seine Arbeiten gegen Tagwasser, mit dem normalerweise gerechnet werden muß, zu schützen. Darüber hinausgehende Schutzmaßnahmen gegen Hochwasser und Grundwasser stellen keine Nebenleistung, sondern eine besondere Leistung nach Abschnitt 4.3.1 dar.

d) Versicherung der Leistung bis zur Abnahme zugunsten des Auftraggebers oder Versicherung eines außergewöhnlichen Haftpflichtwagnisses:
Verlangt der Auftraggeber den Abschluß einer Versicherung, die auch im Falle des Unvermögens des Auftragnehmers für die Erfüllung seiner Verpflichtungen einzustehen hat, so hat er diese Leistung besonders zu vergüten. Ebenso hat der Auftragnehmer Anspruch auf gesonderte Vergütung, wenn er auf Verlangen des Auftraggebers eine Versicherung zu dessen Gunsten abschließen soll, die außergewöhnliche Haftpflichtwagnisse der Bauausführung einschließen soll (z. B. bei der Ausführung neuer, noch nicht ausreichend erprobter Bauweisen).

e) Besondere Prüfung von Stoffen und Bauteilen, die der Auftraggeber liefert:
Nach Abschnitt 1.2 umfassen alle Leistungen auch die Lieferung der dazugehörigen Stoffe und Bauteile. Abweichend davon kann jedoch vereinbart werden, daß die für die Ausführung der Leistung erforderlichen Stoffe und Bauteile bauseits gestellt werden. Werden Stoffe und Bauteile vom Auftraggeber geliefert, so ändert sich

dadurch nichts an der Verpflichtung des Auftragnehmers, auch diese bauseits gestellten Stoffe und Bauteile daraufhin zu prüfen, ob sie für die Herstellung der vertraglichen Leistung geeignet sind. Hat der Auftragnehmer Bedenken gegen die Güte der vom Auftraggeber gelieferten Stoffe oder Bauteile, so muß er nach VOB Teil B § 4 Nr. 3 diese Bedenken dem Auftraggeber unverzüglich schriftlich mitteilen. Er bleibt daher verantwortlich für solche Fehler und Mängel, die er aufgrund seiner Fachkenntnisse hätte erkennen müssen, es aber unterlassen hat, diese Mängel dem Auftraggeber mitzuteilen. Ordnet der Auftraggeber aber dann z. B. an, daß trotz der Bedenken des Auftragnehmers die bauseits gestellten Stoffe und Bauteile zur Verarbeitung kommen müssen, so wird dadurch der Auftragnehmer von der Gewährleistung für die Eignung und Güte dieser Stoffe befreit. Während die Prüfung der bauseits gestellten Stoffe im Rahmen des im Gewerbe am Ort üblichen Umfangs eine Nebenleistung ist, sind besondere, Kosten verursachende (z. B. chemische) Prüfungen eine besondere Leistung, deren Kosten stets der Auftraggeber zu übernehmen hat.

4.3.2 Aufstellen, Vorhalten und Beseitigen von Bauzäunen, Blenden und Schutzgerüsten zur Sicherung des technischen Verkehrs, sowie von Einrichtungen außerhalb der Baustelle zur Umleitung und Regelung des öffentlichen Verkehrs.

Blenden, Bauzäune und Schutzgerüste sind Bestandteile einer Baustelleneinrichtung, die dem Schutz des Publikums und des noch nicht fertigen Bauwerks dienen sollen. In diesem Abschnitt ist festgelegt, daß es sich hierbei um besondere Leistungen handelt. Deshalb muß der Auftraggeber das Aufstellen, Vorhalten und Beseitigen von Blenden, Bauzäunen und Schutzgerüsten sowie Maßnahmen, die der Sicherung des öffentlichen Verkehrs dienen, in besonderen Ansätzen in der Leistungsbeschreibung erfassen und diese Leistungen dem Auftragnehmer gesondert vergüten.

4.3.3 Aufstellen, Vorhalten, Betreiben und Beseitigen von Verkehrssignalanlagen.

Nur selten wird es im Zuge der Herstellung von Putz- und Stuckarbeiten vorkommen, daß Verkehrssignalanlagen aufgestellt, vorgehalten, betrieben und wieder beseitigt werden müssen. Es handelt sich bei dieser Vorschrift um einen Standardsatz, der in alle Allgemeinen Technischen Vorschriften des Teils C der VOB aufgenommen wurde.

4.3.4 Sichern von Leitungen, Kanälen, Dränen, Kabeln, Grenzsteinen, Bäumen und dergleichen.

Muß der Auftragnehmer Leitungen im Bereich der Baustelle sichern, so sind die hierfür erforderlichen Maßnahmen als zusätzliche Leistungen gesondert zu vergüten. Dasselbe gilt, wenn z. B. bei Außenputzarbeiten Bäume, Sträucher und dergleichen durch besondere Maßnahmen vor Beschädigungen oder Verunreinigungen zu schützen sind.

4.3.5 Beseitigen von Hindernissen, Leitungen, Kanälen, Dränen, Kabeln und dergleichen.

Kann der Auftragnehmer mit der Ausführung der ihm übertragenen Putz- und Stuckarbeiten nur beginnen, wenn er zuvor Hindernisse, Leitungen und dergleichen beseitigt, so hat ihm der Auftraggeber die hierdurch anfallenden Kosten gesondert zu vergüten. Dies trifft z. B. zu, wenn die Baustelle nicht angefahren werden kann, weil noch offene Leitungsgräben durch besondere Maßnahmen zu überbrücken sind, damit Maschinen und Baustoffe angeliefert bzw. herbeigeschafft werden können.

4.3.6 Besondere Maßnahmen aus Gründen des Umweltschutzes, der Landes- und Denkmalpflege.

Sind aus Gründen des Umweltschutzes und der Landes- und Denkmalpflege vom Auftragnehmer besondere Maßnahmen zu erbringen, so hat er Anspruch auf gesonderte Vergütung für diese Leistung. Besondere Maßnahmen dieser Art können notwendig werden aufgrund gesetzlicher Bestimmungen oder behördlicher Auflagen im Einzelfall.

4.3.7 Maßnahmen zum Schutz angrenzender Bauwerke und Grundstücke.

Besteht die Gefahr, daß im Zuge der Ausführung der dem Auftragnehmer übertragenen Arbeiten angrenzende Bauwerke oder Grundstücke in Mitleidenschaft gezogen werden, so können Schutzmaßnahmen, z. B. Abdeckungen, notwendig werden, die als besondere Leistung dem Auftragnehmer gesondert zu vergüten sind. Bei der Ausführung von Fassadenarbeiten kann es notwendig werden (z. B. bei Grenzbauten), daß vorübergehend das angrenzende Grundstück, z. B. für die Gerüsterstellung oder für den Materialtransport, in Anspruch genommen werden muß. Dabei ist es Sache des Auftraggebers, die Zustimmung des Grundstücksnachbarn zur vorübergehenden Inanspruchnahme seines Grundstücks herbeizuführen. Aus der Duldungspflicht, die insoweit in aller Regel den Grundstücksnachbarn trifft, leitet sich aber auch dessen Recht ab, daß ihm jedweder Schaden, der durch die Inanspruchnahme seines Grundstücks entsteht, ersetzt wird. Nur zur Abwendung oder Minderung eines derartigen Schadens vom Auftragnehmer erbrachte Schutzmaßnahmen sind ihm vom Auftraggeber gesondert zu vergüten. Auch hier ist Voraussetzung für den Vergütungsanspruch, daß der Auftragnehmer, wenn hierfür Positionen in der Leistungsbeschreibung nicht vorgesehen sind, den Anspruch gemäß VOB Teil B § 2 Nr. 6 vor Ausführung der Leistung dem Auftraggeber ankündigt.

4.3.8 Vorhalten von Aufenthalts- und Lagerräumen, wenn der Auftraggeber Räume, die leicht verschließbar gemacht werden können, nicht zur Verfügung stellt.

Aus der Vorschrift in VOB Teil B § 4 Nr. 4 ergibt sich für den Auftraggeber, wenn nichts anderes vereinbart ist, die Verpflichtung, dem Auftragnehmer unentgeltlich die notwendigen Lager- und Arbeitsplätze auf der Baustelle zur Benutzung oder Mitbenutzung zu überlassen.

Dazu gehören auch Aufenthalts- und Lagerräume, die leicht verschließbar sein müssen. In diesem Abschnitt ist deshalb festgelegt, daß der Auftragnehmer Anspruch auf gesonderte Vergütung für das Vorhalten von Aufenthalts- und Lagerräumen hat, wenn der Auftraggeber solche Räume, die leicht verschließbar gemacht werden können, nicht zur Verfügung stellt.

4.3.9 Herausschaffen, Aufladen und Abfahren des Bauschuttes anderer Unternehmer.

Nach Abschnitt 4.1.10 ist dem Auftragnehmer die Verpflichtung auferlegt, alle von seinen Arbeiten herrührenden Verunreinigungen zu beseitigen. Hierbei handelt es sich um eine Nebenleistung, die nicht besonders vergütungspflichtig ist. Anders ist es jedoch, wenn der Auftragnehmer vom Auftraggeber den Auftrag erhält, von den Arbeiten anderer Unternehmer herrührenden Bauschutt aus dem Bau herauszuschaffen und/oder auf Fahrzeuge aufzuladen und/oder abzufahren. Dies stellt eine besondere und deshalb gesondert zu vergütende Leistung dar. Um Zweifel über den Umfang einer derartigen besonderen Leistung von vornherein auszuschließen, ist dem Auftragnehmer dringend zu empfehlen, den Beginn dieser zusätzlichen Leistung dem Auftraggeber rechtzeitig anzuzeigen. Leistungen dieser Art können in der Regel nur auf Nachweis ausgeführt und erfaßt werden. Deshalb darf die Vorschrift in VOB Teil B § 2 Nr. 10 nicht außer acht gelassen werden, wonach Stundenlohnarbeiten nur vergütet werden, „wenn sie als solche vor ihrem Beginn ausdrücklich vereinbart worden sind (§ 15)".

4.3.10 Auf- und Abbauen sowie Vorhalten der Gerüste, deren Arbeitsbühnen mehr als 2 m über Gelände oder Fußboden liegen.

Nach Abschnitt 4.1.11 gilt das Auf- und Abbauen sowie Vorhalten der Gerüste, deren Arbeitsbühnen bis zu 2 m über Gelände oder Fußboden liegen, als Nebenleistung. Im Unterschied dazu ist das Auf- und Abbauen sowie Vorhalten von Gerüsten mit einer Arbeitsbühne von mehr als 2 m Höhe nach Abschnitt 4.3.10 eine besondere und deshalb gesondert zu vergütende Leistung. Sind hierfür Ansätze in der Leistungsbeschreibung nicht vorgesehen, so muß der Auftragnehmer nach VOB Teil B § 2 Nr. 6 seinen Anspruch auf besondere Vergütung „dem Auftraggeber ankündigen, bevor er mit der Ausführung der Leistung beginnt".

Zweckmäßigerweise reicht der Auftragnehmer vor Beginn dieser besonderen Leistung dem Auftraggeber ein schriftliches Nachtragsangebot ein.

Abweichend von der früheren Regelung in ATV DIN 18 350 ist nunmehr klargestellt, daß das Vorhalten von Gerüsten mit einer Arbeitsbühne von mehr als 2 m Höhe eine besondere und damit gesondert zu vergütende Leistung darstellt. Die vergütungspflichtige Vorhaltung kann bereits vor Beginn der eigenen Leistungen des Auftragnehmers eintreten und/oder nach Beendigung der Gerüstbenutzung für die eigenen Leistungen des Auftragnehmers. In jedem Falle ist dem Auftragnehmer zu empfehlen, Beginn und Dauer der Gerüstvorhaltung, für die er eine gesonderte Vergütung beansprucht, dem Auftraggeber rechtzeitig – und aus Beweissicherungsgründen schriftlich – anzuzeigen.

Für die Abrechnung von Gerüstarbeiten gilt DIN 18 451 „Gerüstarbeiten, Richtlinien für Vergabe und Abrechnung" (VOB-Gesamtausgabe 1979, Anhang 1).

4.3.11 Umbau von Gerüsten für Zwecke anderer Unternehmer.

Ebenso wie der Auf- und Abbau sowie das Vorhalten von Gerüsten für andere Unternehmer stellt auch der Umbau von Gerüsten für Zwecke anderer Unternehmer eine gesondert zu vergütende Leistung dar. Dasselbe gilt auch, wenn der Auftraggeber im Rahmen seines Anordnungsrechts nach VOB Teil B § 1 Nr. 3 verlangt, daß der Auftragnehmer Änderungen an einem vertragsgemäß erstellten oder bauseits zur Verfügung gestellten Gerüst vornimmt. Im übrigen wird auf die Erläuterungen zu Abschnitt 4.3.10 verwiesen.

4.3.12 Herstellen von im Bauwerk verbleibenden Verankerungsmöglichkeiten, z. B. für Gerüste.

Gerüste sind Bauhilfsmittel, die nicht in das Bauwerk eingehen, sondern nach Abschluß der Arbeiten wieder entfernt werden. Die technische Entwicklung hat dazu geführt, daß Verankerungsmöglichkeiten für Gerüste in das Bauwerk eingelassen werden. Diese Verankerungsmöglichkeiten sind dazu bestimmt, bei einer späteren Gerüsterstellung die Verankerung und damit die Standsicherheit des Gerüstes zu gewährleisten. Die Herstellung solcher auch später verwendbarer Verankerungsmöglichkeiten ist keine Nebenleistung. Vielmehr handelt es sich um eine besondere Leistung, die unter den Voraussetzungen von VOB Teil B § 2 Nr. 6 (Anspruchsankündigung vor Ausführung) dem Auftragnehmer gesondert zu vergüten ist.

4.3.13 Zusätzliche Maßnahmen für die Weiterarbeit bei Frost und Schnee, soweit sie dem Auftragnehmer nicht ohnehin obliegen.

Putz- und Stuckarbeiten in nasser Bauweise können bei Temperaturen unter dem oder um den Gefrierpunkt nicht ohne Gefährdung durch Frost ausgeführt werden. Die Arbeiten müssen daher bei Frost oder Frostgefahr eingestellt werden. Maßnahmen, die im sogenannten Winterbau für die Aus- und Weiterführung der Arbeiten notwendig sind, sind besondere Leistungen, die in gesonderten Ansätzen erfaßt und gesondert vergütet werden müssen. Hat der Auftragnehmer jedoch vertraglich die Verpflichtung übernommen, seine Leistungen in einer voraussehbar ungünstigen Jahreszeit zu erbringen, so muß er Maßnahmen für die Weiterarbeit bei ungünstiger Witterung erbringen, ohne daß er hierfür eine gesonderte Vergütung geltend machen könnte. Er kann sich dann auch nicht darauf berufen, in der Ausführung seiner Arbeiten witterungsbedingt behindert zu sein. In VOB Teil B § 6 Nr. 2 Abs. 2 ist nämlich bestimmt:

Witterungseinflüsse während der Ausführungszeit, mit denen bei Abgabe des Angebots normalerweise gerechnet werden mußte, gelten nicht als Behinderung.

4.3.14 Beseitigen der nach Abschnitt 3.1.4 geltend gemachten Mängel

Dieser Abschnitt unterscheidet sich von der Regelung unter Abschnitt 4.1 grundsätzlich dadurch, daß das Beseitigen von Mängeln und das Ausgleichen des Untergrundes auf keinen Fall eine Nebenleistung ist. Um solche Mängel feststellen zu können, ist der Auftragnehmer nach Abschnitt 3.1.4 verpflichtet, den Untergrund auf seine Eignung zu prüfen. Seine Prüfungs- und Bedenkenanzeigepflicht erstreckt sich dabei insbesondere auf

- die Beschaffenheit des Untergrundes, ob diese z. B. wegen grober Verunreinigungen, Ausblühungen, zu glatter Flächen, verölter Flächen, ungleich saugender Flächen, gefrorener Flächen oder verschiedenartiger Stoffe im Untergrund Anlaß zu Bedenken gibt,
- eine etwa vorhandene zu hohe Baufeuchtigkeit,
- etwaige größere Unebenheiten, als sie nach DIN 18202 zulässig sind, also die zulässigen Toleranzwerte überschreiten,
- ungenügende Verankerungsmöglichkeiten,
- fehlende Höhenbezugspunkte je Geschoß.

Die Beseitigung derartiger Mängel, ebenso auch das Ausgleichen des Untergrundes, ist dem Auftragnehmer, weil es sich um eine besondere Leistung handelt, nach Maßgabe von VOB Teil B § 2 Nr. 6 (Anspruchsankündigung vor Ausführung) gesondert zu vergüten.

4.3.15 Ein-, Zu- und Beiputzarbeiten, soweit sie nicht im Zuge mit den übrigen Putzarbeiten, bei Innenputzarbeiten im selben Geschoß, ausgeführt werden können, sowie nachträgliches Schließen und Verputzen von Schlitzen und ausgesparten Öffnungen.

Ein-, Zu- und Beiputzarbeiten sind Nebenarbeiten, die der Vervollständigung der Hauptputzarbeiten dienen. Sie können erst dann ausgeführt werden, wenn Fenster-

und Türrahmen eingesetzt sind und das Verlegen von Fliesen und Platten beendet ist.

Nach Abschnitt 4.1.17 stellen dies Ein-, Zu- und Beiputzarbeiten dann eine Nebenleistung dar, wenn sie in einem Zuge, also gleichzeitig mit den übrigen Putzarbeiten, ausgeführt werden können. Bei Innenputzarbeiten ist diese Regelung dahingehend konkretisiert, daß Ein-, Zu- und Beiputzarbeiten, auf das jeweilige Geschoß bezogen, nur dann als Nebenleistung gelten, wenn sie im selben Geschoß zusammen mit den übrigen Putzarbeiten ausgeführt werden können.

Ist dies jedoch nicht möglich und sind die Ein-, Zu- und Beiputzarbeiten nachträglich auszuführen, so gilt Abschnitt 4.3.15 mit der Folge, daß diese nachträglichen Ein-, Zu- und Beiputzarbeiten gesondert vergütet werden müssen. Zweckmäßigerweise werden – auch zur Vermeidung von Stundenlohnarbeiten – für diese Ein-, Zu- und Beiputzarbeiten bereits in der Leistungsbeschreibung besondere Positionen vorgesehen, z. B. nach Längenmaß (m) oder Anzahl (Stück) Einputzen von Treppenwangen, Fliesen, Türen, Fensteröffnungen usw. Im Interesse der Rationalisierung des Bauablaufs und der Einsparung vermeidbarer Baukosten sollte bereits bei der Planung des zeitlichen Bauablaufs darauf geachtet werden, daß zusätzlich zu vergütende Ein-, Zu- und Beiputzarbeiten im Sinne dieses Abschnitts vermieden werden. Dies ist auch im Interesse des Auftragnehmers, der durch nachträglich anfallende Ein-, Zu- und Beiputzarbeiten häufig in seinen betrieblichen Dispositionen, u. a. in der zügigen Ausführung zwischenzeitlich begonnener anderer Arbeiten, beeinträchtigt wird. Dasselbe gilt auch für das nachträgliche Schließen und Verputzen von Schlitzen und ausgesparten Öffnungen.

4.3.16 Besondere Maßnahmen zum Schutz von Bauteilen und Einrichtungsgegenständen, wie Abkleben von Fenstern und Türen, von eloxierten Teilen, Abdeckung von Belägen, staubdichte Abdeckung von empfindlichen Einrichtungen und technischen Geräten, Schutzabdeckungen, Schutzanstriche, Staubwände u. ä. einschließlich Lieferung der hierzu erforderlichen Stoffe.

Werden über die in Abschnitt 4.1.18 als Nebenleistung geregelten einfachen Schutzmaßnahmen hinaus besondere Maßnahmen zum Schutz von Bauteilen und Einrichtungen erforderlich, so sind diese besonderen Schutzmaßnahmen dem Auftragnehmer gesondert zu vergüten. Dies rechtfertigt sich daraus, daß besondere Schutzmaßnahmen regelmäßig einen nicht unerheblichen Kostenaufwand verursachen. Durch besondere Maßnahmen zu schützende Bauteile und Einrichtungen befinden sich bei Beginn und während der Ausführung von Putz- und Stuckarbeiten oftmals schon im Bauwerk. Damit sie im Zuge der Putz- und Stuckarbeiten nicht verunreinigt, beschädigt oder gar zerstört werden, sind vielfach besondere Schutzmaßnahmen erforderlich. Ohne eine abschließende Aufzählung zu geben, nennt die ATV in dieser Vorschrift als besonders typisch folgende besondere Schutzmaßnahmen:

- das Abkleben von Fenstern und Türen mit starker Folie, geeigneten Klebebändern u. ä.;
- das Abkleben von eloxierten und anderen, bereits oberflächenfertigen und nicht mit einer geeigneten Schutzschicht versehenen Teilen (z. B. Alu- oder Kunststoff-Fensterbänke) mit starker Folie, geeigneten Klebebändern u. ä.;
- das Abkleben und Abdecken von Belägen mit starker Folie, geeigneten Klebebändern u. ä.;

- das staubdichte Abdecken von empfindlichen Einrichtungen und technischen Geräten;
- die Ausführung von Schutzabdeckungen (z. B. mit Brettern oder Planen) und Schutzanstrichen;
- die Erstellung von Staubwänden und ähnlichen besonderen Maßnahmen, die notwendig sind, um bereits vorhandene Bauteile und Einrichtungen zu schützen.

Hat der Auftraggeber entgegen der Regelung in Abschnitt 0.1.31 in der Leistungsbeschreibung für besondere Schutzmaßnahmen Ansätze nicht vorgesehen, bleibt er gleichwohl für besondere Schutzmaßnahmen, die notwendig sind und die der Auftragnehmer erbringt, vergütungspflichtig. Voraussetzung ist jedoch gemäß VOB Teil B § 2 Nr. 6, daß der Auftragnehmer dem Auftraggeber seinen Vergütungsanspruch für die besonderen Schutzmaßnahmen vor Beginn der Ausführung ankündigt.

4.3.17 Reinigen des Untergrundes von grober Verschmutzung durch Bauschutt, Gips, Mörtelreste, Farbreste u. ä., soweit sie von anderen Unternehmern herrührt.

Nach Abschnitt 4.1.10 ist das Beseitigen aller Verunreinigungen und Abfälle (Bauschutt und dergleichen), die von den eigenen Arbeiten des Auftragsnehmers herrühren, eine Nebenleistung, die mit den vertraglichen Preisen abgegolten ist. Ebenso ist nach Abschnitt 4.1.13 eine Nebenleistung das Säubern des Untergrundes von Staub und losen Teilen, deren Beseitigung regelmäßig ohne nennenswerten Kostenaufwand erfolgen kann. Im Unterschied dazu ist jedoch das Reinigen des Untergrundes von grober Verschmutzung, die von Arbeiten anderer Unternehmer herrührt, eine besondere und deshalb gesondert zu vergütende Leistung des Auftragnehmers. Die Verschmutzungen können bestehen in zurückgelassenem Bauschutt, Mörtelresten, Farbresten u. ä., die der jeweilige Unternehmer, obwohl von seinen Arbeiten herrührend, nicht entfernt und damit den Untergrund, auf dem die Leistung des Auftragnehmers der Putz- und Stuckarbeiten aufbaut, nicht gereinigt hat. Ankündigung des Anspruchs auf Vergütung dieser besonderen Leistung vor deren Beginn gegenüber dem Auftraggeber ist aber gemäß VOB Teil B § 2 Nr. 6 Anspruchsvoraussetzung.

4.3.18 Herstellen von Proben, Musterflächen, Musterkonstruktionen und Modellen.

Das in der früher geltenden Fassung der ATV DIN 18 350 unter Abschnitt 4.1.17 als Nebenleistung genannte „Herstellen der erforderlichen Proben im angemessenen Verhältnis zum Umfang des Auftrags“ ist nicht nur durch die technische Entwicklung überholt worden, sondern hat sich auch als eine wenig praktikable Regelung erwiesen, weil sie immer wieder zu Meinungsverschiedenheiten darüber geführt hat, welche Proben erforderlich sind und wieviel Proben im Rahmen der Angemessenheit zum Umfang des Auftrags verlangt werden können bzw. herzustellen sind. Deshalb wurde, auch im Interesse der Klarstellung, die früher geltende Regelung in die überarbeitete Fassung der vorliegenden ATV nicht übernommen, und es wurde in Anpassung an den Stand der Technik nunmehr in Abschnitt 4.1.16 eindeutig geregelt, daß lediglich die Vorlage vorgefertigter Oberflächen- und Farbmuster als Nebenleistung gilt.

Verlangt der Auftraggeber jedoch für seine Entscheidungsfindung, daß der Auftragnehmer eigens eine oder mehrere Proben, Musterkonstruktionen oder Modelle herstellt, so handelt es sich hierbei um eine besondere Leistung, die dem Auftragnehmer gesondert zu vergüten ist. Anspruchsvoraussetzung ist, daß der Auftragnehmer den Vergütungsanspruch dem Auftraggeber gemäß VOB Teil B § 2 Nr. 6 vor der Ausführung ankündigt.

4.3.19 Liefern statischer und bauphysikalischer Nachweise.

Nach VOB Teil B § 3 Nr. 1 hat der Auftraggeber dem Auftragnehmer die für die Ausführung nötigen Unterlagen unentgeltlich und rechtzeitig zu übergeben. Diese Verpflichtung des Auftraggebers umfaßt auch die Vorlage der erforderlichen statischen und bauphysikalischen Nachweise. Verlangt jedoch der Auftraggeber vom Auftragnehmer die Vorlage derartiger Nachweise, hat sie im Einzelfall also der Auftragnehmer zu liefern, so stellt dies für den Auftragnehmer eine besondere Leistung dar, deren Vergütung eher dem Auftraggeber gemäß VOB Teil B § 2 Nr. 6 rechtzeitig vor der Ausführung anzukündigen und die der Auftraggeber gesondert zu vergüten hat.

4.3.20 Erstellen von Verlege- und Montageplänen.

Verlege- und Montagepläne, z. B. für Putz- und Stuckarbeiten in trockener Bauweise, hat der Auftraggeber dem Auftragnehmer nach VOB Teil B § 3 Nr. 1 unentgeltlich und rechtzeitig zu übergeben. Wird diese Leistung dem Auftragnehmer übertragen, so handelt es sich dabei um eine besondere Leistung, die gesondert zu vergüten ist, wobei der Auftragnehmer seinen Vergütungsanspruch dem Auftraggeber gem. VOB Teil B § 2 Nr. 6 vor Ausführung dieser besonderen Leistung anzukündigen hat. Siehe im übrigen die Erläuterungen zu Abschnitt 4.3.19.

4.3.21 Herstellen und/oder Anpassen von Aussparungen u. ä., soweit sie nicht im Zuge mit den übrigen Arbeiten ausgeführt werden können.

Das Herstellen und/oder Anpassen von Aussparungen, soweit dies nicht im Zuge mit den übrigen Arbeiten ausgeführt werden kann, stellt für den Auftragnehmer eine besondere Leistung dar, die ihm gesondert zu vergüten ist und für die er seinen Vergütungsanspruch gemäß VOB Teil B § 2 Nr. 6 rechtzeitig vor Ausführung dem Auftraggeber anzukündigen hat.

4.3.22 Nachträgliches Herstellen und Schließen von Löchern im Mauerwerk und Beton für Auflager und Verankerungen.

In gleicher Weise, wie das nachträgliche Schließen und Verputzen von Schlitzen und ausgesparten Öffnungen nach Abschnitt 4.3.15 eine besondere, dem Auftragnehmer gesondert zu vergütende Leistung darstellt, erfordert auch das nachträgliche Herstellen und Schließen von Löchern in Mauerwerk und Beton für Auflager und Verankerungen einen besonderen Aufwand, der dem Auftragnehmer gesondert zu vergüten ist, wobei der Auftragnehmer seinen Vergütungsanspruch gemäß VOB Teil B § 2 Nr. 6 vor Ausführung dieser besonderen Leistung dem Auftraggeber anzukündigen hat.

4.3.23 Ausbau und/oder Wiedereinbau von Bekleidungselementen für Leistungen anderer Unternehmer.

Erfordert es der Bauablauf, daß vom Auftragnehmer eingebaute Bekleidungselemente für Leistungen anderer Unternehmer wieder ausgebaut und/oder wieder eingebaut werden müssen, so bedeutet dies für den Auftragnehmer der Putz- und Stuckarbeiten eine besondere Leistung, die ihm gesondert zu vergüten ist, wobei er seinen Vergütungsanspruch gemäß VOB Teil B § 2 Nr. 6 vor Ausführung dieser besonderen Leistung dem Auftraggeber anzukündigen hat.

4.3.24 Nachträgliches Anarbeiten und/oder nachträglicher Einbau von Teilen.

Wie in der Regel alle erst nachträglich auszuführenden Arbeiten einen besonderen Kostenaufwand verursachen, bedeutet auch das nachträgliche Anarbeiten und/oder der nachträgliche Einbau von Teilen eine besondere Leistung, die dem Auftragnehmer gesondert zu vergüten ist, wobei der Auftragnehmer seinen Vergütungsanspruch gemäß VOB Teil B § 2 Nr. 6 vor Ausführung dieser besonderen Leistung dem Auftraggeber anzukündigen hat.

5 Abrechnung

Sinn und Zweck der Abrechnungsbestimmungen der Allgemeinen Technischen Vorschriften gehen dahin, der Vereinheitlichung und Vereinfachung dienende Richtlinien zur Ermittlung der Leistung festzulegen. Deshalb ist in VOB Teil B § 14 Nr. 2 Satz 2 für die Abrechnung vorgeschrieben:

Die Abrechnungsbestimmungen in den Technischen Vorschriften und der anderen Vertragsunterlagen sind zu beachten.

Dem Auftragnehmer ist in VOB Teil B § 14 Nr. 1 Satz 1 die Verpflichtung auferlegt, „seine Leistungen prüfbar abzurechnen“. Dem Kriterium der Prüfbarkeit der Abrechnung kommt eine wesentliche Bedeutung zu. Wie diese Prüfbarkeit erreicht wird, ist in VOB Teil B § 14 Nr. 1 Satz 2 aufgezeigt. Dort heißt es, daß der Auftragnehmer „die Rechnungen übersichtlich aufzustellen und dabei die Reihenfolge der Posten einzuhalten und die in den Vertragsbestandteilen enthaltenen Bezeichnungen zu verwenden“ hat. Einhaltung der Reihenfolge der Positionen und Verwendung der in der Leistungsbeschreibung enthaltenen Bezeichnungen sind also unerläßliche Voraussetzung dafür, daß die Abrechnung, ohne erhöhten Arbeits- und Kostenaufwand, geprüft werden kann. Die Übersichtlichkeit und leichtere Prüfbarkeit der Abrechnung erfordert aber weiter, daß die zum Nachweis von Art und Umfang der Leistung erforderlichen Maßberechnungen, Zeichnungen und andere Belege beigefügt werden.

Oftmals kann eine vom Auftragnehmer gefertigte, der Abrechnung beigegebene Skizze dazu beitragen, Unklarheiten zu beseitigen oder zeitraubende Rückfragen zu vermeiden. Die Übersichtlichkeit und zügige Prüfung der Abrechnung wird weiter dadurch gefördert, daß der Auftragnehmer Änderungen und Ergänzungen des Vertrages in der Rechnung besonders kenntlich macht, wie ihm dies in VOB Teil B § 14 Nr. 1 Satz 4 aufgegeben ist. Die Abrechnung von Putz- und Stuckarbeiten in nasser und trockener Bauweise erfolgt weitgehend nach Flächen- oder Längenmaßen, die bis auf zwei Stellen nach dem Komma beziffert werden. Die dritte Stelle nach dem Komma soll zweckmäßigerweise gerundet, d. h. ab 5 aufgerundet und unter 5 abgerundet werden, z. B. bei einem Maß von 2,735 aufgerundet auf 2,74 und bei einem Maß von 2,734 abgerundet auf 2,73.

Die für die Abrechnung nötigen Feststellungen sind dem Fortschritt der Leistung entsprechend nach VOB Teil B § 14 Nr. 2 Satz 1 „möglichst gemeinsam vorzunehmen“.

Das bedeutet, daß diese Feststellungen gemeinsam zwischen Auftraggeber und Auftragnehmer bzw. deren bevollmächtigten Vertretern zu treffen sind. Wer bevollmächtigter Vertreter ist, bedarf im Einzelfall aber der sorgfältigen Prüfung und Klarstellung; es ist z. B. nicht regelmäßig oder gar „automatisch“ der bauleitende Architekt des Auftraggebers. Es ist Sache des Auftragnehmers, sich ggf. Gewißheit über Umfang der Vollmacht und Vertretungsbefugnis der von seiten des Auftraggebers mitwirkenden Personen zu verschaffen.

Für Leistungen, deren spätere Feststellung bei Weiterführung der Arbeit erschwert oder überhaupt nicht mehr möglich ist, hat der Auftragnehmer rechtzeitig, also vor Ausführung der weiteren Arbeiten, beim Auftraggeber zu beantragen, daß gemeinsame Feststellungen über diese Leistungen getroffen werden. Dies ist z. B. dann geboten, wenn etwa Rabitzkanäle hergestellt werden müssen, die später in der allgemeinen Putzfläche nicht mehr in Erscheinung treten und genau feststellbar sind.

Dasselbe gilt, wenn größere Unebenheiten des Untergrundes z. B. mit Bauplatten oder durch einen vermehrten Mörtelauftrag ausgeglichen werden müssen, denn auch diese zusätzliche Leistung ist später nur noch unter erschwerten, kostenaufwendigen Bedingungen feststellbar. Anspruch auf Vergütung für derartige zusätzliche Leistungen besteht, wenn der Auftragnehmer den Anspruch gemäß VOB Teil B § 2 Nr. 6 dem Auftraggeber angekündigt hat, bevor er mit der Leistung beginnt. Übrigens: Diese Ankündigung muß gegenüber dem Auftraggeber selbst erfolgen; meist genügt es nicht, wenn der Anspruch auf besondere Vergütung dem Vertreter des Auftraggebers, z. B. dem Architekten oder Bauführer, angekündigt wird, es sei denn, der Architekt wäre mit einer entsprechenden Vollmacht des Auftraggebers ausgestattet.

Im Zusammenhang mit der Abrechnung verdient noch die Bestimmung in VOB Teil B § 14 Nr. 4 besondere Beachtung, die folgendermaßen lautet: *Reicht der Auftragnehmer eine prüfbare Rechnung nicht ein, obwohl ihm der Auftraggeber dafür eine angemessene Frist gesetzt hat, so kann sie der Auftraggeber selbst auf Kosten des Auftragnehmers aufstellen.*
Wünscht jedoch der Auftraggeber, obwohl der Auftragnehmer abrechnungsbereit ist, daß die der Abrechnung zugrunde zu legenden Feststellungen von einem Dritten, der nicht Partner des Bauwerkvertrags ist (z. B. einem Vermessungsingenieur), getroffen werden, so ist es üblich und gerechtfertigt, daß die dadurch entstehenden Kosten vom Auftraggeber getragen werden, wenn im Vertrag nichts anderes vereinbart ist.

5.1 Allgemeines

5.1.1 Die Leistung ist aus Zeichnungen zu ermitteln, soweit die ausgeführte Leistung diesen Zeichnungen entspricht. Sind solche Zeichnungen nicht vorhanden, so ist die Leistung aufzumessen.

Der Ermittlung der Leistung – gleichgültig, ob sie nach Zeichnungen oder nach Aufmaß erfolgt – sind zugrunde zu legen:

- für Putz, Stuck, Dämmungen und Bekleidungen
  - auf Flächen ohne begrenzende Bauteile die Maße der zu putzenden, zu dämmenden, zu bekleidenden bzw. mit Stuck zu versehenden Flächen
  - auf Flächen mit begrenzenden Bauteilen die Maße der zu behandelnden Flächen bis zu den sie begrenzenden ungeputzten, ungedämmten bzw. nicht bekleideten Bauteilen
  - bei Fassaden die Maße der Bekleidung.
- für nichttragende Trennwände deren Maße bis zu den sie begrenzenden ungeputzten, ungedämmten bzw. nicht bekleideten Bauteilen.

Diese Abrechnungsregel legt fest, daß in allen Fällen, in denen dies möglich ist, die Feststellung der abzurechnenden Leistung anhand von Zeichnungen zu ermitteln ist, soweit die ausgeführte Leistung diesen Zeichnungen entspricht. Sind Zeichnungen für die Feststellung der ausgeführten Leistung nicht vorhanden, so ist die Leistung aufzumessen. Die Aufmaßfeststellungen, z. B. mit dem Zollstock am Bau, sind dabei möglichst gemeinsam zu treffen. Auch in diesem Falle sind dem Aufmaß und der Abrechnung der ausgeführten Leistungen die Abrechnungsregeln dieser Norm zugrunde zu legen.

Es bleibt noch auf VOB Teil B § 2 Nr. 8 zu verweisen. Allgemein vertragsrechtlich ist hier bestimmt:
(1) Leistungen, die der Auftragnehmer ohne Auftrag oder unter eigenmächtiger Abweichung vom Vertrag ausführt, werden nicht vergütet. Der Auftragnehmer hat sie auf

Verlangen innerhalb einer angemessenen Frist zu beseitigen; sonst kann es auf seine Kosten geschehen. Er haftet außerdem für andere Schäden, die dem Auftraggeber hieraus entstehen, wenn die Vorschriften des BGB über die Geschäftsführung ohne Auftrag (§§ 677 ff.) nichts anderes ergeben.

(2) Eine Vergütung steht dem Auftragnehmer jedoch zu, wenn der Auftraggeber solche Leistungen nachträglich anerkennt. Eine Vergütung steht ihm auch zu, wenn die Leistungen für die Erfüllung des Vertrages notwendig waren, dem mutmaßlichen Willen des Auftraggebers entsprachen und ihm unverzüglich angezeigt wurden.

Für Leistungen, die der Auftragnehmer erbracht hat, obwohl sie in der Leistungsbeschreibung nicht angefordert waren, die er also ohne Auftrag ausgeführt hat, steht ihm eine Vergütung nicht zu. Dasselbe gilt für Leistungen, die der Auftragnehmer unter eigenmächtiger Abweichung vom Vertrag ausführt.

Eine Vergütungspflicht für derartige Leistungen ohne Auftrag entsteht erst dann, wenn der Auftraggeber solche Leistungen nachträglich anerkennt. Ist jedoch eine Leistung, die im Vertrag nicht angefordert ist, für die Herstellung der vertraglich vorgeschriebenen Leistung notwendig, so ist diese außervertragliche Leistung vergütungspflichtig. Unabdingbare Voraussetzung für die Vergütungspflicht ist aber nach VOB Teil B § 2 Nr. 6, daß die zur Herstellung der Vertragsleistung erforderliche außervertragliche Leistung dem Auftraggeber unverzüglich angezeigt worden ist.

Ein typischer Vorgang, der unter diesen rechtlichen Gesichtspunkt zu stellen ist, kann dann gegeben sein, wenn z. B. eine Vorbehandlung glatter Betonflächen notwendig ist, um eine einwandfreie Putzhaftung zu erreichen und sicherzustellen. Überhaupt sind Maßnahmen, die aufgrund von Bedenken des Auftragnehmers gemäß Abschnitt 3.1.4 dieser Norm notwendig werden, in der Regel Anlaß für solche Leistungen, die für die Erfüllung des Vertrages notwendig sind.

Um den Auftraggeber jedoch vor unerwarteten Kosten zu schützen, müssen ihm derartige zusätzliche Leistungen nach VOB Teil B § 2 Nr. 8 unverzüglich, d. h. ohne schuldhaftes Zögern angezeigt werden. Auch hier gilt, daß der richtige Adressat für eine derartige Ankündigung der Auftraggeber selbst ist und nicht etwa lediglich sein bauleitender Architekt. Die Schriftform sollte zur Sicherung des Auftragnehmers auch hier selbstverständlich sein.

Schließlich ist im Rahmen der Abrechnungsregelung des Abschnitts 5 auch die Bestimmung in VOB Teil B § 2 Nr. 9 zu nennen. Danach hat der Auftraggeber an den Auftragnehmer die angemessene und übliche Vergütung zu entrichten, wenn er Zeichnungen, Berechnungen oder andere Unterlagen verlangt, die der Auftragnehmer nach dem Vertrag, besonders nach den Technischen Vorschriften oder der gewerblichen Verkehrssitte, nicht zu beschaffen hat.

Zur Vermeidung von Meinungsverschiedenheiten bei der Abrechnung sowie aus Gründen der Einheitlichkeit und Systematik der VOB sind in Abschnitt 5.1 Abrechnungsregelungen getroffen, die für die Trockenbauarbeiten mit den sachlich vergleichbaren Allgemeinen Technischen Vorschriften übereinstimmend gelten.

Die Abrechnungsregeln für Putz, Stuck, Dämmungen und Bekleidungen unterscheiden nunmehr zwischen Innenarbeiten und Arbeiten an Fassaden.

Für Innenarbeiten bestimmen sich die Abrechnungsmaße
- auf Flächen *ohne* begrenzende Bauteile nach den Maßen der zu putzenden, zu dämmenden, zu bekleidenden bzw. mit Stuck zu versehenden Flächen,
- auf Flächen *mit* begrenzenden Bauteilen nach den Maßen der zu behandelnden Flächen bis zu den sie begrenzenden ungeputzten, ungedämmten bzw. nicht bekleideten Bauteilen, d. h. seitlich, oben und unten an ihrem Zusammenstoß mit anderen Bauteilen, z. B. Rohdecke.

Für Außenarbeiten gelten
- bei *Fassaden* die Außenmaße der erbrachten Leistung.

Für nichttragende Trennwände gilt
- das Maß bis zum Zusammenstoß mit anderen Bauteilen ohne Berücksichtigung von Putz oder Bekleidung,
- soweit sie frei enden, das Maß bis zu ihrem Ende.

Zur bisherigen Fassung, die generell von Konstruktionsmaßen ausgeht, ergeben sich einige Änderungen.

Die bisher verwendeten Begriffe „Oberfläche Rohdecke“ und „Unterfläche Rohdecke“ lassen sich in die jetzige Aufmaßregelung unschwer einordnen. Als Rohdecke-Oberfläche gilt:
- bei Betondecken die vom Auftragnehmer der Betonarbeiten horizontal abgeglichene Oberfläche der Decke (vgl. Abb. 5.1),
- bei Holzgebälk die Oberkante der Balken (vgl. Abb. 5.2),
- bei Massivdecken, auf welchen Lagerhölzer (Ripphölzer) nachträglich verlegt sind, die Oberseite der Massivdecken (vgl. Abb. 5.3).

Als Rohdecke-Unterfläche gilt:
- bei Stahlbetonplattendecken die Unterfläche der Stahlbetonplatten (vgl. Abb. 5.1 und 5.3),
- bei Stahlbetonplatten, die auf Leichtbauplatten aufgegossen sind, die Unterfläche (Unterkante) der Leichtbauplatten (vgl. Abb. 5.4),

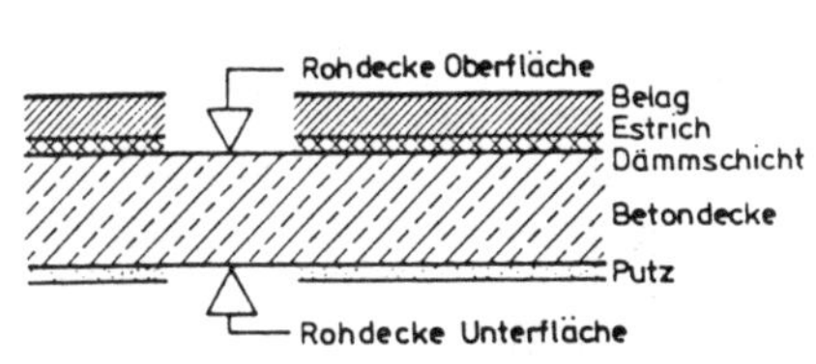

Abb. 5.1 Stahlbetonplattendecke

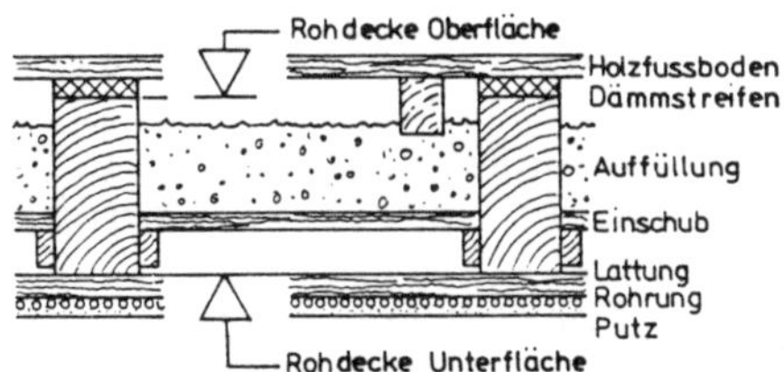

Abb. 5.2 Holzbalkendecke

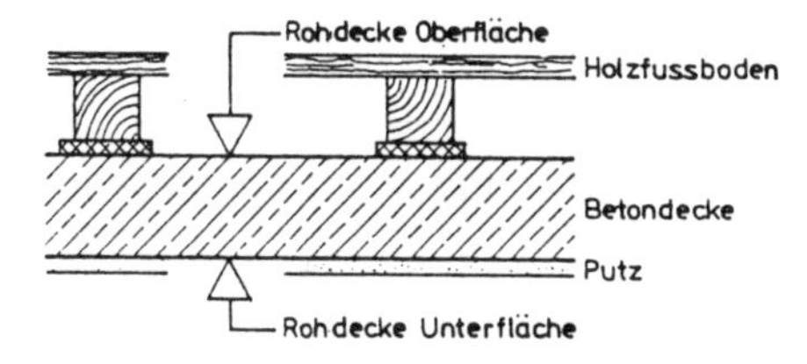

Abb. 5.3 Stahlbetonplattendecke

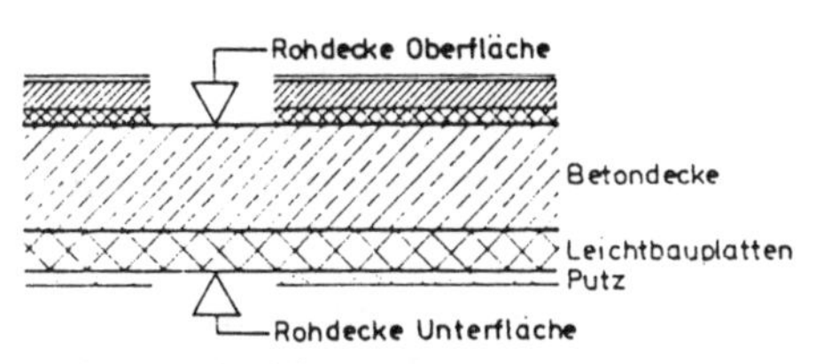

Abb. 5.4 Stahlbetonplattendecke auf Leichtbauplatten betoniert

- bei Holzbalkendecken die Holzbalken-Unterfläche (vgl. Abb. 5.2),
- bei Stahlbetonrippen-(Steg-)Decken (mit einbetonierten Planlatten/Steglatten) die Unterfläche (Unterkante) der Planlatten (vgl. Abb. 5.5),
- bei Rippendecken mit Füllkörpern die Unterfläche der Füllkörper (vgl. Abb. 5.6 und 5.7).

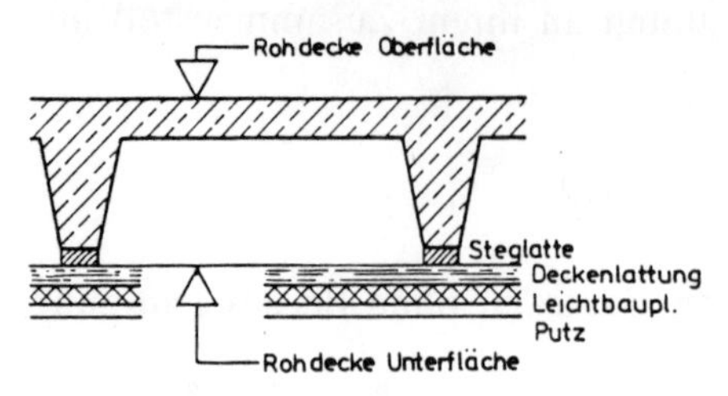

Abb. 5.5 Stahlbetonrippen-(Steg-)Decke

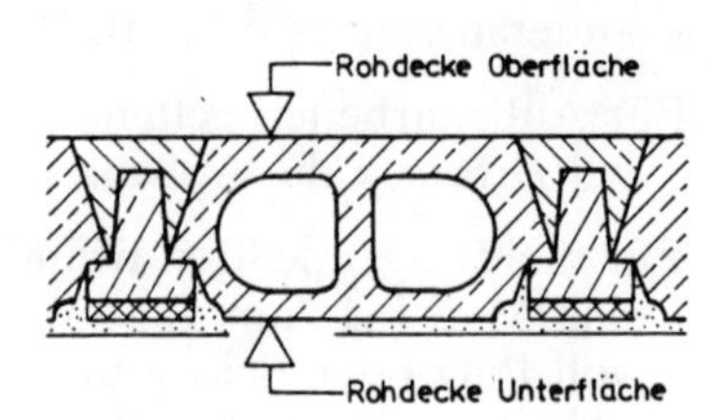

Abb. 5.6 Stahlbetonrippendecke mit Fertigbalken und Füllkörpern

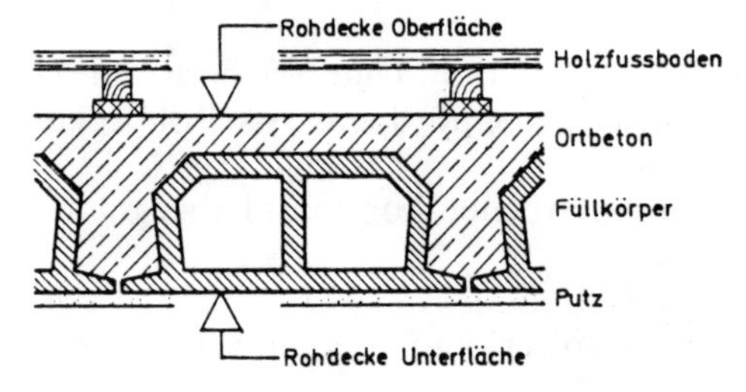

Abb. 5.7 Stahlbetonrippendecke mit Füllkörpern

In allen Fällen, in denen es zweifelhaft erscheinen könnte, welche Teile der Decke zur Rohdecke gerechnet werden, sollten bereits in der Leistungsbeschreibung hierzu eindeutige Angaben gemacht werden, um spätere Meinungsverschiedenheiten auszuschließen. Dies wird z. B. zweckmäßig sein, wenn auf die massive oder blanke Decke Rippenhölzer (lose oder befestigt) angebracht sind. Werden auf massiven oder blanken Decken Rippenhölzer aufgelegt (lose oder befestigt), so ist es für die Preiskalkulation erforderlich, daß schon in der Leistungsbeschreibung angegeben wird, was als Rohdecken-Unter- bzw. -Oberfläche zu gelten hat. Fehlt ein solcher Hinweis in der Leistungsbeschreibung, so gilt die Oberfläche bzw. Unterfläche der Betonplatten oder der Holzbalken als Rohdecken-Ober- bzw. -Unterfläche. Diese Regelung rechtfertigt sich aus dem bereits vorerwähnten Gesichtspunkt der Vereinfachung der Abrechnung und daraus, daß bei Decken mit Ripphölzern die Putzarbeiten einen Mehraufwand an Arbeit erfordern, z. B. durch das Abdecken mit Brettern, die erschwerte Reinigung zwischen den Fächern usw., wie dies aus der Abb. 5.3 ersichtlicht ist.

Für das Aufmaß von Wandflächen mit begrenzenden Bauteilen ist der lichte Abstand bis zu den ungeputzten, ungedämmten bzw. nicht bekleideten Bauteilen maßgebend (vgl. Abb. 5.8).

Außenwandbekleidungen werden nach Flächenmaß gerechnet, wobei im Gegensatz zur bisher geltenden Regelung nunmehr gilt, daß die fertigen Maße der erbrachten Leistung zugrunde zu legen sind. Diese neue Abrechnungsregelung erweist sich als

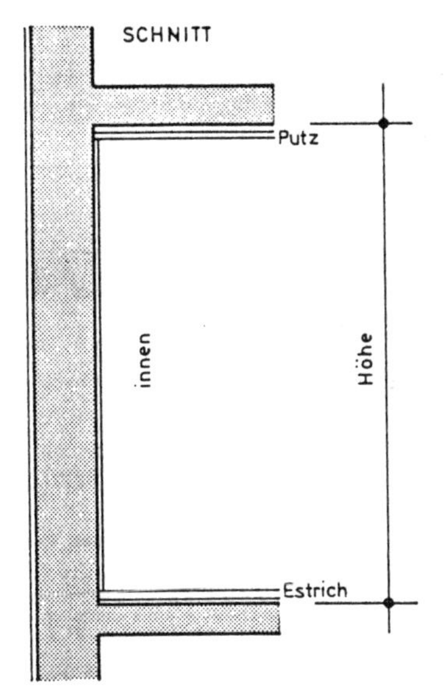

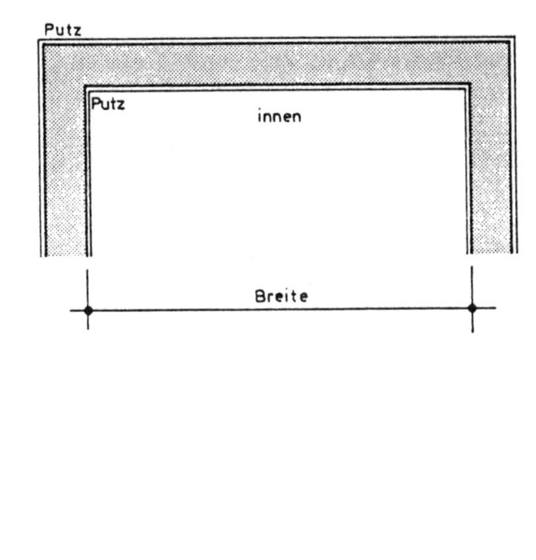

Abb. 5.8 Höhe und Breite einer Wand

geboten und gerechtfertigt, weil damit bei der Vielfalt der Außenputzsysteme, Dämmungen und Fassadenbekleidungen Meinungsverschiedenheiten bei der Abrechnung vermieden werden.

Geputzte und gezogene Gesimse werden außen wie innen übermessen. Ohne Bedeutung bleibt die Höhe der Ausladung des Gesimses. Grundsätzlich werden Gesimse jedoch nach Abschnitt 5.1.13 gesondert zum Putz oder zu der Bekleidung gerechnet (vgl. Abb. 5.9).

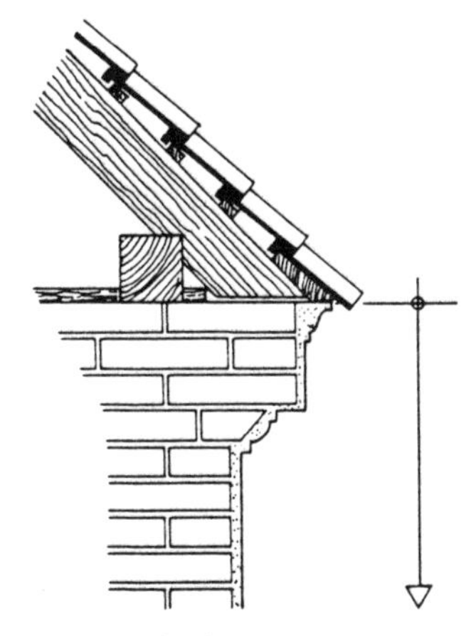

Abb. 5.9 Aufmaß von geputzten oder gezogenen Gesimsen

Bei nicht geputzten Gesimsen (z. B. Stein, Beton oder Holz) wird, wie die Abb. 5.10 zeigt, nur bis Unterkante Gesims gemessen.

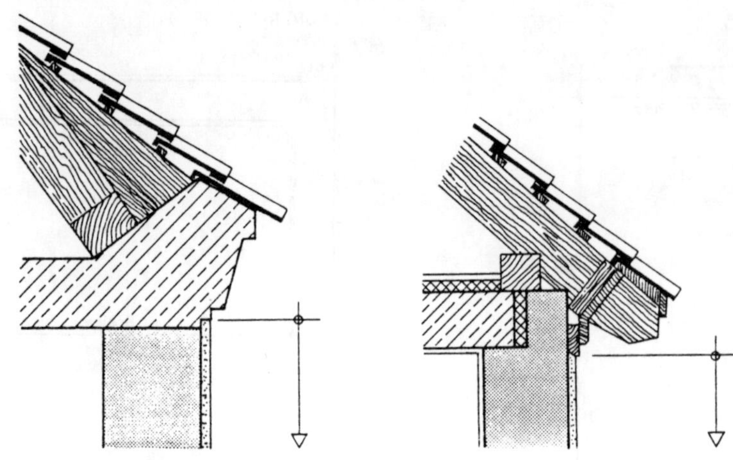

Abb. 5.10 Aufmaß von nicht geputzten Gesimsen

Öffnungen und Aussparungen in der Fassade werden dabei nach Abschnitt 5.1.6 bis zu einer Einzelgröße von 2,5 m² übermessen, unabhängig davon, ob Leibungen behandelt sind oder nicht. Die Abmessung hierfür ermittelt sich nach dem Lichtmaß im fertigen Zustand.

Gesimse und Umrahmungen von Öffnungen:

- Geputzte Gesimse und geputzte Umrahmungen von Öffnungen werden übermessen (vgl. Abb. 5.11).
- Gesimse und Umrahmungen von Öffnungen, z. B. aus Naturstein, werden nach Abschnitt 5.1.6 als Aussparung behandelt und bis zur Einzelgröße von 2,5 m² übermessen (vgl. Abb. 5.12).

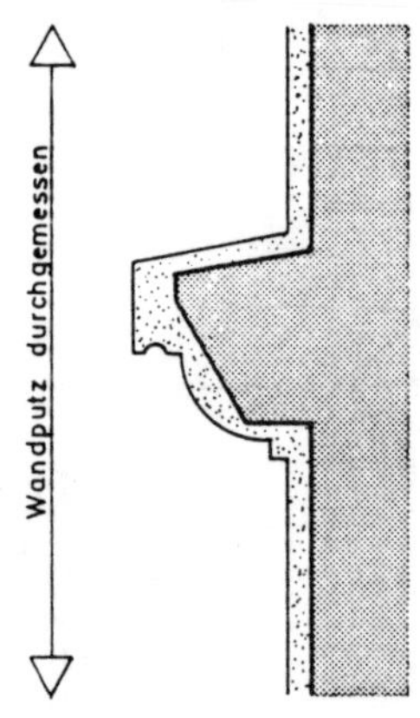

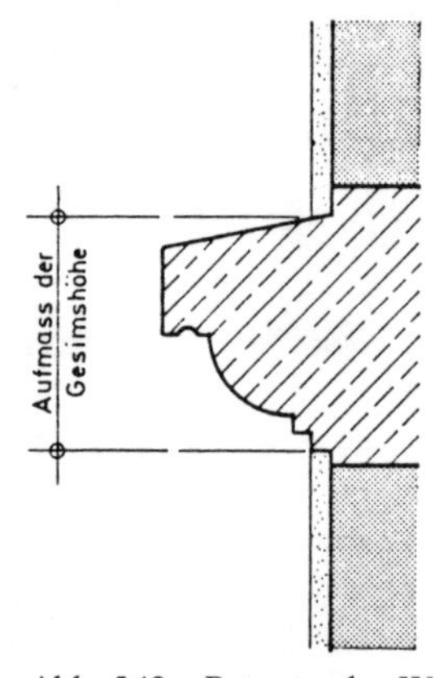

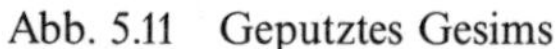

Abb. 5.11 Geputztes Gesims

Abb. 5.12 Beton- oder Werksteingesims

- Öffnungen mit Umrahmungen aus anderen Materialien, z. B. aus Naturstein, werden in ihrer Fläche durch die jeweils größten Längenmaße der Umrahmung bestimmt und bis zur Einzelgröße von 2,5 m² übermessen (vgl. Abb. 5.13).

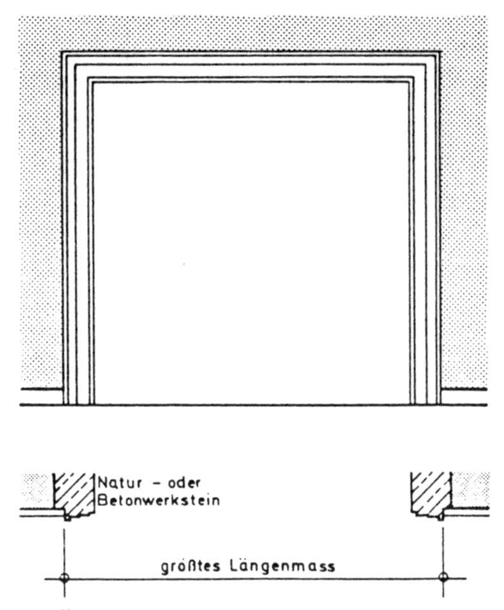

Abb. 5.13 Umrahmungen von Öffnungen

- Geputzte und gezogene Gesimse sowie geputzte und gezogene Umrahmungen werden nach Abschnitt 5.1.13 zusätzlich gesondert gerechnet (Abrechnung nach Längenmaß gemäß Abschnitt 5.2.2).

5.1.2 Bei der Ermittlung des Längenmaßes wird die größte, gegebenenfalls abgewickelte Bauteillänge gemessen. Fugen werden übermessen.

Kehlen, Gesimse und Lisenen werden z. B. nach Längenmaß gemessen, und zwar zusätzlich sowohl bei Außen- als auch bei Innenputzarbeiten. Dabei wird der Abrechnung die jeweils größte Länge zugrunde gelegt. Bei Innenecken ist die größte Länge die unterste Kante, bei Außenecken die oberste Kante (vgl. Abb. 5.14). Ecken und Verkröpfungen werden zusätzlich nach Abschnitt 5.2.3 nach Anzahl gerechnet.

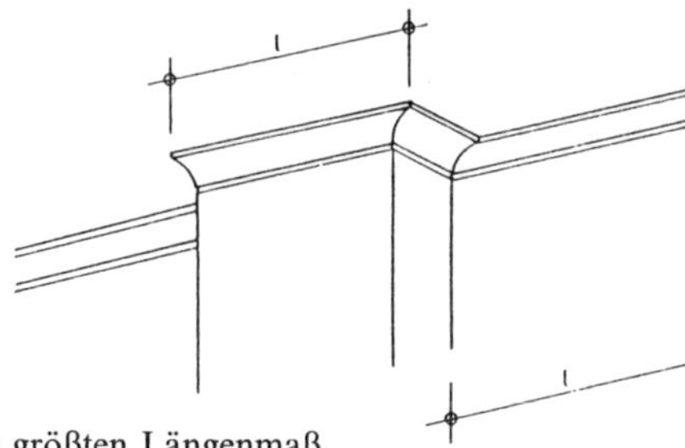

Abb. 5.14 Aufmaß nach dem größten Längenmaß

5.1.3 Die Wandhöhen überwölbter Räume werden bis zum Gewölbeanschnitt, die Wandhöhe der Schildwände bis zu ⅔ des Gewölbestichs gerechnet.

Abb. 5.15 zeigt, wie die Wandhöhen überwölbter Räume und die Wandhöhen der Schildmauern berechnet werden. Danach rechnet die Höhe der Seiten- und Schild-

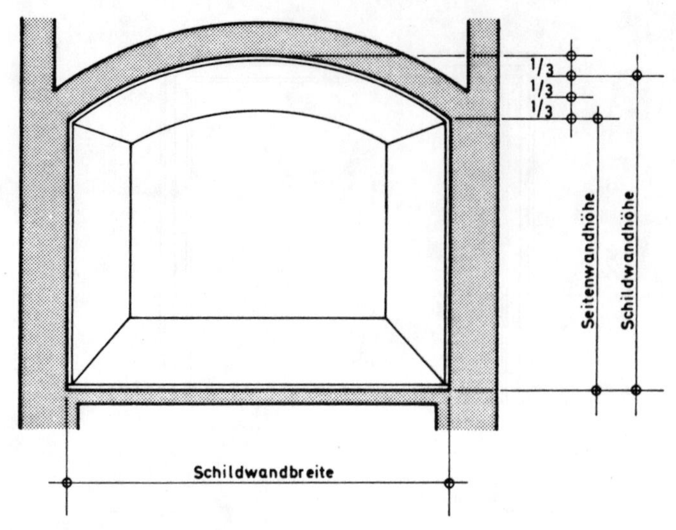

Abb. 5.15 Wandhöhen überwölbter Räume

wände von der Rohdecke-Oberfläche bis zum Gewölbeanschnitt bzw. Gewölbescheitel, reduziert um 1/3 des Gewölbestichs. Die Breite oder Länge der Wand rechnet bis zu den ungeputzten, ungedämmten bzw. unbekleideten Bauteilen.

5.1.4 Fußleisten und Konstruktionen bis 10 cm Höhe werden übermessen.

Aus Gründen der Vereinheitlichung und Vereinfachung werden Fußleisten und Konstruktionen bis 10 cm Höhe mitgerechnet, also nicht abgezogen. In Abb. 5.16 ist dargestellt, wie beim Vorhandensein von Fußleistenkonstruktionen der Wandputz gerechnet wird, nämlich von Rohdecke-Oberfläche bis Rohdecke-Unterfläche, wenn die Höhe der Fußleistenkonstruktion 10 cm nicht übersteigt.

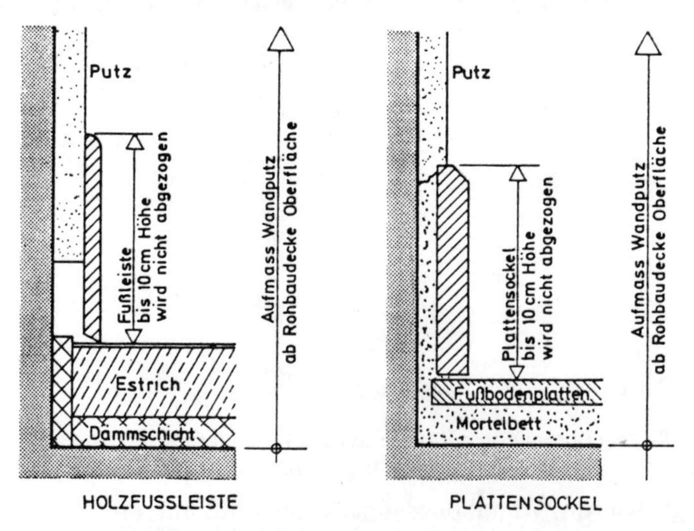

Abb. 5.16 Übermessen von Fußleisten und Konstruktionen bis 10 cm Höhe

Das in dieser Vorschrift angegebene Maß bezieht sich nur auf die sichtbare Höhe der Fußleistenkonstruktion. Dies deshalb, damit Zweifelsfragen bei der Abrechnung, z. B. über die Höhe der Fußboden-Unterkonstruktion, von vornherein ausgeschlossen sind. Entscheidend ist die sichtbare Höhe und nicht der Abstand der Fußleisten-Oberkante von der Rohdecke-Oberfläche. Ist z. B. unter der Fußleiste, deren sichtbare Höhe 10 cm beträgt, eine Fußbodenkonstruktion eingebaut, so bleibt die Höhe der Fußbodenkonstruktion ohne Einfluß auf die Abrechnung, sofern der Wandflächenanteil der Fußbodenkonstruktion je Einzelwand nicht mehr als 2,5 m^2 beträgt. Es wird in diesem Falle also von Rohdecke-Oberfläche gerechnet. Gemeint sind bei Fußleisten alle Arten von Fußleisten, z. B. Holzfußleisten, Plattensockel usw., und bei Fußbodenkonstruktionen alle Arten von Fußbodenkonstruktionen, z. B. Lagerhölzer, Dämmungen und Aufständerungen.

Fußleisten und Konstruktionen über 10 cm Höhe werden nicht mitgerechnet, sondern abgezogen (vgl. Abb. 5.17).

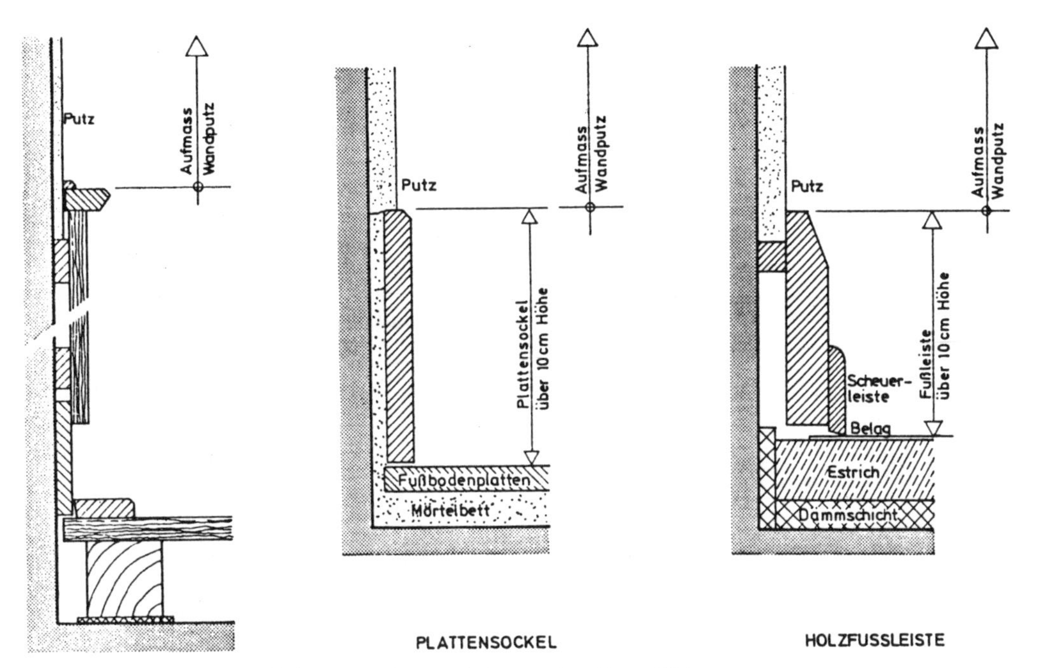

Abb. 5.17 Abzug von Fußleisten und Konstruktionen über 10 cm Höhe

Bei der Behandlung der Vorschriften über die Abrechnung von Wandputz möge noch auf einen Sonderfall hingewiesen werden, für den die ATV, eben weil es sich um einen solchen handelt, keine Regelung aufgenommen hat. Gemeint ist hier der Wandputz hinter Rohrleitungen. Die Herstellung von Wandputz hinter einer Gruppe von Rohren, die vor der Wandfläche montiert sind, bedeutet regelmäßig eine erhebliche Arbeitserschwernis. Das Putzen hinter Rohrgruppen kann im Verhältnis zur Gesamtleistung bei manchen Bauten, z. B. Maschinenräumen, Heizräumen und dergleichen von erheblicher Bedeutung sein, so daß die Bestimmung aus VOB Teil A § 9 Nr. 2

in jedem Falle beachtet werden sollte. Um ein klares Preisbild zu erhalten, ist es dringend geboten, bei derartigen Fällen in der Leistungsbeschreibung für das Verputzen hinter Rohrgruppen eine besondere Position vorzusehen.

5.1.5 Bei der Flächenermittlung von gewölbten Decken mit einer Stichhöhe unter ⅙ der Spannweite wird die Fläche des überdeckten Raumes berechnet. Gewölbe mit größerer Stichhöhe werden nach der Fläche der abgewickelten Untersicht gerechnet.

Abb. 5.18 zeigt die Abrechnung des Gewölbeputzes.

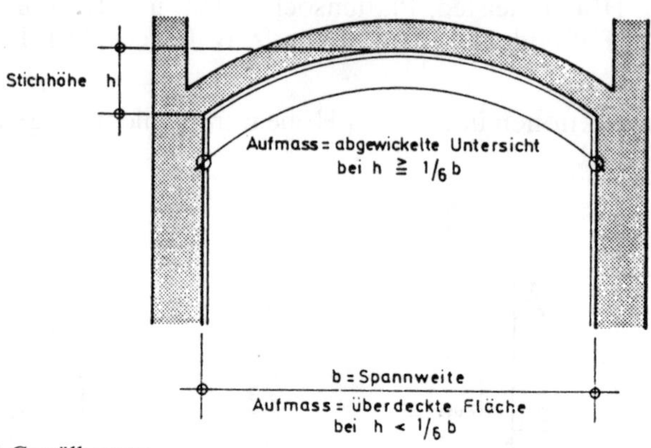

Abb. 5.18 Aufmaß Gewölbeputz

5.1.6 In Decken, Wänden, Dächern, Schalungen, Wand- und Deckenbekleidungen, Vorsatzschalen, Dämmungen, Sperren sowie leichten Außenwandbekleidungen werden Öffnungen, Aussparungen und Nischen bis zu 2,5 m² Einzelgröße übermessen.

Öffnungen sind alle Durchbrechungen in Wänden, Decken und Dächern. Zu Öffnungen zählen also Türen, Fenster, Durchgänge (auch geschoßhohe Durchgänge), durchgehende Öffnungen für den Einbau anderer Bauteile (z. B. Lüftungskanäle, Doppelböden, abgehängte Decken usw.

Im Gegensatz zur bisherigen Regelung ist die Abzugsgröße nicht mehr davon abhängig, ob die Öffnung, Aussparung oder Nische mit Leibungen ausgestattet ist oder nicht. Im Zuge der Vereinheitlichung der Abrechnungsbestimmungen wurden die Übermessungsgrößen für Öffnungen, Nischen und Aussparungen von bisher 4 m² mit geputzten Leibungen und 1 m² ohne geputzte Leibungen auf nunmehr 2,5 m² in Dekken und Wänden vereinheitlicht, wobei Leibungen bei einer Einzelgröße der Öffnung, Nische oder Aussparung von mehr als 2,5 m² gesondert gerechnet und gemäß Abschnitt 5.2.2 nach Längenmaß gerechnet werden.

In Böden sind Öffnungen bis 0,5 m² nach Abschnitt 5.1.7 zu übermessen.

Für die Abrechnung von Öffnungen ist demnach allein die Größe der Öffnung entscheidend. Die Abmessungen hierfür sind in Abb. 5.19 dargestellt. Sie stimmen mit dem Begriff des kleinsten Rohbaulichtmaßes, soweit es sich um Innenputz- oder Innenverkleidungen handelt, der bisherigen Fassung überein.

Für Öffnungen in Fassaden gilt das Lichtmaß im fertigen Zustand.

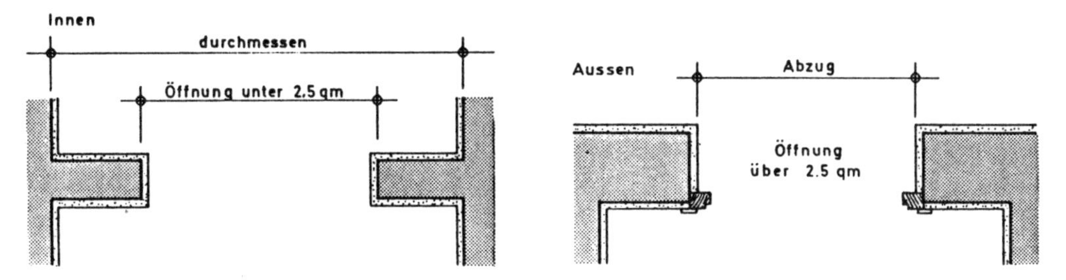

Abb. 5.19 Abrechnung von Öffnungen

Die Abrechnung von Öffnungen über Eck wird in Abb. 5.20 gezeigt. Daraus wird deutlich, daß über zwei Wandflächen zusammenhängende Öffnungen je Wandfläche getrennt gemessen und gerechnet werden.

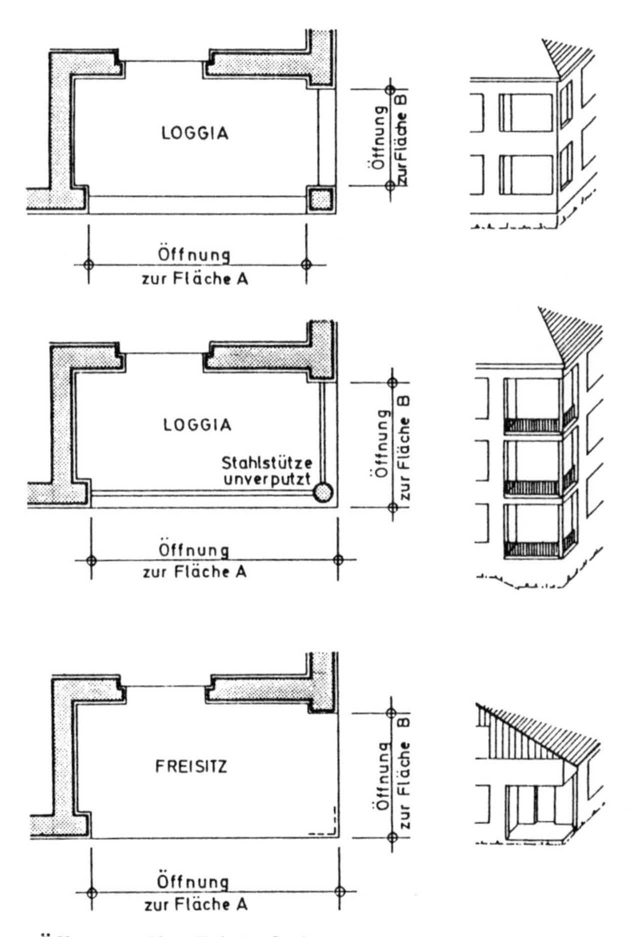

Abb. 5.20 Abzug von Öffnungen über Eck (außen)

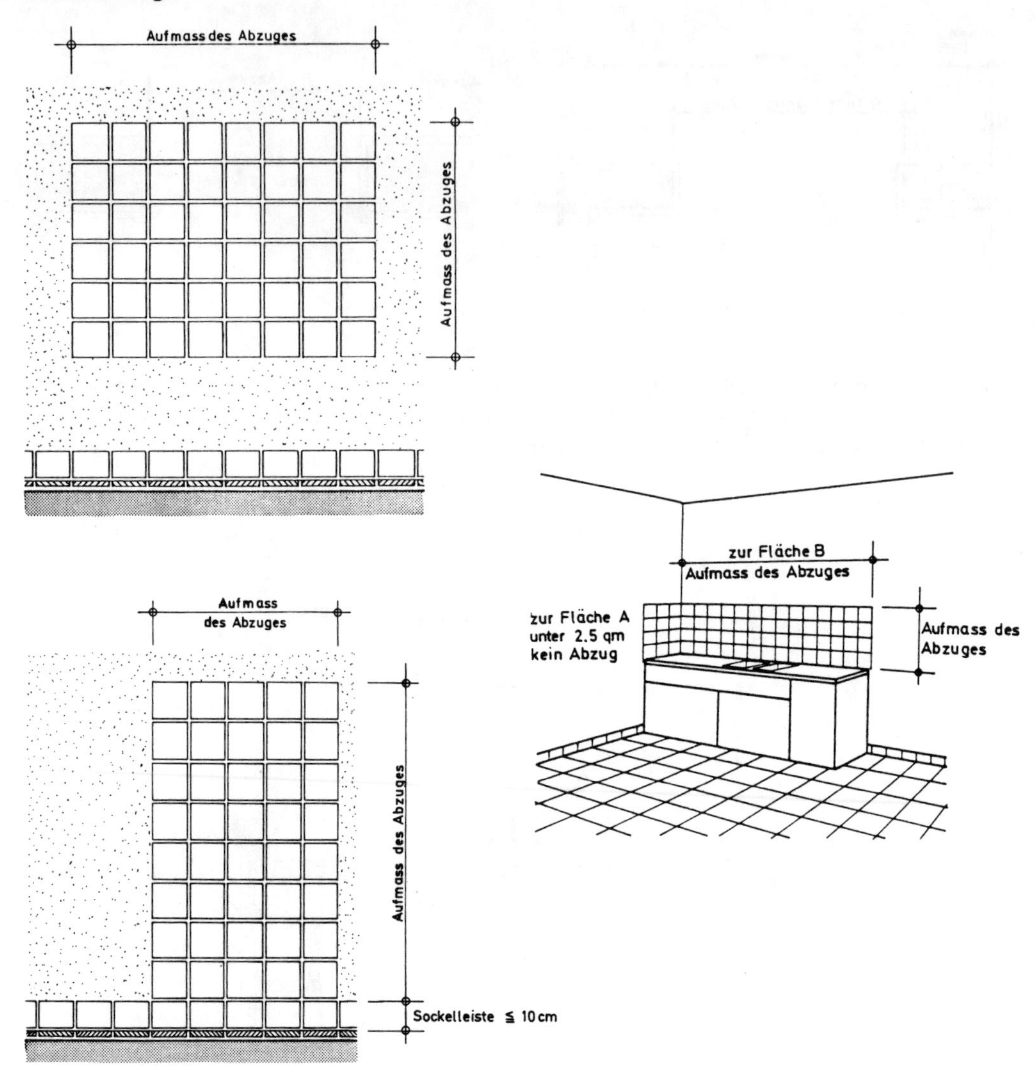

Abb. 5.21 Abzug von Aussparungen

Unter Aussparungen versteht man ungeputzt, ungedämmt, unbekleidet bleibende Flächen in Wänden und Decken. Sie werden bis 2,5 m^2 Einzelgröße übermessen, wie dies in Abb. 5.21 verdeutlicht ist.

Nischen sind Vertiefungen in der Wand, wobei die Nischentiefe durch die Wanddicke begrenzt ist (vgl. Abb. 5.22).

Nischen sind zwar keine Öffnungen, sie werden jedoch bei der Abrechnung wie Öffnungen behandelt. Das bedeutet, daß Nischen bis zu einer Einzelgröße von 2,5 m^2 übermessen werden, gleichgültig, ob Leibungen geputzt, gedämmt oder bekleidet sind oder nicht.

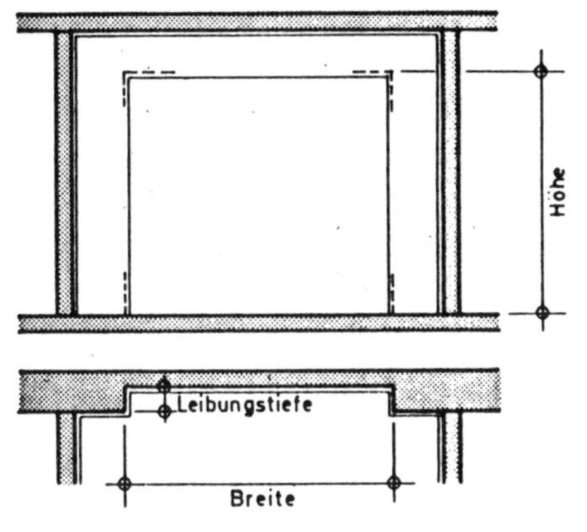

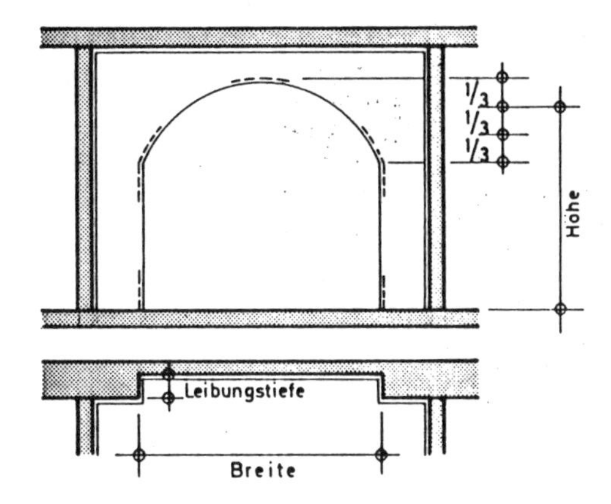

Abb. 5.22 Nischen

Nischen über 2,5 m² Einzelgröße werden abgezogen und ihre Leibungen, soweit sie ganz oder teilweise geputzt, gedämmt oder bekleidet sind, gemäß Abschnitt 5.1.9 gesondert gerechnet, und zwar nach Längenmaß (m), wie in Abschnitt 5.2.2 festgelegt.

Zusammenfassend ist festzustellen:
- Nischen bis 2,5 m² Einzelgröße werden übermessen, gleichgültig, ob Leibungen ganz oder teilweise geputzt, gedämmt, bekleidet sind oder nicht;
- Nischen über 2,5 m² Einzelgröße werden abgezogen, und die Leibungen werden, soweit sie ganz oder teilweise geputzt, gedämmt oder bekleidet sind, nach Längenmaß gesondert gerechnet;
- unabhängig von der Einzelgröße der Nische wird nach Abschnitt 5.1.10 die Rückfläche der Nische, soweit sie bearbeitet ist, mit ihrem Maß gesondert gerechnet.

5.1.7 In Böden und den dazugehörigen Dämmungen, Schüttungen, Sperren u. ä. werden Öffnungen und Aussparungen, z. B. für Pfeilervorlagen, Kamine, Rohrdurchführungen u. ä., bis 0,5 m² Einzelgröße übermessen.

Öffnungen und Aussparungen in Böden und den dazugehörigen Dämmungen, Schüttungen, Sperren u. ä. werden bis zu einer Einzelgröße von 0,5 m² übermessen. Die Bodenfläche von Nischen bei Fenstern, Heizkörpern oder Türen stellt keine Aussparung im Sinne dieses Abschnitts dar und ist deshalb entsprechend ihrer Größe zu messen.

5.1.8 Bei Abrechnung nach Längenmaß (m) werden Unterbrechungen bis zu 1,0 m Einzellänge übermessen.

Sind Leistungen gemäß Abschnitt 5.2.2 nach Längenmaß abzurechnen, so werden Unterbrechungen bis 1,0 m Einzellänge übermessen. Das gilt auch z. B. für Kantenschutzprofile, Sockelschienen, Abschlußprofile.

5.1.9 Ganz oder teilweise geputzte, gedämmte oder bekleidete Leibungen und Öffnungen, Aussparungen und Nischen über 2,5 m² Einzelgröße werden gesondert gerechnet.

Der Begriff „geputzte Leibungen" gilt für alle Leibungen, die in einer dem Abschnitt 3 entsprechenden Ausführungsart behandelt sind. Sie gelten selbst dann als behandelt, wenn sie nur teilweise geputzt, gedämmt oder bekleidet sind. Die Abrechnung erfolgt gemäß Abschnitt 5.2.2 nach Längenmaß.

Erläuterungen

Im Hinblick auf den Aufwand bei der Bearbeitung von Leibungen sollten aus Gründen einer zuverlässigen Preiskalkulation, je nach Leibungstiefe, gesonderte Positionen vorgesehen werden. Eckschutzschienen sind nach Abschnitt 5.1.14 gesondert abzurechnen.

Die Leibungsfläche muß grundsätzlich innerhalb der Mauerdicke liegen, auch wenn sie schräg verläuft und dadurch die Leibungsfläche breiter ist als die anteilige Mauerdicke (vgl. Abb. 5.23).

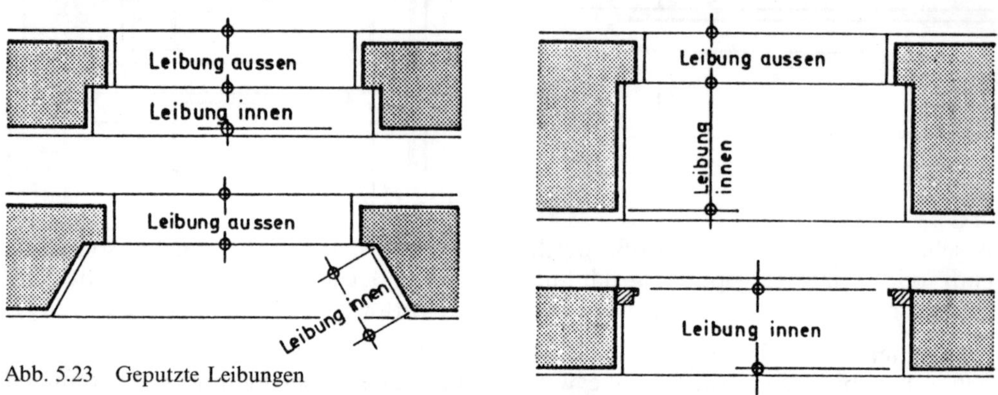

Abb. 5.23 Geputzte Leibungen

Ragt die Leibungsfläche aber über die Mauerdicke hinaus – liegt also nicht nur die Putzkante außerhalb der Mauerdicke –, so wird sie nicht als Leibung, sondern bei der Abrechnung als Wandputz behandelt (vgl. Abb. 5.24).

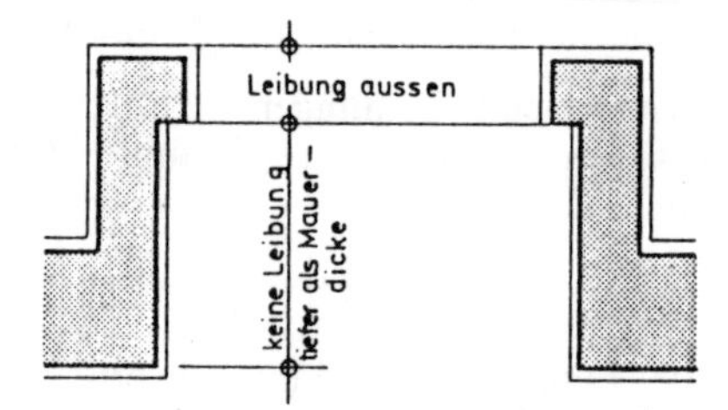

Abb. 5.24 Abrechnung als Wandputz

Wie im einzelnen Leibungen zu messen sind, zeigt Abb. 5.25.

Leibungen werden jedoch nur dann gesondert gerechnet – und zwar nach Längenmaß gemäß Abschnitt 5.2.2 –, wenn die dazugehörigen Öffnungen, Aussparungen oder Nischen eine Einzelgröße von mehr als 2,5 m^2 aufweisen.

5.1.10 Rückflächen von Nischen werden unabhängig von ihrer Einzelgröße mit ihrem Maß gesondert gerechnet.

Nischen werden bei der Abrechnung wie Öffnungen behandelt. Nischen werden daher bis zu einer Einzelgröße von 2,5 m^2 übermessen, gleichgültig ob die Leibungen bearbeitet sind oder nicht. Unabhängig von der Einzelgröße der Nische wird deren Rückfläche, falls sie wie die Wandfläche oder in anderer Weise behandelt ist, stets gesondert gerechnet.

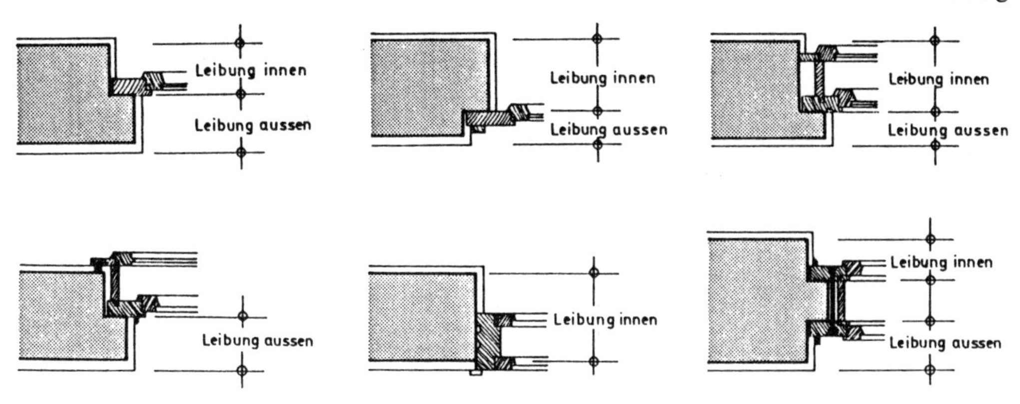

Abb. 5.25 Aufmaß der Leibungstiefe

Auch Heizkörpernischen sind echte Nischen im Sinne des Abschnitts 5.1.6, wobei es gleichgültig ist, ob nur eine, zwei oder drei Leibungsflächen ganz, teilweise oder gar nicht bearbeitet sind. Beim Bearbeiten von Heizkörpernischen kommt es häufig zu erheblichen Erschwernissen durch das Einarbeiten von Rohren und Halterungen. Es liegt deshalb im Sinne der Aufmaß- und Abrechnungsvereinfachung, die mit der Abrechnungsregelung der ATV erreicht werden soll, daß auch die Heizkörpernischen wie alle anderen Nischen behandelt werden.

Bei der Handhabung der Abrechnungsvorschriften wird häufig übersehen, daß die Abrechnungsregeln des Abschnitts 5.1 nicht ohne weiteres auch auf die Außenwände sogenannter Rasterkonstruktionen angewandt werden sollten. Bei diesen handelt es sich um Wände, die in konstruktive Stützen und Pfeiler und dazwischen gesetzte Glasflächen und Brüstungsfelder aufgelöst sind. Hier sollte die Abrechnung derart erfolgen, daß die Stützen und Pfeiler nach Längenmaß gem. Abschnitt 5.2.2 und die geputzten Brüstungsfelder nach Flächenmaß gemäß Abschnitt 5.2.1 ausgeschrieben und abgerechnet werden.

Nischen mit behandelter Rückfläche im Sinne dieser Abrechnungsvorschrift sind auch dann gegeben, wenn die Wandfläche z. B. mit Putz versehen, die Rückfläche der Nische aber mit Gipskartonplatten mit oder ohne Dämmstoffauflage bearbeitet wird. In diesem Falle wird die Nische bis zu einer Einzelgröße von 2,5 m^2 nach der Position Wandputz übermessen, und die mit einer Gipskartonplatte versehene Rückfläche wird gesondert gerechnet. Bis zu einer Einzelgröße der Nische von 2,5 m^2 werden Leibungen nicht gerechnet, gleichgültig, ob sie ganz oder teilweise geputzt, gedämmt, bekleidet sind oder nicht.

5.1.11 Zusammenhängende Öffnungen und Nischen werden getrennt gerechnet

Liegt eine Nische z. B. unter einem Fenster, so dürfen Nische und Fenster nicht als eine Öffnung behandelt werden. Es sind vielmehr Fenster und Nische getrennt zu rechnen, wie dies in Abb. 5.26 dargestellt ist. Denn Nischen sind keine Öffnungen; sie werden nur aus Gründen der Vereinheitlichung und Vereinfachung bei der Abrechnung wie Öffnungen behandelt.

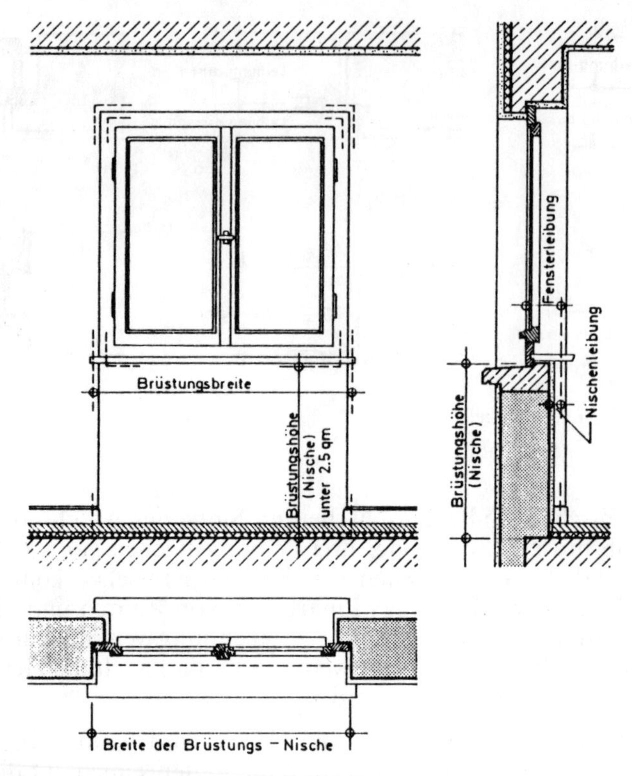

Abb. 5.26 Fenster mit Brüstungsnische

5.1.12 Herstellen von Aussparungen für Einzelleuchten, Lichtbänder, Lichtkuppeln, Lüftungsgitter, Luftauslässe, Revisionsöffnungen, Stützen, Pfeilervorlagen, Schalter, Steckdosen, Rohrdurchführungen, Kabel u. ä. werden getrennt nach Größe gerechnet.

Das Herstellen von Aussparungen dieser Art erfordert besondere Maßnahme, die es rechtfertigen, daß hierfür eine gesonderte Vergütung gefordert wird und vom Auftraggeber zu erbringen ist. Soweit besondere Leistungen erforderlich werden, z. B. Verstärkungen, sind sie unter den Voraussetzungen von VOB Teil B § 2 Nr. 6 ebenfalls gesondert zu vergüten.

5.1.13 Geputzte und gezogene Gesimse, Umrahmungen und Faschen werden gesondert gerechnet.

Geputzte und gezogene Gesimse werden ebenso wie geputzte oder gezogene Fenster- und Türrahmungen nach ihrem Längenmaß oder nach Stück abgerechnet. Das Längenmaß wird entsprechend Abschnitt 5.1.2 nach der größten Länge gemessen (vgl. Abb. 2.27).

Dabei werden Ecken und Verkröpfungen bei Gesimsen und Umrahmungen nach Abschnitt 5.2.3 nach Stück abgerechnet.

5.1.14 Einputzschienen, Putztrennschienen, Eckschutzschienen, Leisten u. ä., Anschlüsse an andere Bauteile, Anschluß-, Bewegungs- und Gebäudetrennfugen werden gesondert gerechnet, Putzanschlüsse und Putzabschlüsse nur, soweit sie besondere Maßnahmen erfordern.

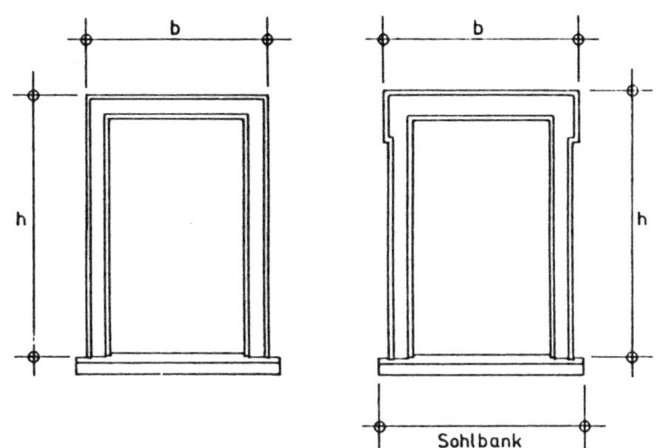

Abb. 5.27 Abrechnung nach der größten Länge

Die Abrechnung von Einputzschienen, Putztrennschienen u. ä. erfolgt nach Längenmaß (m). In der Leistungsbeschreibung ist dabei anzugeben, in welche Putzart die Schienen einzubringen sind. Diese Angabe ist für eine sachgerechte Preiskalkulation erforderlich, weil der Arbeitsaufwand je nach Putzart unterschiedlich ist.

Putzanschlüsse an anders geartete Baustoffe erfordern grundsätzlich besondere Maßnahmen. Der unmittelbare Anschluß etwa eines Außenputzes an eine Sohlbank (Fensterbank) oder ein Geländer aus Metall würde bauphysikalischen Regeln widersprechen und mit großer Wahrscheinlichkeit zu einer späteren Putzablösung an der Übergangsstelle führen. Weil die Herstellung derartiger Putzanschlüsse aber besondere Maßnahmen erfordert, ist es geboten, daß die Art der Ausbildung des Anschlusses in der Leistungsbeschreibung eindeutig und unmißverständlich angefordert und die hierfür gerechtfertigte Vergütung vereinbart wird.

Dieselbe Regelung muß folgerichtig auch für Putzabschlüsse gelten, die besondere Maßnahmen erfordern. Werden z. B., um die spätere Gefahr von Putzbeschädigungen zu mindern, bei der Herstellung eines Außenputzes an den Ecken Eckwinkel aus Metall oder Kunststoff eingebaut, so handelt es sich hierbei um besondere Maßnahmen, die eine gesonderte Vergütung rechtfertigen. Dasselbe gilt auch für Eckschutzschienen bei Innenputz. Der Anspruch auf Vergütung für besondere Maßnahmen bei Putzanschlüssen und -abschlüssen muß jedoch vom Auftragnehmer dem Auftraggeber gemäß VOB Teil B § 2 Nr. 6 vor Ausführung der Leistung angekündigt werden, wenn dafür in der Leistungsbeschreibung keine besondere Position vorgesehen ist.

5.1.15 Bei gedämmten, bekleideten, beschichteten und geputzten Flächen werden Rahmen, Riegel, Ständer und andere Fachwerkteile sowie Sparren, Lattungen und Unterkonstruktionen übermessen.

Abb. 5.28 zeigt, wie die Putzabrechnung bei sichtbarem Holzfachwerk mit geputzten Riegelfeldern vorzunehmen ist. Danach ergibt sich die Abrechnung wie folgt:

Es wird die gesamte Fläche einschließlich Fachwerk sowie einschließlich Eckpfosten und Sparren übermessen ($b \times h_1 + b \times h_2 : 2$). Fenster- und Türöffnungen werden entsprechend Abschnitt 5.1.6 je nach Einzelgröße übermessen bzw. abgezogen.

Auch dann, wenn einzelne Teile des Putzes, z. B. Faschen und Leibungen, glatt gescheibt und nicht mit Edelputz überzogen sind, wird die gesamte Fläche übermessen.

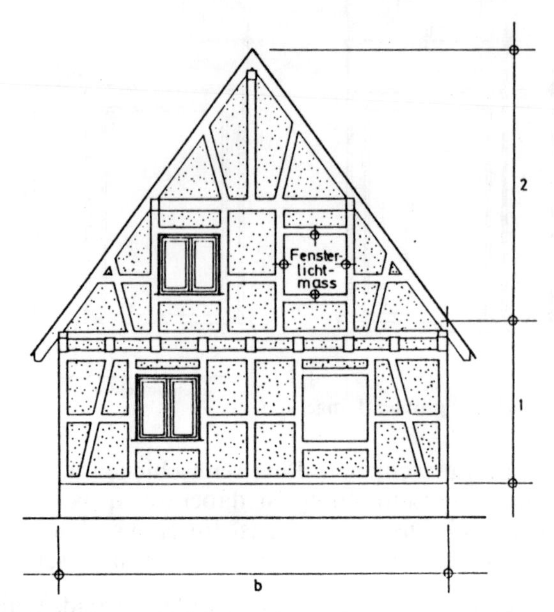

Abb. 5.28 Putzaufmaß bei sichtbarem Holzfachwerk mit geputzten Riegelfeldern

5.2 Es werden abgerechnet:

5.2.1 Nach Flächenmaß (m²):

Wand und Deckenputz innen und außen getrennt nach Art des Putzes.
Drahtputzwände und -decken,
flächige Bewehrungen und Putzträger,
Stuckflächen,
Deckenbekleidungen und Unterdecken,
Dämmungen und Dämmplatten an Decken und Wänden,
Wandbekleidungen,
Vorsatzschalen,
Nichtragende Trennwände,
Unterböden,
Dämmungen, Auffüllungen und Schüttungen unter Böden,
Unterkonstruktionen,
Folien, Pappen und Dampfsperren,
jeweils getrennt nach Bauart und Maßen.

5.2.2 Nach Längenmaß (m):

Leibungen von Öffnungen, Aussparungen und Nischen, Putz- und Bekleidungsarbeiten an Pfeilern, Lisenen, Stützen und Unterzügen.
Zuschnitte von Bekleidungen an Schrägen, z. B. an Decken, Wänden und Böden,
Putze und Gesimsen und Kehlen sowie Ausrunden, Putzanschlüsse und Putzabschlüsse,
Stuckprofile,
Sohlbänke, Fenster- und Türumrahmungen, Friese, Faschen, Putzbänder, Schattenfugen und dergleichen,
Hilfskonstruktionen im Bereich von Decken und Wänden zur Aufnahme von Installationsteilen, Beleuchtung u. ä.,

Richtwinkel an Kanten, Kantenschutzprofile, Eckschutzschienen, Sockelschienen, Randwinkel, Lüftungsprofile, Anschnittstücke, Abschlußprofile, Vorhangschienen u. ä.,
Anschlüsse an andere Bauteile, Anschluß-, Bewegungs- und Gebäudetrennfugen, Fugenüberspannungen,
Streifenbewehrungen und Streifenputzträger bis 1,0 m Breite.
Abschottungen, Schürzen und Unterzüge in Deckenbekleidungen, Unterdecken und bei Wandbekleidungen, Dichtungsbänder,
Dichtungsprofile, Ausspritzungen,
jeweils getrennt nach Bauart und Maßen.

5.2.3 Nach Anzahl (Stück):

Herstellen von Öffnungen für Türen, Fenster u. ä. bei Trockenbauweise,
Herstellen von Aussparungen und Hilfskonstruktionen für Einzelleuchten, Lichtbänder, Lichtkuppeln, Lüftungsgitter, Luftauslässen, Revisionsöffnungen, Stützen, Pfeilervorlagen, Schalter, Steckdosen, Rohrdurchführungen, Kabel, Installationsteile u. ä.
Stuckarbeiten (Rosetten u. ä.),
Ecken und Verkröpfungen von Stuckprofilen, Gesimsen und Kehlen,
Putz- und Bekleidungsarbeiten an Schornsteinköpfen, Konsolen usw.,
Einbau von Einzelleuchten, Lichtbändern, Lüftungsgittern, Luftauslässen, Gerüstverankerungen u. ä.,
Schließen von Öffnungen und Durchbrüchen,
Anarbeiten an Installationen bei Trockenbauweise,
jeweils getrennt nach Bauart und Maßen.

Diese Abschnitte enthalten Regelungen darüber, in welcher Weise und nach welchen Maßeinheiten, ob nach m^2, oder Stück, abzurechnen ist.

Für die Maßeinheit ist nicht maßgebend, um welche Art des Putzes es sich handelt. Ohne Einfluß bleibt auch, ob es sich um Trockenputz, also die Verarbeitung von Bauplatten der verschiedensten Art, handelt.

Bei Putz- und Stuckarbeiten in nasser und trockener Bauweise handelt es sich jeweils um Bauleistungen, die der Abrechnungsregelung dieses Abschnitts 5 unterliegen.

Die Abrechnung ist übersichtlich und prüfbar aufzustellen. Dabei ist die Reihenfolge der Positionen der Leistungsbeschreibung einzuhalten, und es sind die in den Vertragsbestandteilen enthaltenen Bezeichnungen zu verwenden.

5.3 Es werden abgezogen:

5.3.1 Bei Abrechnung nach Flächenmaß (m^2):
Öffnungen, Aussparungen und Nischen über 2,5 m^2 Einzelgröße, in Böden über 0,5 m^2 Einzelgröße.

Die Übermessungsgrößen für Öffnungen, Aussparungen und Nischen bei Abrechnung nach Flächenmaß wurden im Zuge der Vereinheitlichung der Abrechnungsbestimmungen von bisher 4 m^2 mit geputzten Leibungen und 1 m^2 ohne geputzte Leibungen auf nunmehr grundsätzlich 2,5 m^2 in Decken und Wänden festgelegt, unabhängig davon, ob Leibungen ganz oder teilweise geputzt, gedämmt, bekleidet sind oder nicht.

Zusätzlich eingeführt wurde dabei die Übermessungsgröße in Böden bis 0,5 m^2 Einzelgröße. Wie Öffnungen, Aussparungen und Nischen abgerechnet werden, ist aus den Abschnitten 5.1.6, 5.1.7, 5.1.9, 5.1.10 und 5.1.11 ersichtlich.

5.3.2 Bei Abrechnung nach Längenmaß (m):

Unterbrechungen über 1,0 m Einzellänge.

Siehe Erläuterung zu Abschnitt 5.1.8.

Anhang

Formelzeichen und SI-Einheiten

Griechisches Alphabet

A	α	Alpha	N	ν	Nü
B	β	Beta	Ξ	ξ	Xi
Γ	γ	Gamma	O	o	Omikron
Δ	δ	Delta	Π	π	Pi
E	ε	Epsilon	P	ρ	Rho
Z	ζ	Zeta	Σ	σ	Sigma
H	η	Eta	T	τ	Tau
Θ	ϑ	Theta	Y	υ	Ypsilon
I	ι	Jota	Φ	φ	Phi
K	$\varkappa$	Kappa	X	χ	Chi
Λ	λ	Lambda	Ψ	ψ	Psi
M	μ	Mü	Ω	ω	Omega

Teile und Vielfache der SI-Einheiten

Zeichen	Vorsatz	Bedeutung (Zehnerpotenz)
T	Tera	10^{12} = 1 000 000 000 000
G	Giga	10^{9} = 1 000 000 000
M	Mega	10^{6} = 1 000 000
k	Kilo	10^{3} = 1 000
h	Hekto	10^{2} = 100
da	Deka	10^{1} = 10
—	Einheit	10^{0} = 1
d	Dezi	10^{-1} = 0,1
c	Zenti	10^{-2} = 0,01
m	Milli	10^{-3} = 0,001
μ	Mikro	10^{-6} = 0,000 001
n	Nano	10^{-9} = 0,000 000 001
p	Piko	10^{-12} = 0,000 000 000 001
f	Femto	10^{-15} = 0,000 000 000 000 001
a	Atto	10^{-18} = 0,000 000 000 000 000 001

Anhang

Die nachstehende Übersicht über wichtige SI-Einheiten enthält eine Gegenüberstellung und Umrechnung der alten und neuen Einheiten.

Übersicht über wichtige SI-Einheiten

Begriff	Formelzeichen	Alte Einheiten	Neue SI-Einheiten			Umrechnungsfaktoren
			Zeichen	Schrift	Wort	
Fläche	A	m^2	m^2			
Masse	m		kg			
Dichte (Rohdichte)	ρ	kg/dm^3 g/cm^3	kg/m^3			
Zeitspanne	t		s min h d	Sekunde Minute Stunde Tag		
Frequenz	f		Hz	Hertz		1 Hz = 1/s
Kraft	F	kp	N	Newton	Njutn	1 N ≈ 0,102 kp
Druck	p	kp/cm^2	N/m^2 Pa bar	Pascal		1 Pa = 1 N/m^2 ≈ 0,102 · 10^{-4} kp/cm^2 1 kN/m^2 ≈ 0,01 kp/cm^2 1 bar = 10^5 N/m^2 ≈ 1 kp/cm^2
mech. Spannung	σ u. τ	kp/cm^2	N/mm^2			1 N/mm^2 = 10 kp/cm^2
Wärmemenge (Energie, Arbeit)	Q	kcal	J	Joule	Tschuul	1 J ≈ 0,239 · 10^{-3} kcal
Spezifische Wärmekapazität	C	$\frac{kcal}{kg}$ °C'	$\frac{J}{kg\,K}$			1 J/kgK = 0,239 · 10^{-3} kcal/kg °C
Wärmestrom	Φ	kcal/s kcal/h	W	Watt	Watt	1 W = 1 J/s ≈ 0,239 · 10^{-3} kcal/s 1 kW ≈ 0,239 kcal/s = 860 kcal/h
Temperatur, thermodyn.	T		K	Kelvin	Kelvin	
Temperatur vom Eispunkt aus	t		°C	Grad Celsius		$t = T - T_0 = T - 273{,}15\,K$
Temperaturdifferenz	ΔT Δt	°C	K	Kelvin	Kelvin	
Wärmeleitfähigkeit	λ	$\frac{kcal}{mh\,°C}$	$\frac{W}{mK}$	λ	Lambda	1 W/mK = 0,860 kcal/mh °C
Wärmedurchlaß-koeffizient Wärmeübergangs-koeffizient Wärmedurchgangs-koeffizient	Λ α k	$\frac{kcal}{m^2h\,°C}$	$\frac{W}{m^2K}$	Λ α	Groß-lambda alpha	1 W/m^2K = 0,860 $kcal/m^2h$ °C
Wärmedurchlaß-widerstand Wärmeübergangs-widerstand Wärmedurchgangs-widerstand	$1/\Lambda$ 1/°C 1/k	$\frac{m^2h\,°C}{kcal}$	$\frac{m^2K}{W}$			1 m^2K/W = 1,163 m^2h °C/kcal

Besonders vereinfacht wird die erforderliche Umrechnung dadurch, daß man in der Bauwirtschaft übereingekommen ist, Aufrechnungen auf ganze Zahlen zuzulassen. Auch bei den mit der Temperatur und Wärmeleitung zusammenhängenden Begriffen ergeben sich nur geringe Umstellungsschwierigkeiten.

Die **neue gesetzliche Krafteinheit** ist das **Newton (N)** mit der Beziehung:
1 kp = 1 kg · 9,81 m/s² = 9,81 N ≈ **10 N**
Im Anwendungsbereich der Normen wird
für 1 kp = 0,01 kN,
1 Mp = 10 kN
1 kp/cm² = 0,1 MN/m²
= 0,1 N/mm²
gesetzt, wobei
1 MN/m² = 1 N/mm²
ist.
Für die im Bereich des Trockenbaus abgeleiteten SI-Einheiten wie z. B. für Kraft, Dichte, Druck, Arbeit, Leistung, Wärmemenge und Wärmestrom gibt folgende Übersicht die entsprechenden Erläuterungen, Definitionen und Werte an.

Abgeleitete SI-Einheiten

1. Masse

Basisgröße: 1 kg
zugelassene Unterteilung
1 t = 1 000 kg
1 kg = 1 000 g
1 g = 1 000 mg

Die Bezeichnung kp als Gewichtsangabe einer Masse von 1 kg ist seit 1.1.78 unzulässig.

2. Kraft

Basisgröße: 1 N

Definition: 1 N ist diejenige Kraft, die einem Körper mit der Masse von 1 kg eine Beschleunigung von 1 m/s² erteilt.

$1\ N = 1\ kg \cdot m/s^2 = 1\ kg \cdot m \cdot s^{-2}$

Am Normort Paris erfährt die Masse von 1 kg eine Fallbeschleunigung von 9,81 m/s². Im Bauwesen genügt die Genauigkeit von 10 m/s². Die frühere Gewichtskraft hat folgenden Zusammenhang mit Masse und Beschleunigung:

$1\ kp = 9{,}81\ \frac{kg\ m}{s^2} \approx 10\ N$

3. Dichte

Einheit: 1 kg/dm³
1 g/cm³ = 1 kg/dm³
= 1 Mg/m³

4. Druck, mech. Spannung

Einheit: 1 Pa, 1 N/mm²
1 Pa = 1 N/m²
1 bar = 10^5 Pa

Beziehung zu den bisherigen Einheiten:

1 Pa = 1 N/m²
1 N/mm² ≙ 1 MPa
1 mm WS = 1 kp/m² = 10 Pa = 10^{-4} bar

5. Arbeit

Basisgröße: 1 J

Definition: J ist die Arbeit, die von der Einheit der Kraft N längs einer Wegstrecke von einem Meter verrichtet wird.

1 J = 1 N × 1 m = 1 Nm

Umrechnung:

1 N ≅ 1/10 kp ≈ 0,10 kp
1 J = 1 Nm ≈ 0,10 kpm
1 kpm ≅ 10 Nm ≈ 10 J

6. Leistung

Basisgröße: 1 W

Definition: 1 W ist die Leistung, bei der die Arbeit von einem J in der Zeiteinheit von einer Sekunde s verrichtet wird.

1 W = 1 J/s = 1 Nm/s

7. Wärmemenge und Wärmestrom

Basisgröße: 1 J und 1 W

Definition: Da aus Wärme mechanische Arbeit und Energie bzw. aus mechanischer Arbeit Wärme gewonnen werden kann, sind dieses gleichwertige physikalische Größen.

1 J = 1 Nm = 1 Ws = 0,102 kpm

Wärmemengeneinheit: 1 J
Wärmestromeinheit: 1 W

Diese Einheiten ersetzen die Bezeichnungen cal und kcal.

Umrechnung:

1 cal = 4,187 J
1 cal/s = 4,187 W
1 kcal/h = 1,163 W

Beispiel:

Wärmemenge: spez. Wärmekapazität c – bisher in kcal/kg°C jetzt in J/kg K – Umrechnungsfaktor 4,187 × 10³

Umrechnungstafel für Flächenlasten, Spannungen und Festigkeiten

	kp/cm²	kp/m²	Mp/m²	MN/m² ≙ N/mm²	N/m²	kN/m²
1 kp/cm²	1	10 000	10	0,1	100 000	100
1 kp/m²	0,0001	1	0,001	0,00001	10	0,01
1 Mp/m²	0,1	1000	1	0,01	10 000	10
1 MN/m² 1 N/mm²	10	100 000	100	1	1 000 000	1000
1 N/m²	0,00001	0,1	0,0001	0,000001	1	0,001
1 kN/m²	0,01	100	0,1	0,001	1000	1

Bildquellennachweis

Von der Firma Gebr. Knauf Westdeutsche Gipswerke, Iphofen, wurden uns dankenswerterweise folgende Abbildungen zur Verfügung gestellt: Abb. 2.8 bis 2.11; Abb. 2.16; Abb. 2.17; Abb. 3.26 bis 3.28; Abb. 3.30 bis Abb. 3.34; Abb. 3.38 bis 3.41

Von der Firma Rigips GmbH, Bodenwerder, wurden uns folgende Abbildungen dankenswerterweise zur Verfügung gestellt:
Abb. 3.36; Abb. 3.37

DIN-Normen für den Leistungsbereich Putz- und Stuckarbeiten in nasser und trockener Bauweise

DIN 274, Teil 4 (08. 78)	Asbestzementmörtelplatten, ebene Tafeln, Maße, Anforderungen, Prüfungen
DIN 488, Teil 1 (9. 84)	Betonstahl; Sorten, Eigenschafen, Kennzeichen
DIN 488, Teil 2 (6. 86)	Betonstahl; Betonstabstahl; Maße und Gewichte
DIN 488, Teil 3 (6. 86)	Betonstahl; Betonstabstahl; Prüfungen
DIN 488, Teil 4 (6. 86)	Betonstahl; Betonstahlmatten und Bewehrungsdraht; Aufbau, Maße und Gewichte
DIN 488, Teil 5 (6. 86)	Betonstahl, Betonstahlmatten und Bewehrungsdraht, Prüfungen
DIN 488, Teil 6 (6. 86)	Betonstahl; Überwachung (Güteüberwachung)
DIN 488, Teil 7 (6. 86)	Betonstahl; Nachweis der Schweißeignung von Betonstabstahl; Durchführung und Bewertung der Prüfungen
DIN 1060, Teil 1 (1. 86)	Baukalk; Begriffe, Anforderungen, Lieferung, Überwachung
DIN 1060, Teil 2 (11. 82)	Baukalk; Chemische Analysenverfahren
DIN 1060, Teil 3 (11. 82)	Baukalk; Physikalische Prüfverfahren
DIN 1101 (03. 80)	Holzwolle-Leichtbauplatten, Maße, Anforderungen, Prüfung
DIN 1102 (03. 80)	Holzwolle-Leichtbauplatten nach DIN 1101; Verarbeitung
DIN 110,4, Teil 1 (03. 80)	Mehrschicht-Leichtbauplatten aus Schaumkunststoffen und Holzwolle; Maße, Anforderungen, Prüfung
DIN 1104, Teil 2 (03. 80)	Mehrschicht-Leichtbauplatten aus Schaumkunststoffen und Holzwolle; Verarbeitung
DIN 1164, Teil 1 (12. 86)	Portland-, Eisenportland-, Hochofen- und Traßzement; Begriffe, Bestandteile, Anforderungen, Lieferung
DIN 1168, Teil 1 (01. 86)	Baugipse; Begriff, Sorten und Verwendung; Lieferung und Kennzeichnung
DIN 1168, Teil 2 (07. 75)	Baugipse; Anforderungen, Prüfung, Überwachung
DIN 4073, Teil 1 (04. 77)	Abmessungen gehobelter Bretter und Bohlen aus europäischen (außer nordischen) Hölzern
DIN 4074, Teil 1 (12. 58=	Bauholz für Holzbauteile; Gütebedingungen für Bauschnittholz (Nadelholz)
DIN 4102, Teil 1 (05. 81)	Brandverhalten von Baustoffen und Bauteilen; Baustoffe, Begriffe, Anforderungen und Prüfungen
DIN 4102, Teil 2 (09. 77)	Brandverhalten von Baustoffen und Bauteilen; Begriffe, Anforderungen und Prüfungen
DIN 4102, Teil 3 (09. 77)	Brandverhalten von Baustoffen und Bauteilen; Brandwände und nichttragende Außenwände, Begriffe, Anforderungen und Prüfungen
DIN 4102, Teil 4 (3. 81)	Brandverhalten von Baustoffen und Bauteilen; Zusammenstellung und Anwendung klassifizierter Baustoffe
DIN 4103, Teil 2 (12. 85)	Nichttragende innere Trennwände; Trennwände aus Gips-Wandbauplatten

DIN 4103, Teil 4 (z. Z noch Entwurf)	Nichttragende innere Trennwände; Unterkonstruktion in Holzbauart Bauteile und Sonderbauteile
DIN 4108, Teil 1 (8. 81)	Wärmeschutz im Hochbau; Größen und Einheiten
DIN 4108, Teil 2 (8. 81)	Wärmeschutz im Hochbau; Wärmedämmung und Wärmespeicherung; Anforderungen und Hinweise für Planung und Ausführung
DIN 4108, Teil 3 (8. 81)	Wärmeschutz im Hochbau; Klimabedingter Feuchteschutz; Anforderungen und Hinweise für Planung und Ausführung
DIN 4108, Teil 4 (12. 85)	Wärmeschutz im Hochbau; Wärme- und feuchtschutztechnische Kennwerte
DIN 4108, Teil 5 (8. 81)	Wärmeschutz im Hochbau; Berechnungsverfahren
DIN 4108, Beiblatt 1 (4. 82)	Wärmeschutz im Hochbau; Inhaltsverzeichnisse; Stichwortverzeichnis
DIN 4109, Teil 1 (09. 62)	Schallschutz im Hochbau; Begriffe
DIN 4109, Teil 2 (09. 62)	Schallschutz im Hochbau; Anforderungen
DIN 4109, Teil 3 (09. 62)	Schallschutz im Hochbau; Ausführungsbeispiele
DIN 4109, Teil 4 (09. 62)	Schallschutz im Hochbau; schwimmende Estriche auf Massivdecken, Richtlinien für die Ausführung
DIN 4121 (07.7 8)	Hängende Drahtputzdecken; Putzdecken mit Metallputzträgern, Rabitzdecken, Anforderungen für die Ausführung
DIN 4208 (03. 84)	Anhydritbinder
DIN 4211 E (9. 86)	Putz- und Mauerbinder; Begriff, Anforderungen, Prüfungen, Überwachung
DIN 4420, Teil 1 (03. 80)	Arbeits- und Schutzgerüste (ausgenommen Leitergerüste); Berechnung und bauliche Durchbildung
DIN 4420, Teil 2 (03. 80)	Arbeits- und Schutzgerüste; Leitergerüste
DIN 4421 (08. 82)	–Traggerüste; Berechnung, Konstruktion und Ausführung
DIN 4422 (03.77)	Fahrbare Arbeitsbühnen (Fahrgerüste); Berechnung, Konstruktion, Ausführung, Gebrauchsanweisung
DIN 16 926 (1. 86)	Dekorative Hochdruck-Schichtpreßstoffplatten (HPL); Einteilung und Anforderungen
DIN 17 100 (01. 80)	Allgemeine Baustähle; Gütenorm
DIN 17 440 (7. 85)	Nichtrostende Stähle; Technische Lieferbedingungen für Blech, Warmband, Walzdraht, gezogenen Draht, Stabstahl, Schmiedestücke und Halbzeug
DIN 18 100 (10. 83)	Türen; Wandöffnungen für Türen; Maße entsprechend DIN 4172
DIN 18 101 (1. 85)	Türen; Türen für den Wohnungsbau; Türblattgrößen, Brandsitz und Schloßsitz; gegenseitige Abhängigkeit der Maße
DIN 18 162 (08. 76)	Wandbauplatten aus Leichtbeton, unbewehrt
DIN 18 163 (06. 78)	Wandbauplatten aus Gips; Eigenschaften, Anforderungen, Prüfung
DIN 18 164, Teil 1 (06. 79)	Schaumkunststoffe als Dämmstoffe für das Bauwesen; Dämmstoffe für die Wärmedämmung

DIN 18 164, Teil 2 (06. 79)	Schaumkunststoffe als Dämmstoffe für das Bauwesen; Dämmstoffe für die Trittschalldämmung
DIN 18 165, Teil 1 E (6. 85)	Faserdämmstoffe für das Bauwesen; Dämmstoffe für die Wärmedämmung
DIN 18 165, Teil 2 E(6. 85)	Faserdämmstoffe für das Bauwesen; Dämmstoffe für die Trittschalldämmung
DIN 18 168, Teil 1 (10. 81)	Leichte Deckenbekleidungen und Unterdecken, Anforderungen für die Ausführung
DIN 18 168, Teil 2 (12. 84)	Leichte Deckenbekleidungen und Unterdecken; Nachweis der Tragkraft von Unterkonstruktionen und Abhängern von Metall
DIN 18 169 (12. 62)	Deckenplatten aus Gips, Platten mit rückseitigem Randwulst
DIN 18 180 (08. 78)	Gipskartonplatten; Arten, Anforderungen, Prüfung
DIN 18 181 (1. 87) (z.Z. Entwurf)	Gipskartonplatten im Hochbau; Grundlagen für die Verarbeitung
DIN 18 182, Teil 1 (1. 87)	Zubehör für die Verarbeitung von Gipskartonplatten; Profile aus Stahlblech
DIN 18 182, Teil 2 (1. 87)	Zubehör für die Verarbeitung von Gipskartonplatten; Schnellbauschrauben
DIN 18 183 (4. 85) (z.Z. noch Entwurf)	Montagewände aus Gipskartonplatten; Ausführung von Ständerwänden
DIN 18 184 (12. 81)	Gipskarton-Verbundplatten mit Polystyrol- oder Polyurethan-Hartschaum als Dämmstoff
DIN 18 201 (12. 84)	Toleranzen im Bauwesen; Begriffe, Grundsätze, Anwendung, Prüfung
DIN 18 202 (5. 86)	Toleranzen im Hochbau; Bauwerke
DIN 18 255 (07. 79)	Baubeschläge; Türdrücker für Wohnungsabschlußtüren, Zimmer- und Badtüren
DIN 18 337 (10. 79)	Abdichtung gegen nicht drückendes Wasser
DIN 18 451 (10. 79)	Gerüstarbeiten, Richtlinien für die Vergabe und Abrechnung
DIN 18 517, Teil 1 (11. 85)	Außenwandbekleidung aus kleinformatigen Fassadenplatten; Asbestzementplatten
DIN 18 550, Teil 1 (01. 85)	Putz; Begriffe und Anforderungen
DIN 18 550, Teil 2 (01. 85)	Putz; Putze aus Mörteln mit mineralischen Bindemitteln, Ausführung
DIN 18 557 (05. 82)	Werkmörtel; Herstellung, Überwachung und Lieferung
DIN 18 558 (01. 85)	Kunstharzputze; Begriffe, Anforderungen, Ausführung
DIN 68 750 (04. 58)	Holzfaserplatten; poröse und harte Holzfaserplatten, Gütebedingungen
DIN 68 754, Teil 1 (02. 76)	Harte und mittelharte Holzfaserplatten für das Bauwesen; Holzwerkstoffklasse 20
DIN 68 800, Teil 3 (05. 81)	Holzschutz im Hochbau; Vorbeugender chemischer Schutz von Vollholz
DIN 68 800, Teil 5 (05. 78)	Holzschutz im Hochbau; Vorbeugender chemischer Schutz von Holzwerkstoffen

Sachwortverzeichnis